用于国家职业技能鉴定

国家职业资格培训教程

GUOJIA ZHIYE ZIGE PEIXUN JIAOCHENG

YONGYU GUOJIA ZHIYE JINENG JIANDING

豆制品工艺师

（国家职业资格三级）

编审委员会

主　任	刘　康
副主任	张亚男
委　员	卫祥云　李里特　吴月芳　石彦国　胡耀辉
	蔡祖明　季　凯　沈建华　张玺麟　杨林其
	杨　林　张小宝　陈金财　金兴仓　赵广春
	林榆生　陈　蕾　张　伟

编审人员

主　编	吴月芳
副主编	石彦国　蔡祖明　邱远东
编　者	董国强　张一震　张美琳　白云龙　王福华
	王春杰　叶素萍　王丽英　王瑞芝　程勇强
	陈　涛　刘海波　刘滨城　许纪法　巩宝亮
主　审	李里特
审　稿	陈明海　于爱群　王常敏　林治海　宋　清
	商为民　李旻怡　董　梅

中国劳动社会保障出版社

图书在版编目(CIP)数据

豆制品工艺师:国家职业资格三级/中国就业培训技术指导中心组织编写. —北京:中国劳动社会保障出版社,2012

国家职业资格培训教程

ISBN 978-7-5045-9612-3

Ⅰ.①豆… Ⅱ.①中… Ⅲ.①豆制品加工-技术培训-教材 Ⅳ.①TS214.2

中国版本图书馆 CIP 数据核字(2012)第 042303 号

中国劳动社会保障出版社出版发行

(北京市惠新东街1号 邮政编码:100029)

*

北京盛通印刷股份有限公司印刷装订 新华书店经销

787毫米×1092毫米 16开本 14.5印张 250千字
2012年4月第1版 2025年6月第3次印刷
定价:32.00元

营销中心电话:400-606-6496
出版社网址:http://www.class.com.cn

版权专有 侵权必究

如有印装差错,请与本社联系调换:(010) 81211666
我社将与版权执法机关配合,大力打击盗印、销售和使用盗版图书活动,敬请广大读者协助举报,经查实将给予举报者奖励。
举报电话:(010) 64954652

前　言

为推动豆制品工艺师职业培训和职业技能鉴定工作的开展，在豆制品工艺师从业人员中推行国家职业资格证书制度，中国就业培训技术指导中心在完成《国家职业标准·豆制品工艺师》（试行）（以下简称《标准》）制定工作的基础上，组织参加《标准》编写和审定的专家及其他有关专家，编写了豆制品工艺师国家职业资格培训系列教程。

豆制品工艺师国家职业资格培训系列教程紧贴《标准》要求，内容上体现"以职业活动为导向、以职业能力为核心"的指导思想，突出职业资格培训特色；结构上针对豆制品工艺师职业活动领域，按照职业功能模块分级别编写。

豆制品工艺师国家职业资格培训系列教程共包括《豆制品工艺师（基础知识）》《豆制品工艺师（国家职业资格三级）》《豆制品工艺师（国家职业资格二级）》《豆制品工艺师（国家职业资格一级）》4本。《豆制品工艺师（基础知识）》内容涵盖《标准》的"基本要求"，是各级别豆制品工艺师均需掌握的基础知识；其他各级别教程的章对应于《标准》的"职业功能"，节对应于《标准》的"工作内容"，节中阐述的内容对应于《标准》的"能力要求"和"相关知识"。

本书是豆制品工艺师国家职业资格培训系列教程中的一本，适用于对三级豆制品工艺师的职业资格培训，是国家职业技能鉴定推荐辅导用书，也是三级豆制品工艺师职业技能鉴定国家题库命题的直接依据。

本书在编写过程中得到杭州华源豆制品有限公司、连云港日丰钙镁有限公司等单位的大力支持与协助，在此一并表示衷心的感谢。

中国就业培训技术指导中心

目 录

CONTENTS 国家职业资格培训教程

第1章 生产工艺管理 (1)

 第1节 生产工艺制定 (1)
  学习单元1 豆制品专题实验 (1)
  学习单元2 豆制品生产操作过程 (22)
  学习单元3 生产操作规程编写 (66)

 第2节 豆制品生产工艺控制 (78)
  学习单元1 大豆预处理阶段工艺 (78)
  学习单元2 大豆浸泡阶段工艺 (81)
  学习单元3 制浆过程中的工艺 (87)
  学习单元4 凝固过程中的工艺 (98)
  学习单元5 压制成型过程中的工艺 (110)
  学习单元6 油炸豆腐生产过程中的工艺 (111)
  学习单元7 卤制豆制品生产过程中的工艺 (114)
  学习单元8 腐竹生产过程中的工艺 (116)
  学习单元9 腐乳发酵过程中的工艺 (117)
  学习单元10 豆浆粉生产过程中的工艺 (121)

第2章 豆制品品质控制 (130)

 第1节 品质控制基本概念 (130)
 第2节 豆制品原辅材料品质检验 (133)
 第3节 豆制品生产线上产品品质控制 (146)

I

学习单元1　豆制品生产线上产品品质控制概述 …………………… (147)

学习单元2　豆浆生产线上的产品品质控制 …………………… (149)

学习单元3　豆腐生产线上的产品品质控制 …………………… (156)

学习单元4　豆腐干生产线上的产品品质控制 …………………… (164)

学习单元5　豆腐片（千张）的生产线上产品品质控制 …………… (169)

学习单元6　油炸豆腐泡的生产线上产品品质控制 ……………… (172)

学习单元7　腐竹、腐皮生产线上的产品品质控制 ……………… (175)

学习单元8　腐乳生产线上的品质控制 …………………………… (178)

学习单元9　豆浆粉生产线上的品质控制 ………………………… (181)

第4节　豆制品出厂产品品质控制 …………………………………… (185)

第3章　豆制品新产品开发 …………………………………… (193)

第1节　新产品开发的基本概念 ……………………………………… (193)

第2节　市场调查 ……………………………………………………… (201)

第3节　豆制品新产品开发 …………………………………………… (209)

第1章 生产工艺管理

第1节 生产工艺制定

学习目标

➤ 能制定豆制品工艺参数实验方案
➤ 能进行豆制品工艺参数实验，编写实验报告
➤ 能释读豆制品工艺流程示意图，编写豆制品生产工序操作规程

学习单元1 豆制品专题实验

近年来，豆制品是一种有利于人体健康功能性食品的观念越来越被广大老百姓所接受，豆制品的消费量增长迅速，企业的生产规模不断扩大，产品不断增多，企业间的竞争日益激烈。在这种情况下，要求企业的工艺技术人员，根据企业在某个阶段的需要来选择和确定一些有助于企业产品开发、技术工艺革新的专题性实验。比如，对于最普通的卤水北豆腐，在企业生产过程中既要考虑产品的出品率、生产便利性、成本等因素，又要考虑是否符合消费者的嗜好和要求。而影响这些结果的因素有许多，有原辅料的质量及配比、生产过程中的工艺控制等原因，既影响产品

的收得率，又会影响产品本身的质量。所以，企业的工艺管理、技术开发人员要进行一些专题研究，通过各种试验，找到更好的工艺参数指标。

一、实验研究的基本程序

从事豆制品方面的专题性实验，从确定课题到组织实施并完成，一般包括五大环节，这些环节相互关联，形成豆制食品行业基础性研究及产品开发的一般程序，如图1—1所示。

1. 选择实验课题

要达到专题实验研究的预期目标，就要选择合理的课题，所以必须慎重小心。选题不但要根据技术发展水平和需求，而且要根据一个企业自身的经济承受能力来确定。比如，现在我国的豆制品生产技术、生产销售环境和物流水平相对落后，消费者的习惯也与国外不同，如果选题去开发常温90天甚至半年的盒装豆腐，意义就不大。因为这不但需要企业进行巨大的生产设备投资，造成投入和产出的失衡，而且我国消费者目前的消费习惯也不需要具有保质期很长的豆腐产品。因此，开发这样的产品无论从企业的经济效益还是消费者的接受程度上考虑都是不现实的。

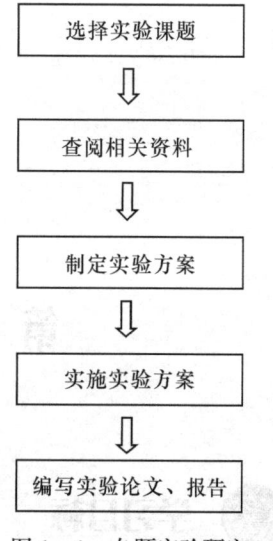

图1—1　专题实验研究程序

在一般情况下，选择实验研究课题需要遵循经济价值性、创新性和科学可行性原则。

（1）经济价值性原则

选题要有研究价值，具体表现为：第一，要有方向性，要能促进生产工艺的发展和产品开发的进程，产生有益的价值；第二，要有针对性，要切合实际情况，能针对豆制品生产工艺及产品开发过程中的薄弱环节和突出矛盾；第三，要有普遍性，要考虑其研究成果是否具有客观规律性和推广的普遍性，普遍性越强，课题的社会价值就越大。

（2）创新性原则

专题实验研究的目的是要认识前人没有认识或没有充分认识的规律，解决他人虽然认识但还没有解决或没有完全解决的生产工艺或产品问题。课题的创新可分为三个层次：一是独创性，这是高层次的创新课题，要求提出没有人提过的新问题，开辟无人涉及过的研究领域等；二是再创性，这是中层次的创新课题，是对别人已有研究课题的分解、创造后再生出的新课题，是将已有的研究课题运用到新领域、新学科后在某方面有所创新；三是自创性，这是低层次的创新课题，它只要求对自己而言是前所未有的，对自我发展有利的，但并不要求对社会对别人有什么创新价值。

（3）科学可行性原则

要求选择具备一定条件、通过主观努力可以顺利研究的合适课题。根据研究人员的主客观条件选择课题的难易、大小，就一般规律而言，选题应从易到难，从小到大。

2. 查阅相关资料

在确立研究课题之前或之后需要查阅大量的参考文献及资料，以了解目前国内外相关研究的动态及其研究的前景，然后确立要研究的课题目的、意义及研究的范围。

豆制品是我国的传统食品，但我国豆制品生产工艺的参考书和技术资料还比较少，大多集中在亚洲地区的日本、韩国。比如，1987年出版的日本渡边笃二主编的《豆腐的科学》和1992年出版的石彦国主编的《大豆制品工艺学》等在业内有一定影响力。我国尽管出现了一些大豆食品方面的书籍和相关的杂志，如《大豆通报》《食品科学》《农产品加工与技术》等，但真正贴近企业生产、具有实际指导意义的书籍寥寥无几。中国食品工业协会豆制品专业委员会为会员企业编写的刊物《中国豆制品产业》上的一些技术论文和信息值得广大工艺技术人员参考阅读。同时随着现代网络技术的飞速发展，很多专业网站建立起来，在网站上会及时发表许多专业技术论文和观点。这些技术性文章可以作为实验研究的参考。

3. 实验方案设计

实验方案设计就是研究计划和实验实施方案的制定、实验方法的确定。必须根据课题的目的要求、预期结果，结合专业和统计学的要求，制定周密的实验内容、方法和计划，使整个实验过程中有据可依，并能提高实验研究的质量，最终达到预期目的。

实验方案是实验工作的指南。实验工作的成败和能否有效进行与实验方案是否科学、合理、严密直接相关。

实验方案的主要内容有：实验技术路线的选择、实验方法的确定、实验流程的设计、实验内容的拟定、实验设计、实验步骤和取样方法的确定、数据处理方法和预期结果的设想、实验进度等。

（1）实验技术路线的选择

生产过程包括化学反应过程和物理反应过程。生产同一种产品可以采用不同的工艺技术路线，如何选择和确定合理的工艺技术路线，应该具体问题具体分析，一般可根据以下原则选择：

1) 原料廉价、易得。
2) 工艺过程简单、操作条件容易控制等技术优势。
3) 得到的产品质量好、收率高等。
4) 有较好的经济效益。
5) 有利于环保。

【例1—1】生产豆浆的工艺技术路线选择

豆浆是近年来发展很快的产品，已开发出几种生产方法，具体如下。

熟浆工艺：大豆筛选—浸泡—清洗—研磨—加热—过滤—杀菌—包装—成品。

生浆工艺：大豆筛选—浸泡—清洗—研磨—过滤—加热—杀菌—包装—成品。

以上两条工艺技术路线，都可以生产包装豆浆，两条路线除了采用的制浆工艺不同外，其他过程相同。采用熟浆工艺，生产的产品口感好，但设备投入较大；采用生浆工艺，生产的产品口感较差，但得率高，设备投入较少。这就需要企业在产品质量、投入和收益各方面间进行平衡。

（2）实验研究方法

通常豆制品生产过程中工艺参数实验或开发产品实验往往要经过三个阶段的研究。即实验室实验研究阶段、中间实验或模型实验阶段、工业规模批量试生产实验。

在实验室研究阶段中，对产品及其工艺研究包括确定工艺流程及主要的工艺条件等。

中间实验阶段的任务是验证工艺路线的可行性，为工业化规模化生产提供设计数据；确定适用的设备形式和材质，检验控制方法的可靠性；对主要技术指标进行验证；解决"三废"处理问题。在中间实验阶段有时还需要提供一定的产品进行试用。中间实验的规模取决于实验所需要的内容和工业化设备预期规模及放大倍数等。

有些项目在通过中间实验后，还要进行工业规模化批量试生产实验，以便为项目推进应用提供更可靠的依据和数据，实验完全按常规生产进行。

本单元主要讲述基础型的实验室研究实验。

（3）实验流程设计

在工艺技术路线确定后，就需要对实验流程进行设计。实验能否顺利进行，操作是否方便，实验数据是否准确可靠，在很大程度上依赖实验流程的设计。

实验流程设计时，首先画出流程示意图，从流程示意图上可以看出生产过程中物料的流向和加工步骤，了解每个操作单元或设备的功能及关系、能量的传递和利用、副产物和三废的排放及处理方法等重要的工艺信息，为实验方案的实施，设备的选型，流程的组织、安装、调试等提供依据。

进行实验流程设计，既需要有化学、物理的理论基础，还要具备相关的工程知识，结合生产实践，借鉴前人经验，并运用推论分析、功能分析、形态分析等方法来进行。

【例1—2】北豆腐的生产流程如图1—2所示。

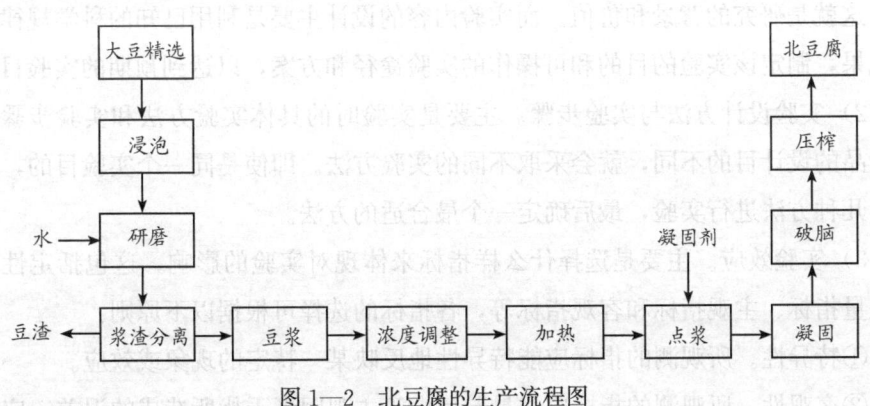

图1—2 北豆腐的生产流程图

（4）实验内容确定

确定实验内容，首先要确定实验指标，然后分析影响实验指标的因素，找出影响因素和实验指标间的关系。

实验指标，是指必须通过实验来获取的一些表征实验研究对象特征的参数，如在生产过程中的转化率、产品的产量、质量、成本等，在豆制品生产中主要指大豆蛋白质利用率、产品的得率、产品质量、生产成本等需要控制的指标。

实验影响因素，是指那些对实验指标产生影响的参数，可在实验中直接测定的一些独立的变量（或参数），如温度、压力、搅拌强度、流量、原料、配料的组成或配比等。下面举例说明实验内容的确定方法。

【例1—3】确定"用卤水作为凝固剂制作北豆腐的工艺条件"实验内容

首先确定实验指标，确定北豆腐的质量指标（理化指标、感官指标）和出品率为实验指标，然后确定实验参数因子，影响上述指标的因素很多，主要有点浆温度、豆浆浓度、凝固时间、破脑程度、脱水压力和时间等。实验内容如下：

1）点浆温度对指标的影响实验。
2）豆浆浓度对指标的影响实验。
3）凝固时间对指标的影响实验。
4）破脑程度对指标的影响实验。
5）脱水压力对指标的影响实验。
6）脱水时间对指标的影响实验。

(5) 实验方案制定方法和原则

1）实验设计的背景和内容。对于任何一个产品和技术，在任何阶段都会存在一些缺陷和缺点，而始终都会有许多研究者在前人研究基础上，进行新的探索和提高，这就是研究的背景和价值。而实验内容的设计主要是利用已知的科学规律和研究成果，制定该实验的目的和可操作的实验途径和方案，以达到预期的实验目的。

2）实验设计方法与实验步骤。主要是实验时的具体实验方法和实验步骤，由于产品的设计目的不同，就会采取不同的实验方法。即使是同一个实验目的，也可选用几种方法进行实验，最后确定一个最合适的方法。

3）实验效应。主要是选择什么样指标来体现对实验的影响，这包括定性指标和定量指标、主观指标和客观指标等，各指标的选择可根据以下原则：

①特异性。所观测的指标应能特异性地反映某一特定的现象或效应。

②客观性。所观测的指标应尽量避免由于主观因素干扰所造成的误差，应选择易于量化且可通过仪器测量和检验所获得的指标。

③重复性。即在相同的条件下，指标可重复出现，为提高重复性，应注意仪器的稳定性，并尽量减少操作的误差。

④精确性。各指标重复数据的平均值相接近，其差值为随机误差，观测值与真值接近程度主要受系统误差的影响。变异较大的指标不宜选用。

⑤灵敏性。选择的指标如果灵敏性较高，则可使微小的效应显示出来，灵敏性很低，则使本应出现的效应不易体现，不宜选用灵敏性较低的指标。

⑥可行性。就实验室的设备条件及研究者的技术水平选择检测指标，同时所选择的检测指标的检测方法应为经典的实验方法或有充分的文献依据。自己创立的检测方法，必须是与经典方法经过多次比较并确实有其优越性的方法。

4）实验设计原则。为确保实验设计的科学性，实验设计必须遵循重复、随机的原则。

①重复原则。只有可重复的实验结果，才是可信的、科学的，这就要求设置的实验组有足够的组数或样本数。如果组数和样本过少，仅在一组一次或一个样本获

得的结果，往往由于个体差异，实验误差影响其结果的准确性；组数和样本又不宜过多，过多工作量太大造成人力、物力的浪费，重复组与样本数的选择要根据生物统计学原理、文献资料、预实验结果或以往经验来决定。

②随机原则。通过随机化的处理，可使抽取的样本能够代表总体，减少抽样误差，还可使各组样本的条件尽量一致，消除或减少组间人为的误差，使处理因素效应更客观、正确。通常在随机分组前，对较能明显影响实验结果的因素先加以控制。

(6) 制定实验方案注意事项

1) 在有关基础理论和应用理论的基础上，通过大量收集和阅读相关文献或根据以往实验中所观察的实验记录或生产实践中所观察到的现象或产生的问题来选定实验题目。

2) 立题后对该课题有关基本理论，还必须继续深入学习，认真体会，融会贯通后，制定出合理的实验方案，才能确保更好地进行实验，完成该课题各项目标。

3) 在设计实验方案时，应根据实验室条件所提供的仪器、设备等，并根据自己所学的知识和对查阅资料的深入了解，制定切实可行的实验方案，尽量采取简易的实验方法。

4) 设计每一个环节，每一个步骤都要具有科学性，严格遵守实验设计的原则，以确保研究实验结果的可信性和客观性。

5) 实验设计中要求敞开思路，自行提出问题，以问题为中心，设计实验方案，并力求较完善地解决提出的问题。

6) 实验设计要努力体现创新性、科学性、逻辑性，实验内容设计要简洁明了，目的明确。

4. 实施实验方案

实验方案实施一般包括预备实验和正式实验。

(1) 预备实验

预备实验的目的，一是对选择的实验效应指标进行初步筛选，二是对实验的处理因素进行筛选，三是对实验方法进行筛选。

(2) 正式实验

根据预备实验的结果，对正式实验方案、实验方法、实验步骤进行补充和修改，同时要将正式实验中可能出现的意外影响因素充分考虑。当然，一次实验的结果不可能完全正确地反映出实验现象，但应该尽可能通过最少次数的实验来获得最正确的数据。另外，如果在正式实验中经常操作的一些工艺参数出现经常性改变，就很难把握最客观准确的工艺参数。例如，在比较不同点浆温度的凝固效果时，如果每次配制的凝固剂浓度或者添加量不能一致，最后得到某个温度是最佳点浆温度的结论，这显然是片面的、不科学的。

1) 实验设计。首先确定实验指标、实验影响因素，然后进行实验设计，实验设计分为单因素实验设计、正交实验设计等，实验设计以最少的实验次数得到最佳的实验结果为宗旨。

2) 实验操作步骤和取样分析。豆制品生产从原料到产品要经过多步才能完成，在实验研究方案中要拟定具体的实验步骤。如原料的来源，原料是否需要预先处理，用什么试验设备等，都要在实验方案中考虑。

在实验过程中对实验结果都要进行取样分析。选取的样品是否有代表性，分析方法是否正确可靠，对实验结果有十分重要的影响。

要获得正确的分析结果，应当注意以下几点：

①选择分析取样的位置，所取的样品一定要有代表性。

②要选择正确的取样方法。为了使分析结果具有代表性，要求从总体中抽出足够的数量，但从经济角度考虑，样品应尽量少，为了解决这一矛盾，就需要选择正确的取样方法。固体、液体、气体样品的取样方法，请参考专业书籍。

③要选择正确的分析方法，应以标准分析方法为原则。

④由于实验装置都较小，物料有限，故分析取样时，应尽量减少对系统的干扰，否则可能会导致实验失败。

⑤在满足实验需要的前提下，尽可能减少分析取样的次数。

3) 实验观察、记录。按阶段（以时间推移为准），采样检测各项实验指标直至实验结束并全程记录。记录方式可以是文字、数字、表格、图形、照片或录像等。结果的记录必须做到系统、客观、真实和准确，要特别注意原始记录的原始性和真实性。

记录的项目及内容包括实验名称，实验日期，实验者，实验仪器，实验条件，实验方法、步骤，检测内容及方法，实验指标名称、单位、数值及其变化曲线等。

对于由于实验操作失误产生的结果，也不应该轻易舍弃和扔掉。很多时候这些错误的操作数据可能会指导我们开发出另外一个新的产品。比如，豆腐的发明者刘安就是在利用豆浆炼制丹药时，无意中加入一些盐类物质才发明了豆腐。

4) 实验结果的分析、处理。对取得的一定数量样本的原始数据，先要进行处理，获得可用来对实验结果的规律进行说明评价的数据（如平均值、标准误差、相关系数等）。这些经处理的结果数据可以制成一定的统计表或统计图，以便进一步研究其变化规律。数据处理的方法主要有以下两类：

①图表法。即将实验数据和实验结果用表格或图形的形式表示出来。

②数学模型法。即将实验结果用数学表达式表示出来。

处理原始数据时，必须坚持真实性、客观性的原则，不能凭主观愿望在计数均值或数率时，将某些数据任意取舍，必须实事求是，也不能人为地强求实验结果符合自己的假说和预期目的，而是根据实验结果去修正，得出正确的结论。

实验结果的表示方法一般有表格方式、曲线方式、照片和录像的方式、柱形图方式等。

实验结论要对原提出的假说和预期的目的作出说明是否正确，同时要对实验中出现的问题或发生的新现象，并参照收集到的资料进一步做出理论解释、说明，而其结论内容必须严谨、精练、准确。

5. 编写实验报告、论文

撰写实验论文是科学研究的最后总结，也是极为重要的一项工作。论文撰写首先要阐述本实验的研究背景和实验目的，以实验原理为依据阐述实验的设计方法和步骤，同时较全面地概括实验工作的整个过程。最后对实验结果进行详细的分析和讨论，充分体现出实验者在整个实验中的新方法、新发现、新观念及研究价值，包括其理论意义和实践意义，同时为实验做一阶段性总结，为下阶段或今后的研究工作奠定基础。

(1) 实验名称

每篇实验报告都有自己的名称，即标题。实验名称应该简洁、鲜明、准确。

(2) 实验目的

实验目的是指为什么要进行此项实验。要短小精悍，简明扼要。

(3) 实验要求

实验要求同实验目的一样要简练、明确，可分条列出。

(4) 实验原理

实验原理是进行实验的理论依据。有的实验要给出计算公式及公式的推导，工艺实验要给出流程图等。

(5) 仪器设备或原材料

应列出每项实验所需的仪器设备，原材料、仪器设备应标明规格型号，原材料应标明化学成分，有时对于不常见的仪器要加以介绍。应标明试剂的形态、浓度、成分等。

(6) 实验步骤

实验步骤就是实验进行的程序，通常是按操作时间先后划分成几步进行的，并在前面标注上序号：（一）①②；（二）①②……操作过程的说明，要简单、明了、清晰。

实验装置的安装过程和实验线路的连接过程，有时单纯用文字叙述是很难说清楚的。因此，有时就要求画出示意图，这样不仅使文字大大减少，而且使人看得更加清晰明白。

（7）数据表格及处理结果

这是对整个实验记录的处理，数据记录要求是实验中的原始数据。从仪器表中读取数据时，要根据仪器表的最小刻度单位或准确度决定实验数据的有效数字位数。

数据都要列表加以整理，如发现异常数字，则应及时复试，及时纠正。列表表示时，表格一定要精心设计，使其易于显示数据的变化规律及参数之间的相互关系。项目栏要列出所测物理量的名称、代号及量纲单位，数字栏中的小数点要上下对齐。

（8）误差分析

在实验中，由于实验条件、测量仪器、测量方法及测量技术等因素的影响，使得测量值与客观真值之间存在差值，这个差值叫做误差。因此，要对测量值与真值进行误差分析。

（9）实验结果

论文的结果部分主要描述和分析实验中所发生的现象。因实验结果部分是整个实验的核心和成果，在写作前，一般应将数据整理好，并列出表格，写作时分好类，按一定顺序安排好数字、表格及图，并做必要的说明。为了准确起见，最好采用专业术语来描写，不许夸张，引用的数据必须是真实的，结论必须可靠，图与表格要符合规范要求，数字的记录方法和处理方法必须符合规定，否则，将会使整个实验报告丧失价值。

（10）讨论或结论

结论是根据实验结果所做出的最后判断，并将实验结果逐条列出，叙述时应该使用肯定的语言，可以引用关键性数据，一般不应再列出图和表格。

讨论是对思考题的回答，对异常现象或数据的解释，对实验方法及装置提出改进建议。通常分条讨论，说明比较简单，如影响实验的根本因素是什么？提高与扩大实验结果的途径是什么？实验中发现了哪些规律？实验中观察到哪些现象？将实验结果与理论结果相对照，解释它们之间存在的差异，测量的误差分析。如果认为没有必要讨论，也可以不写。

实验报告的构成，并非千篇一律，不同的实验报告，写法也有所差异。以上十项构成项目，只是实验报告的基本构成项目。

二、豆制品实验常用的设备、仪器及材料

1. 豆制品实验研究常用仪器

（1）常用的玻璃仪器

实验中常用的玻璃仪器包括：

1）玻璃量器类。用于量取液体等，如量杯、量筒、容量瓶、量瓶、酸碱滴定管等。

2）玻璃烧器类。用于加热和蒸发等，如烧杯、烧瓶、蒸发皿、表面皿等。

3）玻璃容器类。用于盛装实验药品、试剂等。

4）玻璃蒸馏类。用于蒸馏、蒸发等。

5）玻璃测量类。用于测量温度、密度、湿度等，如压力计、温度计、干湿度计、密度计等。

6）玻璃漏斗类。用于加料、过滤等。

（2）常用金属仪器

豆制品实验研究常用的金属仪器主要有铁架台、万能夹、升降台、电炉、电热套、坩埚钳等。

（3）常用的分析仪器

豆制品实验研究常用的分析仪器有电子天平、旋光仪、酸度计、黏度计、折光仪、气相色谱仪、分光光度计等浓度测定仪、温度测定仪、水分测定仪、蛋白质测定仪、脂肪含量测定仪、气压测定仪、质量测定仪、体积测定仪等。

2. 豆制品实验研究常用的试剂材料

包括黄豆、豆粉、食用氯化镁/盐卤、食用硫酸钙、食用石膏、葡萄糖酸-δ-内酯、香辛料、红曲、盐、味精、菌类等。

3. 豆制品实验研究常用的小型设备

（1）黄豆浸泡容器

黄豆浸泡容器主要用来浸泡黄豆。

（2）1 kW 左右的小型磨浆机、浆渣分离机

小型磨浆机、浆渣分离机也可以是一体式机器，用来研磨大豆和分离浆渣。

（3）小型加热器

小型加热器用来对豆浆进行加热处理。一般选用夹套型加热器，或选用实验室常有的带搅拌装置的反应器，同时外接一个小型水蒸气发生器来加热。

(4) 凝固反应器

选择带有搅拌，且能够达到保温效果的反应容器即可。

(5) 小型手动式挤压成型机

为了加工各种形状的豆腐、豆干、百叶类产品，准备一套带有不同模具的成型箱的小型挤压机即可，同时带有压力表，能够用数字来显示成型挤压压力。

(6) 卤炒制用锅

卤炒制用锅是用来进行卤制、炒制的调味加工容器。一般为夹层式加热容器，同时带有温度计显示温度，压力表显示夹层蒸汽温度。

(7) 小型油炸锅

选择带有温度控制仪的小型油炸锅，主要对豆腐半成品进行油炸加工，通过温度控制表现油炸产品的膨胀特性。

(8) 小型真空包装机

小型真空包装机对实验产品进行包装测试，进行后续的加工和检测。

(9) 杀菌槽

杀菌槽用来对包装豆制品进行加热凝固以及巴氏灭菌操作，来检验加工过程豆制品产品质量优劣以及不同杀菌温度对生鲜产品保存过程中的质量变化。

(10) 冰水槽

冰水槽用来对包装豆制品进行冷却，来检验如内酯豆腐等冷却成型效果以及快速降温达到尽量减少微生物繁殖的效果。

(11) UHT 杀菌系统

在实验常温保存豆浆系列产品时，UHT（管式超高温瞬时）杀菌系统用来确定做到预期效果所需要的操作温度和时间等控制参数。

4. 常用设备、仪器的使用方法

(1) 显微镜（见图1—3）

使用方法：

1) 低倍镜观察。检查的标本必须先用低倍镜观察，因为低倍镜视野较大，容易发现目标和确定检查的位置。

①先将标本玻片置于载物台上，并将标本部位

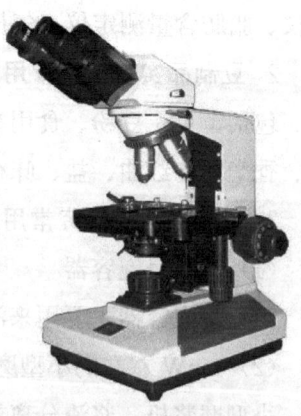

图1—3 光学显微镜

处于物镜的正下方，转动粗调节轮，下降物镜或上升载物台，使物镜至距标本 0.5 cm 处。

②左眼看目镜，同时反时针方向慢慢旋转粗调节轮，当在视野内出现物像后，改用细调节轮，上下微微转动，直至视野内获得清晰的物像。然后认真观察标本各部位，确定并将需要进一步观察的部位移至视野中央，准备用高倍镜观察。

2）高倍镜观察。将高倍镜转正至正下方，在转换接物镜时，需用眼睛在侧面观察，避免镜头与玻片相撞。然后由接目镜观察，再仔细调节光圈和聚光镜，使光线的明亮度适宜，同时再仔细正反两方向微转动细调节轮，直至获得清晰的物像后为止，找到最适宜观察的部位。将需进一步观察的部位移至视野中央，准备用油镜观察。

3）油镜观察

①上升聚光器，全开虹彩光圈。

②用粗调节轮提起镜筒或下降载物台，转动转换器将油镜转至镜筒正下方。在玻片标本的镜检部位滴上一滴香柏油。右手顺时针方向慢慢转动粗调节轮，使镜筒下降或载物台上升，与此同时，从显微镜的侧面观察使油镜浸入油中，直到几乎与标本接触时为止。不要压到标本，以免压碎玻片，甚至损坏油镜头。

③从接目镜内观察，进一步调节光线，使光线明亮，再用粗调节轮将镜筒徐徐上升或将载物台徐徐下降，直到视野内出现物像为止，然后用细调节轮校正焦距。如油镜已离开油面而仍未见物像，必须再从侧面观察，将油镜降下，重复操作至物像看清为止。

4）换片。观察完一个标本后，如果想要再观察另一个标本时，需先将高倍物镜（或油镜）转回到低倍物镜，取出标本，按放片的方法换上新片，即可观察。千万不可在高倍物镜（或油镜）下换片，以防损坏镜头。

(2) 浓度测定仪

测定豆浆浓度（一般指固形物浓度）时，用一般的化学方法很难在短时间内完成。所以，在实际监控制浆过程中最常用的是糖度折光仪，它通过光的折射程度来计算豆浆浓度。豆浆的浓度与糖度折光仪的显示值 Brix 的关系如图 1—4 所示。糖度折光仪显示的数值与实际浓度大约有 1% 的误差，参照日本渡边笃二主编的《豆腐的科学》，豆浆固形物浓度在 9.5%～11.5% 内，Brix 浓度与固形物浓度呈线性关系，具体如下：

$$Y = 1.37X - 5.12$$

式中　Y——豆浆的固形物浓度；

X——糖度折光仪示值。

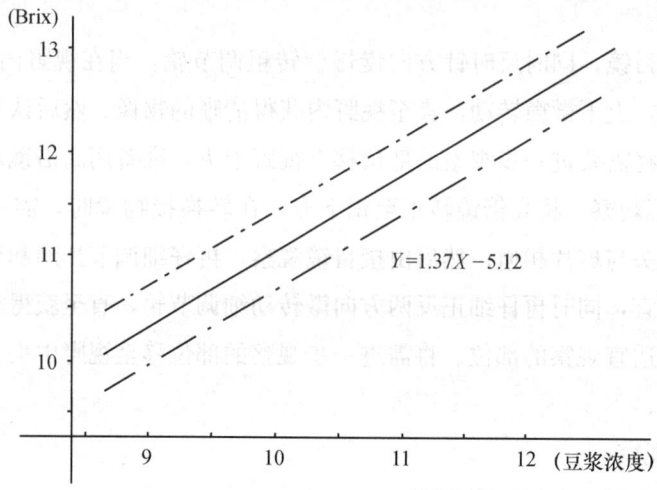

图1—4 豆浆浓度与固形物浓度的关系

糖度折光仪一般分为刻度目测式（见图1—5a）和数字式（见图1—5b）两种。

a) b)

图1—5 糖度折光仪

a）刻度目测式 b）数字式

使用方法：将制得的豆浆取一滴滴在测定仪的测光镜上，从检测孔中读取相应的Brix数值。

读数方法：对于数字式测定仪，按照仪器所显示的数字读数。对于刻度式测定仪，除了将刻度数字读出外，还要估读后面一位。

使用数字式浓度测定仪时，一般以三次测定值的平均值作为该次豆浆的浓度，并进行记录。

（3）酸度测定仪（见图1—6）

使用酸度测定仪测定pH值时，所测溶液的温度应与标准缓冲液的温度相同。因此，使用前必须调节温度调节器或斜率调节旋钮。先进的酸度计在线路中安插有温度补偿系统，仪器经初次校正后，能自动调整温度变化。测量时，先用蒸馏水冲

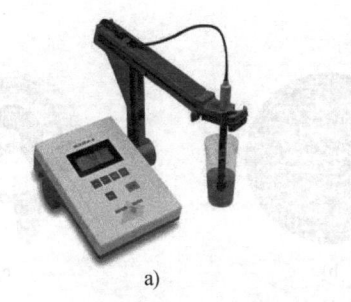
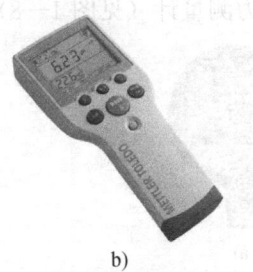

图 1—6　酸度测定仪
a) 台式酸度计　b) 便携式酸度计

洗两电极,用滤纸轻轻吸干电极上残余的溶液,或用待测液洗电极。然后将电极浸入盛有待测溶液的烧杯中,轻轻摇动烧杯,使溶液均匀,按下读数开关,指针所指的数值即为待测溶液的 pH 值,重复几次,直到数值不变(数字式酸度计在约 10 s 内数值变化少于 0.01 pH 值时),表明已达到稳定读数。测量完毕,关闭电源,冲洗电极,玻璃电极要浸泡在蒸馏水中。

(4) 黏度计(见图 1—7)

旋转式黏度计的注意事项及使用方法如下:

1) 机器一定要保持水平状态。

2) 转子放入样品中时要避免产生气泡,否则测量出的黏度值会降低,避免的方法是将转子倾斜地放入样品中,然后再安装转子,转子不能碰到杯壁和杯底,被测量的样品必须没过规定的刻度。

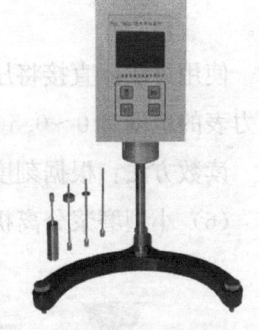

图 1—7　旋转式黏度计

3) 测量不同的样品时,必须保持转子的清洁和干燥,如果转子残留有其他样品或清洁后残留的水,就会影响测量的准确度。

4) 酸性(pH)最大不能超过 2,如果酸性过大应选用特殊转子,使用 ULA(超低黏度适配器)时要确定好样品量(只需 16 mL)。

5) 连接转子时要用左手轻轻托起并捏住心轴(主机上),右手旋转转子,这样操作是为了保护机身内的心轴和游丝,这样可以延长仪器的使用寿命。

6) 取值要在数值比较稳定时,否则取得的数值会存在较大的误差。

7) 选择转子时,要看被测量的样品的黏度和几号转子的测量范围最接近,就选几号。

8) 根据测定的黏度范围选择黏度标准液,并在每次使用黏度计前对仪器进行验证,或定期校验,以保证测量的准确性。

（5）压力测量计（见图1—8）

a)

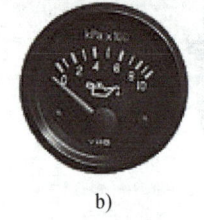
b)

c)

图1—8　压力测定仪

a) 侧接头式压力表　b) 后接头式压力表　c) 电接点式压力表

在豆制品生产中，压力测量计是主要用来监测管道、容器中的水、蒸汽、空气、油等压力的一种测定仪表。通过对压力的控制，可以监控加水量、豆浆加热过程温度和加热时间、豆腐成型挤压过程的压力和时间是否能够达到工艺质量的要求。比如在煮浆过程中一般豆浆输送泵的流量是固定的，工艺过程中根据蒸汽压力来确定煮浆的完全与否，如果显示蒸汽压力降低，就可以判断豆浆没有达到质量要求。

使用方法：直接将压力仪表与需要测量管路连接，量程要超过最大压力。通常压力表的范围有 0～0.5 MPa、0～1.0 MPa、0～10 MPa 等。

读数方法：根据刻度读取小数点后两位。

（6）小型磨浆分离机（见图1—9）

a)

b)

c)

图1—9　小型磨浆分离机

实验室一般采用研磨及分离一体的小型设备。常见结构有卧式和立式两种，磨浆原理是采用动磨片直接装在分离筛的底部与分离筛同步旋转，在离心力作用下，浆水透过分离筛内壁表面的滤网从出浆口流出，渣则沿着圆锥形分离筛边缘甩出机壳，达到了浆和渣分离的目的，使用简单方便，尤其适宜作为实验设备。

使用方法：使用前先检查砂轮磨片的位置是否端正、固定端是否拧紧，然后调节砂轮磨片间距，磨浆前不要将砂轮卡死，然后加入浸泡好的大豆，调节好进水量即可进行磨浆操作。另外，一般研磨产生的豆渣可加少量热水稀释后进行第二次和第三次研磨，以提高蛋白质的提取率。

（7）小型压机（见图1—10）

小型压机做一般豆制产品的凝固定型工作，分为油压和传动压力两种或者二者结合产品。

操作方法：将所制豆花倒入模型箱中，经简单滤水或不经滤水直接放在压

图1—10 豆制品实验用小型压机

机上，进行挤压，要先轻后重，避免因压力过重而导致豆花外溢，影响实验品外观和整体固型。

（8）小型加热设备（见图1—11）

加热设备主要是对所制的生豆浆进行加热、蒸煮，将生豆浆制成适合进行加工的熟豆浆，为下一步制造豆制品打好基础，主要分为直接加热型和数显智能导热型。

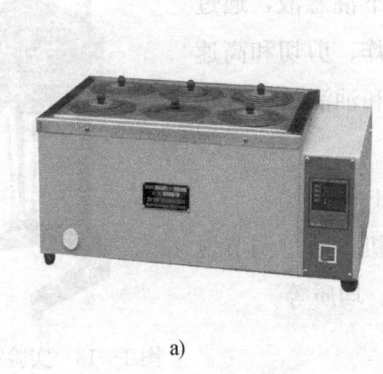
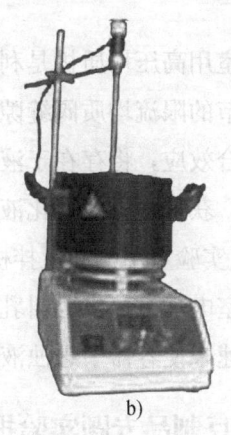

a)   b)

图1—11 常见的实验室加热设备

a）直接加热型 b）数显智能导热型

使用方法：

1）直接加热型。将待加热液体倒入盛杯中，放在加热板上，先将搅拌转子转速调节到较小速度，再开启加热开关，然后加大转子速度，以不使液体溅出为宜。

另外，针对豆浆产品，尽量使液体转起后最高位置远离容器口。

2）数显智能导热型。总电源、盛杯准备就绪后，打开不锈钢容器盖，将盛杯放在不锈钢容器中间，往不锈钢容器中加入导热油或硅油至恰当高度，将搅拌子放入盛杯溶液中。开启电源开关，搅拌转速由慢到快，调节到要求转速为止。

要加热时，连接温度传感器探头，将探头夹在支架上，移动支架，使温度传感器探头插入溶液中不少于 5 cm，但不能影响搅拌。开启加热电源开关，设定加热温度，加热到所设温度，并停留至设定时间时为止。

（9）实验室用高压均质机（见图1—12）

图1—12 实验室用高压均质机

实验室用高压均质机是利用高压条件下混悬液，通过一个可调节的限流均质阀缝隙失压膨胀爆炸、剪切和高速撞击等综合效应，将存在于液体中的颗粒和油滴粉碎成很小的尺寸，获得理想的乳化液或分散液。

（10）实验室用电动搅拌机（见图1—13）

实验室电动搅拌机也叫乳化机、均质机，通过调节搅拌棒的转速来使容器中悬浊液体进行乳化、均质等。

图1—13 实验室用电动搅拌机

三、豆制品专题实验报告举例

【例1—4】课题名称：无渣豆腐的工艺研究

研究人员：哈尔滨商业大学食品学院　×××

研究目的：传统的豆腐生产工艺都要除去大量废渣，致使大豆所含营养成分利用率降低，只有55%，而且大城市内生产豆腐的企业又往往被"豆渣问题"所困扰，如不及时处理，对环境污染极大。采用无渣技术，不仅可以提高原料的利用率，而且可以解决企业的后顾之忧。豆腐渣并非"废物"，它具有很高的营养价值，其中含有蛋白质22.56%，脂肪19.7%，糖37.99%，纤维14.62%，灰分6.14%。

针对传统工艺生产的有渣豆腐，造成原料利用率低、资源浪费大的现象，本文提出利用脱皮后的全子叶大豆制成豆腐——无渣豆腐。确定最佳工艺参数：煮浆沸腾后持续时间为6 min，豆浆浓度为12%，凝固剂用量比（卤水：石膏）为2：3，点脑温度为80℃。并对比2种产品的质量。

1. 试验的材料与方法

1.1 试验材料

大豆：购于黑龙江农科院。

水：哈尔滨商业大学自来水，即地下水。

凝固剂：盐卤的主要成分为$MgCl_2$，由哈尔滨市通达豆制品厂提供；石膏的主要成分为$CaSO_4$，由哈尔滨市和兴路豆制品厂提供。

改良剂：用来改善无渣豆腐质量，采用食品胶，用量为0.4%。

1.2 试验设备

脱皮机（代用钢磨）、JM－50型胶体磨、SHP－1型均质机、R-UDT-DN-SR6311型流变仪。

1.3 试验方法

1.3.1 出品率的测定

出品率是豆制品生产中一项重要的技术经济指标。

出品率＝成品质量÷净原料质量×100%

1.3.2 蛋白质利用率的测定

用半微量凯氏定氮法分别测出成品中蛋白质和原料大豆中蛋白质含量，求比值。它也是一项重要的技术经济指标。

蛋白质利用率＝成品中蛋白质百分含量×出品率÷原料大豆中蛋白质的含量×100%

1.3.3 持水性的测定

持水性是衡量豆腐保水能力的指标。

室温放置2 h后豆腐的质量÷放置前豆腐的质量×100%

1.3.4 弹性、硬度的测定

评价豆腐另外的指标是要求豆腐在口中咀嚼或在烹调过程中有一定的弹性和硬度。测定时均采用日本产的R-UDT-DNSR6311型流变仪。

1.3.5 感官评价

它是评价豆腐外观的重要指标。其标准是淡黄色或白色，断面光滑细腻，外形整齐，有弹力，品尝有香味，无涩味。

2. 结果与讨论

在摸索无渣豆腐工艺流程的过程中，发现生产无渣豆腐的关键工序是豆浆的均质和凝固。均质后颗粒的大小及凝固状态直接关系到豆腐的质量，而凝固状况不仅关系到豆腐的质量，而且直接与出品率有关。经试验确立的工艺流程如下：

原料→筛选除杂质→干燥→脱皮→浸泡→粗磨→精磨→煮浆→点脑→蹲缸→压型→成品

2.1 脱皮与豆腐质量的关系

大豆脱皮对无渣豆腐的生产是非常重要的。实验初期，我们试用过不脱皮的全豆，结果即使使用较强的微化手段（均质压力为 5.5×10^7 Pa），制出的豆腐质地粗糙，口味也极差。这是由于豆壳中的主要成分纤维素，经水浸泡后非常柔软，很难微细化，进而破坏蛋白质凝胶的空间网状结构，致使产品质量下降，无法被人们接受。

目前，大豆脱皮技术在大豆加工领域已有应用，工业化生产也有定型的设备。在研究中使用代用设备——钢磨，将大豆含水量调整至 10%～13%，豆皮脱除率高于 90%，出仁率高于 80%。

2.2 浸泡工艺条件确定

对于无渣豆腐，采用干法脱皮的豆仁直接浸泡制浆，为避免蛋白质流失，浸泡后的水不再滤掉，与豆瓣一起进入磨浆机磨制成浆，所以浸泡的用水量需严格控制。过多，制出的豆浆浓度就不易调整。试验证明，脱皮后的豆仁浸泡，以加水量为豆仁的 4～5 倍为好。并且不同的浸泡温度，豆仁达到最高吸水量所用的时间也不同，试验测得 25℃时需 8 h，20℃时需 11 h，15℃时需 15 h，10℃时需 18 h。实际生产中可根据温度来选择合适的浸泡时间。

2.3 豆浆的颗粒度与豆腐质量的关系

豆浆的细微化是制作无渣豆腐的关键技术之一。磨浆时使用胶体磨和高压均浆机，磨浆的遍数不同，豆浆的颗粒度也不同。用 60 目、100 目、120 目、160 目、200 目的分子筛可以测豆浆的通过百分率及颗粒大小，并综合考虑豆腐成品质量及能耗浪费，得出最佳工艺为：胶体磨磨 2 遍，均质机均质 3 遍。处理后豆浆会有 80% 的固形物通过 200 目筛，且平均颗粒在 5～10 μm 之间，生产出来的豆腐质量也很好。

理论上，大豆蛋白质是高分子化合物，分子量在 $8×10^3$～$6×10^5$ 之间，分子直径在 $2×10^{-2}$～$5×10^{-2}$ μm 之间，属胶体粒子。大豆中的大部分蛋白质存在于细胞中的蛋白体内。蛋白质的直径为 5～10 μm，粉碎至 200 目时，与蛋白质的直径吻合，有利于蛋白体溶出，形成胶体粒子悬浮在水中成为乳状液。

2.4 凝固剂对豆腐质量的影响

蛋白质是多个氨基酸分子以肽链连接而成的分子，两端至少具有呈酸性的自由羧基和呈碱性的自由氨基，具有两性解离的性质。

点脑前熟豆浆溶液 pH 值 7.1（中性），远离大豆蛋白等电点（4.3），所以蛋白质离子为负离子，蛋白质分子之间的静电斥力占主导地位，因此相互间难以靠近，不能结合在一起。加入凝固剂后，一方面豆浆的 pH 值降低，另一方面盐的正离子屏蔽了蛋白质的部分负电荷，从而使蛋白质之间的静电斥力减弱，当豆浆中的盐离子达到一定的浓度时，蛋白质分子之间的斥力（静电斥力）和引力（疏水作用和氢键）达到平衡，豆浆中的蛋白质结合成有序的网络结构。随着盐离子浓度的增加，蛋白质分子之间的斥力降低，引力增加，相互结合的速率加快，形成的网络变得粗厚，但网孔变得稀疏，此时形成的豆腐凝胶强度增大，保水性降低。当浓度过高时，将打破蛋白质分子间的斥力和引力的平衡，由于豆浆 pH 值进一步降低，而且过多的负电荷被盐离子屏蔽，分子间静电斥力相当小，疏水作用、氢键等引力占明显优势，因此蛋白质分子相互结合的速率相当快，容易堆扎在一起，造成豆腐凝胶的失水率骤升，保水性急剧下降。只有采用适量的盐凝固剂，才能使蛋白质分子架桥聚合，形成致密的立体网状结构。这种结构不仅是水的载体，而且可以把大豆脂肪、纤维等结合或囊括其中，是无渣豆腐的组成成分。并且磨浆后粒度在 5～8 μm 之间，大豆纤维不会破坏蛋白质线型体的纵横连接，因此制得的豆腐组织致密、有弹性、口感细腻、品质好。

2.5 制脑过程最佳工艺参数的确定

制脑即是使大豆蛋白质溶胶转化成大豆蛋白质凝胶，其主要影响因素有豆浆煮沸时间、豆浆浓度、点脑温度、凝固剂用量比等。在进行大量单因素筛选后，采用 $L_9(3^4)$ 正交试验设计，分别做出出品率、含水量、持水性、黄浆水浓度、感官评价 5 个正交分析表（结果数据略）。综合各因素对不同指标的主次关系，筛选出最佳工艺为：煮浆沸腾后持续时间为 6 min，豆浆浓度为 12％，点脑温度为 80℃，凝固剂用量比（卤水∶石膏）为 2∶3。

2.6 无渣豆腐与有渣豆腐的品质对比（见表 1—1）

表 1—1　　　　　　　　　　　无渣豆腐与有渣豆腐的品质对比

测试项目	水分(%)	总糖(%)	持水性(%)	蛋白质(%)	蛋白质利用率(%)	出品率(%)	脂肪(%)	食物纤维(%)	感官评价
有渣豆腐	85	0.825	91	6.38	49.8	300	2.654	0.18	良好
无渣豆腐	85	0.695	93.2	6.21	96.98	600	2.93	0.65	一般

由表 1—1 可以看出，在豆腐含水量相同的情况下，无渣豆腐比有渣豆腐的脂肪含量高，其中主要的质量指标——蛋白质的含量稍低些，因此可以说，有渣豆腐与无渣豆腐在成分上基本相同。另外，其持水性和感官评价也很接近，所以两者在质量上相似。

由表 1—1 还可以看出，无渣豆腐的出品率提高了一倍，并且蛋白质利用率也提高近一倍。从而大大减少了资源的浪费。

3. 结论

(1) 脱皮后的豆仁浸泡，以加水量为豆仁的 4～5 倍为好；并且不同的浸泡温度，采用不同的浸泡时间：25℃时需 8 h，20℃时需 11 h，15℃时需 15 h，10℃时需 18 h。

(2) 豆浆微细化的最佳工艺为：胶体磨磨 2 遍，高压均质机均质 3 遍。

(3) 凝固过程中最佳工艺条件为：煮浆沸腾后持续时间为 6 min，豆浆浓度为 12%，点脑温度为 80℃，凝固剂用量比（卤水：石膏）为 2：3。

(4) 无渣豆腐提高了豆腐的出品率和大豆蛋白质的利用率，减少了资源浪费。

学习单元 2　豆制品生产操作过程

一般传统豆制品加工过程包括大豆预处理（包括脱皮）、制浆、凝固和成型、产品再加工（包括油炸、卤制调味、发酵等）、产品包装等几大工序。以下对各道工序的加工操作过程进行描述。

一、大豆预处理工序

大豆预处理工序包括领料、筛选、大豆输送、大豆脱皮。

1. 领料

领料是生产过程中的第一步，领料前应先查看原料豆的质检报告，了解本批次大豆原料的产地、水分含量、蛋白质含量及杂质含量。然后根据本（日）班次所需生产各豆制品的品种和产量，计算出所需大豆的投料量，根据投料量领取大豆原料。领料时要查看外包装标示的规格，一般采用麻袋装 90 kg/袋或普通编织袋 50 kg/袋的包装形式；检查包装是否破损、受潮等；随机打开 1～2 包，进行感官检测，检测内容包括颗粒是否整齐，杂质情况如何，特别是石子夹杂情况、僵豆情况等。

2. 筛选

根据当日大豆的投料量及其质量情况，选择采用大豆分选的操作程序和清洗程序，如果该批次大豆的杂质较多，就应进行多次分选和清洗操作，一般采用振动筛设备对大豆进行双级筛选（见图 1—14）。在实际操作中，先检查选料设备的电源开关、仪表仪器、机械状况等是否处于正常状态，然后开启大豆筛选设备电源，待机械振动运转平稳后，逐袋把原料输入进料口，使原料在振动运输过程中先经过筛网较大的振动筛，将体积较大的稻草、树枝及大石块清理出去，大豆落入下层振动筛。下层振动筛只允许小颗粒的石子、泥土等杂物通过，而那些无法去除的虫蛀豆、裂豆和异色豆需要通过人工挑选来去除。

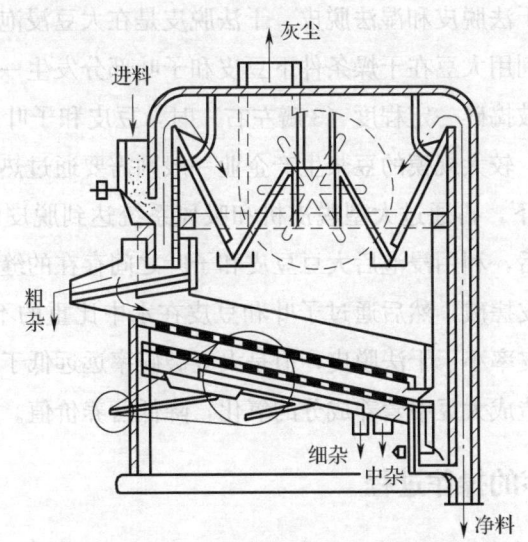

图 1—14 用振动筛筛选大豆的工作过程

现在有些使用更先进的比重去石、磁选等方法去除大豆中的石子、铁屑等异物，一些与大豆比重一样的杂质（如石块等）和杂色豆、虫蛀豆等用这类方法就无法筛选出来，还要采用人工挑选的方式处理。

3. 大豆输送

通过振动筛初选的大豆一般通过提升方式被送至浸泡缸内，具体操作是：待料斗内有足够量的原料后，开启提升机的电源将大豆提升起来。国内一般采用风力提升方法，每次按照生产规定的量提升一缸量的大豆，一般为 300～500 kg。有些日本企业利用水力来提升大豆，可以使大豆表面附着的尘土和杂菌得到相当程度的清除，同时在水中比重加大的石块等重物在输送过程中会沉到水槽底部，但利用水力输送法需要消耗较多的水资源。还有些日本企业利用气水混合的方法输送大豆，这种方法可达到清洁大豆的作用，又可以节约 50% 以上的水，但是由于含有较高的技术含量，还没有普及。国内制造了一种旋水分离器装置，装在大豆运输途中，该装置利用水的旋转产生的离心力，使比重较大的石头落入底部得到清除，效果不错。

4. 大豆脱皮

不是所有的豆制品加工都需要对大豆进行脱皮处理，大豆脱皮工序主要在豆浆生产过程中使用，目的是改善豆浆的口感。大豆经过脱皮，消除豆皮表面附着的杂菌及其芽孢体，同时消除大豆纤维产生的粗糙口感和苦涩感。

大豆脱皮分为干法脱皮和湿法脱皮。干法脱皮是在大豆浸泡前，对筛选后的大豆进行加温干燥，利用大豆在干燥条件下豆皮和子叶部分发生一定程度的"质壁分离"现象，当大豆被捣碎一定程度（3 瓣左右）时，豆皮和子叶分离，然后通过吸风系统将豆皮带走。较大规模的豆浆生产企业一般则需要通过热烘干系统将大豆中的水分降至 10% 以下，再通过大型脱皮机和吸风系统达到脱皮的目的。湿法脱皮是在大豆浸泡结束后，利用浸泡后大豆豆皮和子叶之间存在的缝隙，通过揉搓机轻轻揉搓，就可将豆皮搓破，然后通过子叶和豆皮在水中比重的不同，将豆皮去除。虽然湿法脱皮的脱皮率小于干法脱皮，但是大豆破碎率远远低于干法脱皮，避免由于大豆过早破损而造成大豆中营养成分的氧化，降低营养价值。

二、制浆工序的操作过程

制浆工序的生产工艺过程如图 1—15 所示。

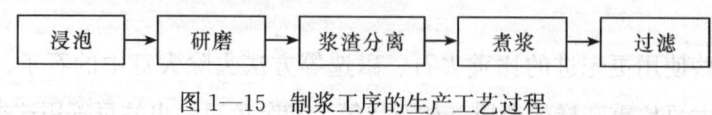

图 1—15　制浆工序的生产工艺过程

1. 浸泡

(1) 浸泡缸内大豆量的计算

浸泡过程是大豆吸水过程，浸泡后大豆的重量和体积都会增加，所以在浸泡前先要对投入浸泡缸内的大豆量进行计算。一般情况下，浸泡充分的大豆重量会增加到原来的 2.1～2.2 倍，体积会增加到原来的 2.2～2.5 倍（见图 1—16），同时还要考虑对浸泡结束后的大豆直接在浸泡桶内进行压缩空气、暴气清洗等因素，所以，每个浸泡缸中的大豆量以只能投到浸泡缸的 1/3 处为理想。据此计算，若浸泡缸的容量为 1 500 L，大约能浸泡大豆 500 kg，这是在满负荷生产的情况下。在实际生产过程中，每缸大豆的浸泡量要参考企业当前的生产量及后续加工的速度。为了保证浸泡质量，原则上一缸大豆要在一个小时内使用完，所以当后续生产能力跟不上时，就要考虑减少每一缸的大豆浸泡量。

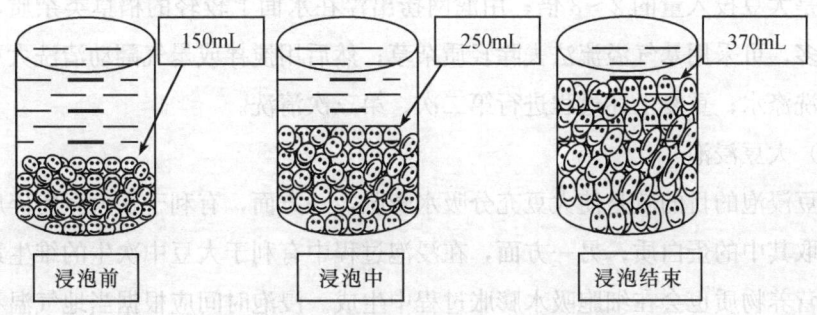

图 1—16 大豆在浸泡过程中的体积变化

(2) 投料

目前大多数国内企业的投料采用把经预处理的大豆引送至料斗车，根据每个浸泡缸能浸泡大豆的容量计算出需要几车大豆，用料斗车将大豆送至各浸泡缸内。浸泡缸一般以两个为一组"背靠背"形式摆放，如图 1—17 所示，根据企业规模大小，浸泡缸采用的数组甚至达到上百组。当料斗车通过轨道运行到浸泡缸上面时，打开卸料阀，大豆就流入浸泡缸内。重复上述作业，直到放入大豆的量达到浸泡桶的 1/3 左右。投料完毕后，清除设备中的杂物，清扫工作场所，做好投料数量及设备运行情况的记录。

现在有些先进的豆制品生产企业采用自动控制系统，通过真空抽送系统将大豆送至各个浸泡缸内。每条输送管道都会有一个定量的电磁阀门，以达到大豆定量输送的目的。

(3) 清洗

如果该批次的大豆是已经经过精选的干净大豆（杂质率小于 6.5%），则不需

图 1—17　一组背靠背浸泡缸

要清洗。否则，浸泡前需要对大豆进行 2~3 次清洗。在浸泡缸内加入清水至接近缸口，是大豆投入量的 2~3 倍；用滤网捞出浮在水面上较轻的稻草类杂质，如果杂质较多，可采用暴气溢流法去除轻质杂草；然后用搅拌或暴气翻动清洗大豆；最后放掉洗涤水；重复上述过程进行第二次、第三次清洗。

（4）大豆浸泡

大豆浸泡的目的就是使大豆充分吸水膨胀，一方面，有利于在大豆粉碎后能够充分提取其中的蛋白质；另一方面，在浸泡过程中有利于大豆中次生的维生素及异黄酮类营养物质也会在细胞吸水膨胀过程中生成。浸泡时间应根据当地气温和浸泡水的情况而定，气温、水温高则吸水速度快，气温、水温低则吸水速度慢。各季节黄豆浸泡时间见表 1—2。

表 1—2　　　　　　　　各季节黄豆浸泡时间

季节	气温（℃）	水温（℃）	大豆浸泡时间（h）
冬	0	5	24
初冬/初春	10	10	18~20
春秋	24	20	13
夏	30	25	8
	40	>28	4~6

也可以用下列简单的式子计算浸泡时间：

$$浸泡时间（h）= 30 - 浸泡水温$$

比如，水温为 15℃，基本上浸泡时间需要 15 h。利用此法计算时要考虑浸泡环境气温，比如，使用 15℃的地下水浸泡，而外界气温为 5℃时就应该把浸泡时间按照水温降至多少摄氏度时进行计算。另外，根据大豆品种、水分含量、新陈程度等加以适当调整。

浸泡时应注意以下几点：

1）大豆浸泡时间与大豆的质量（如新旧程度、水分含量、大豆品种等）和浸泡水的温度都有关系，实际生产过程中根据上述情况调整浸泡时间，同时考虑下道工序生产所需的时间，设定不同的浸泡时间。

2）根据生产进度确定每时段的浸泡量，分批浸泡大豆。避免大豆浸泡已经结束，而下道工序跟不上，这样容易造成浸泡好大豆由于不能及时使用而出现的腐败变质现象。

3）浸泡过程中为使大豆均匀吸水，需定时搅拌翻动，一般间隔2~3 h翻动一次。

4）时常观察浸泡桶内水面的位置，如果已降到露出大豆就要及时补充浸泡水。

5）在浸泡工序操作时，为了保持每次浸泡的质量稳定，可以在浸泡缸的内壁标注一些不容易抹掉的水位标尺或者挂一个水量定位器。

6）判断大豆浸泡的时间达到所设定的要求时，操作人员应从浸泡缸内取出10粒左右浸泡好的大豆，从两片子叶中间扇形瓣开，进行大豆浸泡程度的感官检测，达到标准时作业结束。各种浸泡程度的大豆如图1—18所示。

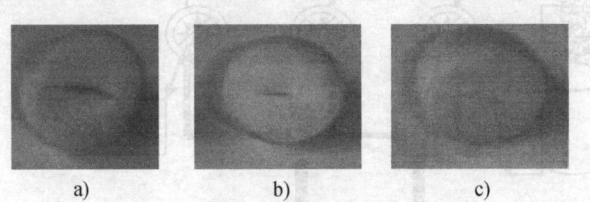

图1—18　各种浸泡程度的大豆
a）浸泡不够　b）浸泡适当　c）浸泡过头

（5）水洗

大豆浸泡结束后要进行水洗。水洗过程是先排尽浸泡废水，再加入能够将大豆浸没的清水，进行搅拌，然后就可打开放豆阀门，开启喷淋自来水，通过水的流动带动大豆从浸泡缸通过淌槽流向沥水筛。在淌槽内利用比重原理将较重的异杂物沉淀在沉淀槽内，大豆在往复式运动的沥水筛内被清洗干净，最后送至研磨储料斗。放豆结束后等淌槽内的大豆全部送到磨料斗后关闭传送带、关闭淋水阀、清洗浸泡灌，最后做好卫生清扫和设备运行记录工作。

（6）浸泡系统的清洗

一班工作结束后需要冲洗浸泡系统。将浸泡缸内容易积累残垢的角落部分清洗干净，否则特别是在夏季很快会在缸壁和角落形成含有大量微生物杂菌的黄色发黏的膜体，严重影响下一批产品的质量。同时还需及时清理淌槽沉淀坑，将沉淀在坑内的异物清除干净，确保无异物被带入磨浆机中。

2. 研磨、分离

当大豆流入磨浆机空腔中，利用上下磨片的相对摩擦将大豆磨碎，同时通过离心运动将磨好的豆糊排出体外。依靠调整上下磨片来控制磨浆的粗细。

磨好的豆糊通过"浆渣分离"设备将豆渣和浆液分开，以除去豆渣。浆渣分离分为熟浆分离和生浆分离。生浆分离是大豆经研磨后的豆糊未经煮熟就进行分离的过程。熟浆分离是大豆经研磨后的豆糊加热到95℃以上再进行分离的过程。目前普遍采用的是生浆分离的方法。为了尽可能减少豆渣中的蛋白质含量，提高豆制品的出品率，一般采用一次研磨、三次分离的工艺，即第一次研磨后的豆糊进行浆渣分离，分离后的豆渣加水稀释进行第二次分离，分离的豆渣再加水稀释进行第三次分离。

大豆的研磨、分离工艺流程如1—19所示。

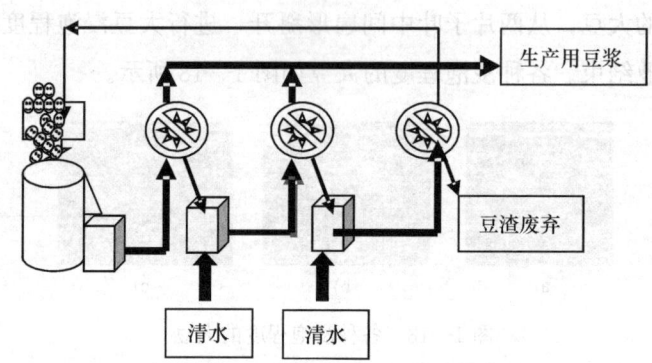

图1—19 大豆的研磨、分离工艺流程

(1) 研磨、分离的操作过程

1) 研磨部分开车前准备。开启磨浆机前先要清洗磨片、料斗和浆糊桶，以保证设备表面没有残余的浆糊液，否则会将大量滋生的微生物带入到豆浆中去，影响产品的质量。然后检查各设备、电动机、管道阀门的密封状况、水源、电源等是否一切处于正常状态，特别是各磨浆机磨片是否处于最大空隙位置。

2) 分离部分开车前准备。开始分离前先清洗离心机内胆、接渣桶、管道、存浆桶等；然后在内胆表面安装好干净的滤布套袋，特别要注意滤布套袋是否有破损现象，否则浆渣分离作业时豆浆中会混入大量豆渣，降低浆渣的分离效果；接着检查电源、水管及浆渣开关阀门是否处于正常状态；最后开启离心分离机观察运行是否正常。

3）确认磨浆机料斗中是否输入存积足够的大豆。

4）开启砂轮磨的电源，待磨片空转 1 min 左右平稳后，打开自来水阀门。

5）将磨浆机调节磨片粗细的手轮往细的方向旋转，打开料斗阀门。

6）待大豆落入磨床后，边进料，边快速把磨片调节到合适的粗细度，进入正常磨糊状态。

7）确认定量加水阀门是否调到工艺要求的位置。按照豆浆所需要的浓度调整加水量，制作南豆腐和内酯豆腐时，一般若每小时处理 400 kg 大豆，又要控制头浆浓度在 13°Bé（波美度），加水量应该为 1.5 t/h。若是制作豆浆产品，需要的浓度较低时，可控制加水在 2.5 t/h 的流量。加水量越少，则豆浆的浓度越高。

8）待磨糊达到所要求的标准时，开启送浆泵将浆糊输送至浆渣分离系统。

9）启动第一台离心分离机，待设备运转平稳后，启动浆糊输送泵把磨糊储槽中的磨糊抽入第一台离心分离机。

10）调整输送磨糊的流量，使浆渣分离符合工艺要求，同时与磨浆的速度相吻合，避免磨糊槽出现被抽空或存积过多的现象，并可打开离心分离机下方洗渣桶中的清水阀门。

11）在搅拌和稀释水的冲击下，使豆渣和水充分混合均匀，开启浆渣输送泵，将经一次洗渣后的浆渣液输送到第二台离心分离机中进行第二次浆渣的离心分离和洗渣的操作。

12）用同样的操作方法和程序进行第三次离心分离机的操作，经三次分离后的豆渣输入豆渣池作为饲料之用，并把第二次被分离出来的豆浆（俗称"二浆"，浓度相对较低，一般在 3~4°Bé）掺入头浆（一浆）池中，对头浆进行浓度调节，供后续煮浆等工序备用。

13）第三次分离出来的豆浆俗称"三浆"，三浆浓度最低，一般除回流至磨浆工序供磨豆用水外，有时也可用来调整一下头浆池内的豆浆浓度。如有多余三浆水，也会接入到第一台、第二台洗渣桶内用于洗渣。当三浆水稳定后，开启磨浆机上的三浆水供水阀，同时关闭清水阀。

14）开启离心分离机下方洗渣桶中的三浆水阀，根据三浆水的多少关闭或调小清水阀门。

15）经常检测头浆池中豆浆的浓度是否稳定及符合标准，以便及时调节磨豆中淋水供给量。

16) 磨浆停车操作。磨浆作业结束时，先放清水冲洗送料斗、各存浆桶和"三浆"回流管道，用清水将磨浆机存浆桶和管道内浆液尽可能顶出去。当磨浆机冲洗干净，关闭磨浆机电源，转动磨片调节阀将磨片调回到"松"的位置，然后打开磨浆机，将机内、过浆管道和存浆桶进行彻底清理，最好定期用碱性清洗液循环冲洗机内和管道，以去除设备内壁附着的含蛋白质残渣和残液。做好周围环境的卫生工作，记录整个操作过程中机械运转情况及各种常规数据，以备下个班次操作时参考。

17) 分离停车操作。浆渣分离操作结束后，应关闭电源，打开分离机腔体，冲洗内胆，卸去滤布，用碱水煮洗干净，用清水将各种管道及桶体冲洗干净，做好生产场所的卫生工作，记录工作日记，完成交接班工作。

(2) 研磨、分离时需注意的问题

1) 由于国内一般企业采用的磨浆机处理能力在 400~600 kg/h（干豆），所以在生产中研磨速度要根据磨浆机的能力来确定，选购配置时应根据各自的生产规模配以两台以上的磨机，平时两台轮换作业，生产集中时，可同时开机增加磨浆能力。这种配置，以便于在故障维修时，不中断磨浆而影响正常生产。

2) 要注意磨浆机的磨片是否平正和锐利，间隙是否适当。磨浆机的运转过程中一定要控制好豆、水配比，水少会使磨浆机由于产热造成豆糊中细菌生长繁殖引起豆浆变质，也会由于大豆蛋白质受热变性影响蛋白质的溶出。

3) 一般生产中，为了提高蛋白利用率采用一次研磨三次分离的工艺，同时还需充分利用"三浆"水。由于在豆制品生产中三浆水浓度很低，不能直接用来生产产品，但"三浆"水中还有大约 2% 的大豆固形物，可以用来作为磨浆用的淋水，或作为生产用豆浆浓度的调节及浆渣分离时洗渣用水。所以当三浆池中有足够的量时，启动"三浆"输送泵，打开三浆储槽的阀门，回送至磨浆或分离洗渣系统替代清水供磨浆和洗渣使用。

4) 在整个研磨过程中，要经常观察大豆与水的均衡配比，经常查看磨糊的粗细程度，使磨糊始终保持合适的粗细度和稠稀度。

5) 由于整个磨浆过程基本上都是在敞口作业下工作，容易受到环境因素的影响。根据生产现场的气温状况来调整设备的清洗频率，一般在常温 25℃ 左右，每工作 3~4 h 后，应对磨浆机、浆糊桶及管道进行一次清洗。

6) 夏天生产气温较高，为防止发生因微生物繁殖而引起的豆浆变质，在生产中应做好卫生工作，并增加清洗次数，由于长时间没有清洗磨浆系统，会出现桶体、管道、浆糊的发红现象，造成豆浆变质。

7）研磨工序与下道工序的进度必须保持一致，做到随用随磨，不能积存过多的磨糊，防止磨糊变质。

8）第一次浆渣分离出来的"头浆"浓度，按不同产品的要求控制在固形物 8～13°Bé 为宜，第二次浆渣分离出来的"二浆"浓度一般在 3～4°Bé，第三次浆渣分离出来的"三浆"浓度应低于 2°Bé。

9）理论上豆渣清洗次数越多，豆渣中的蛋白质被提取得越彻底。但考虑到生产的可操作性、设备运行成本、水资源合理利用等方面的"性价比"，一般国内都采用三次分离、两次洗渣的方式分离浆渣。

10）在离心分离操作中，出现机械设备的异常状况或异常声音时，有可能是滤布阻塞或破损，一定要及时停机更换滤布。

11）在生产过程中遇到中途需要停机时，必须打开离心分离机腔体，冲洗掉分离机内胆面的余渣，以保证分离机重新开机时离心力均匀稳定。

3. 豆浆加热

加热的目的一方面是对大豆中的抗营养因子灭酶失活和杀灭豆浆中的微生物；另一方面是促使大豆蛋白质适当变性。因此豆制品生产需要一个加热的过程，加热采用两种工艺，即煮浆和煮糊。煮浆工艺也叫"生浆工艺"，煮糊称为"熟浆工艺"，两种制浆工艺流程如图 1—20 所示。

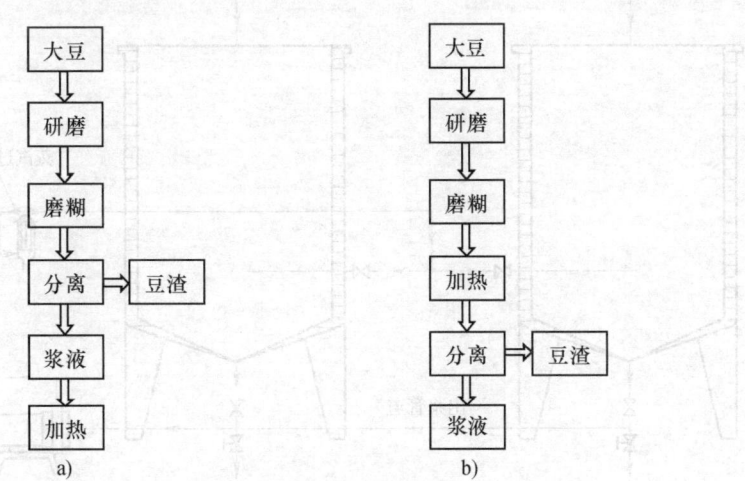

图 1—20 两种制浆工艺流程
a）生浆工艺 b）熟浆工艺

从图 1—20 中可以看出"生浆工艺"加热的是豆浆，简称"煮浆"；而"熟浆工艺"加热的是磨糊，简称"煮糊"。不管是"煮浆"还是"煮糊"，加热工艺和加热方式基本是一样的，都要通过各种加热方式，使物料煮沸达到96℃以上，保持3～5 min。下面以煮浆为例讲述。

煮浆方式分为两种，即间歇煮浆和连续煮浆。间歇煮浆分直火加热方式和蒸汽直接注入方式，连续煮浆分为蒸汽直接注入方式和间接加热方式。

直火加热是用火直接在锅底加热，注意锅的底部和上面的豆浆要受热均匀，避免糊锅，消泡仅限在豆浆的表面，不要搅动。这种直火加热方式只有农村山区或个体户家庭作坊仍在使用，目前大都采用蒸汽加热煮浆。

间接加热方式一般是用热交换的方式，这种方式由于板式热交换器上容易结焦难于清洗，所以对设备要求较高。

下面针对间歇煮浆工艺的蒸汽直接注入方式和连续煮浆工艺的蒸汽加热方式分述操作过程。

(1) 间歇蒸汽煮浆加热操作过程

间歇式煮浆也称蒸汽直接注入的加热方式煮浆（见图1—21），是目前中小企业普遍采用的煮浆方式。为了保证生产的连续化，间歇式煮浆一般采用两个煮浆锅循环使用。

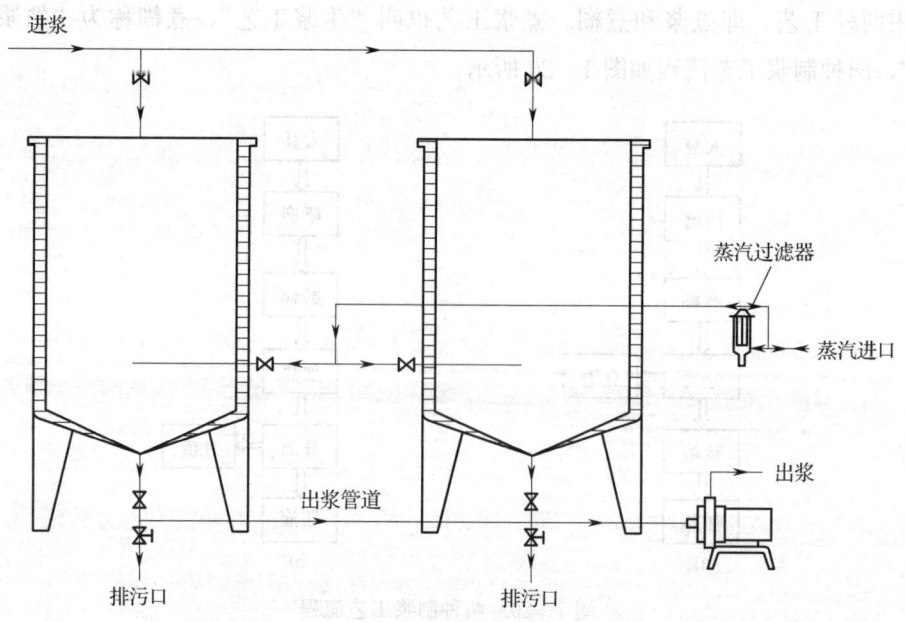

图1—21 间歇煮浆示意图

1) 煮浆前的准备工作。先要进行系统清洗，由于煮浆系统基本上处于高温高压的状态，管道和煮浆罐内壁经常会黏附有烧糊的豆浆锅巴，如果不清洗干净煮浆系统极有可能将残渣带入后续产品中；接着检查蒸汽压力是否达到规定压力，并且确认水、电阀门等是否都处于正常状态；检查安全阀开启是否灵敏；最后要了解本班次的产品需要煮几种不同浓度的豆浆，以便及时检测豆浆浓度。并对不同产品所需豆浆量进行合理分配。

2）煮浆操作。先打开放浆阀门，将生豆浆放入煮浆锅中，为了保证煮浆沸腾时不溢锅，一般控制豆浆的量不超过容器的3/5。

然后，开启蒸汽阀，使蒸汽快速冲入豆浆进行蒸煮。随着豆浆温度的不断升高，达到65℃左右时，浆液内会产生大量泡沫并上浮，这时需添加适量消泡剂进行消泡，同时关小蒸汽阀门直至浆液不溢出锅为止。

继续煮浆，随着温度进一步升高达到75℃左右时，气泡带着浆液上溢至罐口时关闭蒸汽阀，再添加适量的消泡剂。

待泡沫消除、浆液面下降时，再慢慢打开蒸汽阀继续通蒸汽。当浆液再次沸腾上溢时，再关小蒸汽阀，锅中的豆浆在蒸汽冲击下上下翻腾，热量均匀上升。

待浆温上升至96～98℃时，控制蒸汽大小，维持豆浆温度保持在96～98℃ 2～3 min，这时观察浆液表面上已经看不到往外溢出泡沫。

打开煮浆锅的排浆阀门，开始放熟浆，同时微开蒸汽阀门使少量蒸汽继续加温，保持浆液温度在98℃以上，当放浆一半左右，关闭蒸汽阀门。

用同样的方法进行第二锅豆浆的煮浆操作。

3）一班工作结束后要用碱性清洗液将锅内清洗干净，以去除设备内壁附着的残渣和残液。做好周围环境的卫生工作，整理记录。

4）注意事项

①在浆液通入蒸汽前，先要对蒸汽的分气缸进行彻底排水。

②由于是敞口煮沸，容易产生浆液外溢现象，易造成烫伤和浪费。

③每班结束清洗煮浆锅不要忽略下方的放浆管。

(2) 蒸汽直接注入方式的连续煮浆操作过程

蒸汽直接注入方式的连续煮浆操作过程与间歇式煮浆相比，具有多个优点：蒸汽耗量低；由于是封闭式的，不会造成浆液的溢出和蒸汽的扩散，所以操作环境要比间歇式煮浆好，同时安全性高；每日大豆处理量和处理效率大大提高；产品质量稳定。连续煮浆使用的系统工作原理是通过豆浆泵将豆浆送入罐内，利用后压前出的连续煮浆原理。由于一组煮浆罐一般是由5只以上（现在最多有12只）串接起来而成的豆浆蒸煮操作系统，每个罐的高度不同会产生相应的液位差而形成连续溢流过程。连续煮浆工艺流程如图1—22所示。

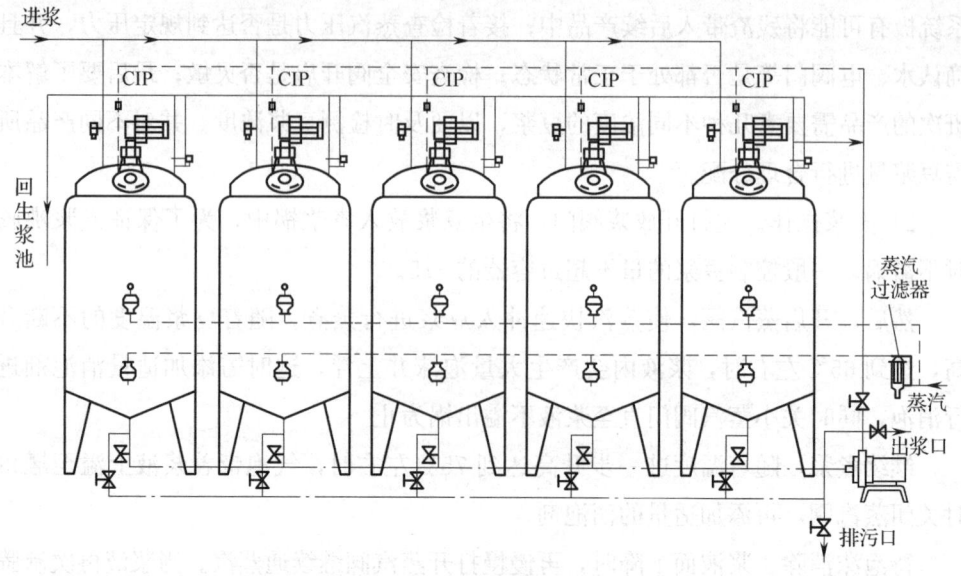

图1—22 连续煮浆工艺流程

1) 准备工作

①打开所有煮浆罐的排污阀门，排空罐内所存的杀菌水或冷凝水，然后关闭阀门。

②将电气控制挡放到手动位置。

2) 煮浆开车操作。打开进浆口阀门，启动豆浆输送泵，开始向煮浆罐送浆。

当第一只罐的排污口有浆液流出时，关闭第一只罐的排污阀门。

当第二只煮浆罐排污口有浆液流出时，说明豆浆充满第一只罐，打开第一只罐的蒸汽阀门加热煮浆，关闭第二只罐的排污阀门。

重复上述操作，当第五只罐中都充满豆浆后，豆浆从出口处开始流出时关闭豆浆输送泵。此时的蒸汽继续加热罐内的浆液，当第五个罐内的豆浆温度显示达到98℃以上（不超过102℃）时，缓慢开启豆浆输送泵继续向第一个罐内输送豆浆。

观察每个煮浆罐的温度显示仪，一般第一个罐的温度设定在40℃，第二个罐的温度设定在65~70℃，第三个罐的温度设定在85~90℃，第四个罐的温度设定在95~98℃，第五个灌的温度设定在98~102℃。重点观察第五个罐的出口温度，如果温度低于98℃就要关小输浆泵，减少豆浆输入流量，如高于102℃则加大输入流量，使各罐的进浆流量与设定温度保持一致。如果实行自动煮浆，这时可将热浆出口处的电子测温控制仪拨到自动位置，进行自动控制煮浆过程，每隔15 min记录一次温度。

3) 停车操作。当储浆池内已无豆浆时,放入清洗水,清水随输浆泵输入煮浆罐,把煮浆罐中的豆浆顶完,见清水淌出时,立即关闭出浆阀和关闭各罐的蒸汽阀,打开排污阀,清洗水从排污口排出。冲洗和冷却煮浆罐,待煮浆罐内的热量和压力排空,温度表回到零位后,再打开罐盖清除罐内的结垢及异物。

清洗生产场地,做好设备运行记录。

4) 注意事项。一般在生产操作过程中从生浆进口到熟浆出口需要 2～3 min,所以必须根据要求控制电机输送豆浆流量的大小,同时根据生产所需要的温度来控制蒸汽压力的大小。

由于煮浆罐的体积一般在 30～50 L 之间,若是生产量加大时,很难保证煮浆作业能够达到 2～3 min 的煮浆时间。解决方法是在最后一个煮浆罐后面串联一个储浆罐,就能够解决上述煮浆不足的问题。

连续煮浆系统的操作关键就是要保证控制各罐的蒸汽压力及豆浆流量。各种设备煮浆的蒸汽压力要在 0.5 MPa 以上,在这种蒸汽压力条件下煮浆升温快,有利于煮浆的质量。

由于连续煮浆系统是封闭的系统,无法打开机器进行清洗,因此需要用清水冲洗后再用热碱水进行就地循环清洗 20 min 左右,最后用清水冲洗干净。

如果要打开溢流罐,特别注意一定要先关掉蒸汽阀,导入清水将罐体冷却后再打开盖子,以防罐内的蒸汽冲出造成危险。

国内一些设备企业开发和推出了立式封闭型连续煮浆罐(见图 1—23)。立式封闭型连续煮浆罐的优点是管道较细,罐体较长,操作方法同卧式封闭溢流式煮浆器使用方法相同,但有以下几个优点:一是由于罐体较长,能够使豆浆基本上处于步进式流动,避免溢流式操作中的浆液由于沸腾造成提前溢出的现象。二是罐体比较容易密封,能够使罐体内部产生较大的压力,使煮浆温度能提高到 100℃ 以上,保证了豆浆的加工质量。

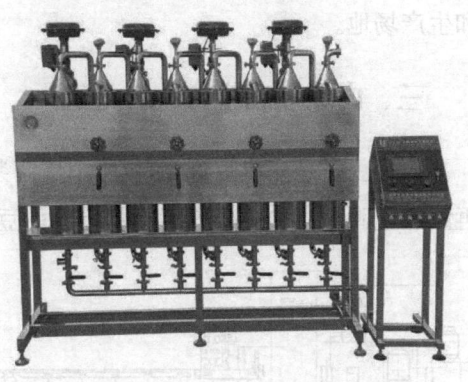

图 1—23 立式封闭型连续煮浆罐

4. 熟浆的过滤

在"生浆工艺"生产中,煮浆前经过浆渣分离,绝大部分豆渣已在分离机的作用下被分离出来。但由于采取机械强制式分离,少量细小的豆渣在机械离心力的作用下,穿过滤网混入豆浆中。这些细渣的存在不仅影响后续产品的外观,还会使产品内部结构变得粗糙,产品口感变差,如果制作的是油豆腐坯子,坯子中的细渣还将严重影响油豆腐在油炸中的膨大。因此"生浆工艺"生产过程中,还必须在煮浆后再经一道熟浆过滤来确保豆浆中尽量少的豆渣存在。

熟浆过滤一般采用往复式或滚桶式设备,机械运动力不强,筛网大都在120目以上,加之豆浆经加热,细渣在水和热的作用下膨胀增大,所以比较容易去除,加上熟浆中的细渣数量较少,一般在熟浆过滤开机后,就不需人员特别管理。随煮浆同步进行。

熟浆过滤操作过程是:在加热系统管道中的豆浆放出来之前,先打开振动筛。被截流的豆渣在来回振动过程中逐渐从豆浆析出而聚集成豆渣团,最后从熟浆过滤筛尾部的豆渣接收槽中排出。

熟浆过滤时应注意以下几个方面:

(1) 始终保持滤网的干净以保持过滤效果,否则会造成一部分豆浆随着豆渣淌出而造成损失。

(2) 当出现流浆现象时,应及时拆卸滤网进行调换或清洗。

(3) 经常检查滤网是否有破损现象。

(4) 根据筛的长度控制浆液的流量,浆液流量过大,造成分离加快,豆浆随渣流出,造成损失。

(5) 过滤结束后,应拆卸掉滤网,用碱水和清水分别煮洗,彻底清扫生产设备和生产场地。

三、内酯豆腐生产操作过程

内酯豆腐是充填豆腐的一种,从制浆工序出来的豆浆先经冷却到30℃以下,再添加凝固剂,加热凝固后冷却得到的豆腐产品。具体工艺流程如图1—24所示。

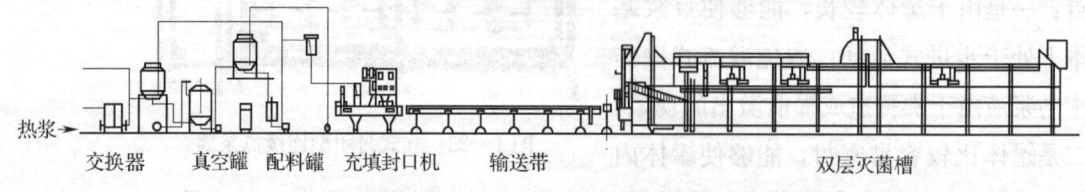

图1—24 内酯豆腐的生产过程

1. 煮浆、调配

(1) 煮浆前先清洗煮浆设备、工具、过浆管道、存浆桶体,充填包装机及蒸煮定型灭菌的热槽和成品冷却槽等,使整个生产流水线保持清洁卫生的状态。

(2) 煮浆过程

内酯豆腐的煮浆设备及煮浆要求与其他豆制品煮浆基本相同，其目的除了要促使豆浆中的蛋白质经加热适当变性外，另一个目的是消除豆浆中的有害因子及消毒灭菌。首先把经过调配到合适浓度的豆浆输入到煮浆器内，快速升温达 98℃ 左右，关小蒸汽阀门，保持煮沸状态 2~3 min，以利于达到煮浆的目的要求。

(3) 豆浆冷却

目前豆浆的冷却大多采用板式换热设备，先注入冷却水，再将煮沸的豆浆注入换热器进行自动交换冷却。

(4) 豆浆的过滤

豆浆残留的细渣经煮沸后有所膨胀，通过第二次过滤把残留的细渣进一步分离出去，有利于提高内酯豆腐的品质。打开放浆阀，把经过冷却后的豆浆通过管道输入振动平筛进行自动过滤。经过滤后的豆浆存入储浆桶。

(5) 配制、添加内酯。根据充填包装机生产能力决定一次混合的豆浆量（一次混合豆浆量以 30 min 内充填完为宜）。称取相当于豆浆量 0.27%~0.3% 的内酯，先用清水或冷浆溶解，然后将内酯溶液倒入豆浆中，稍作搅拌均匀即可输入充填包装环节。

2. 充填包装

(1) 包装前准备

开启包装机的封膜加热和日期打印加热开关；将封膜和打印预热至所设定的温度（一般为 200℃）；设定好喷码打印日期；装盖膜并调整到位；准备好豆腐盒并放入包装机的输送链中；观察凝固加热槽的温度达到 85℃ 后，关小蒸汽阀，保温；打开冷却槽的制冷阀，将冷却槽的水温冷却至 8~15℃。

(2) 充填包装

开启包装机，将添加凝固剂的豆浆注入包装机，并打开充填阀门，进入自动充填封膜包装环节。检查包装出来的内酯豆腐封口是否牢固，封膜是否对准盒子，生产日期打印是否清晰准确，如有问题需及时微调，一切正常后，转入正常包装程序。

(3) 加热成型冷却

充填包装好的成品，经过喷码机喷码后，整齐排放在塑料箱中，由传送带输送到水浴加热成型槽，在加热槽中加热 25 min 左右，盒内的豆腐便凝固成型。然后由传送带输送到冷却槽中冷却，冷却 25 min 左右，再送入 4℃ 左右的成品库中存放 10 h 左右即可上市销售。

3. 停车操作

一班结束时，待储浆桶内的豆浆用完后关闭放浆阀，关闭包装机，等到没有盒经过喷码机后，关闭喷码机，待传送带上没有盒子后关闭传送带。等热水加热槽和冷却槽内没有产品时，关闭蒸汽阀和冷却阀。最后，对各种设备、桶体、过浆管道及包装机械、冷热槽及生产场地进行必要的冲洗和清洁卫生工作，关闭各种设备的动力开关。排尽冷热槽中的加热和冷却水，记录机械运转、生产数量等常规数据，完成交接班工作。

4. 注意事项

（1）安装封口膜时，要调整好位置，封口温度要调合适，一般封口温度为200℃。

（2）喷码机的日期设置要仔细检查，不能出现错误。

四、各类豆制品点浆凝固、成型工序的操作过程

在制作嫩豆腐、豆腐干、油豆腐、老豆腐、千张等各类豆制品的过程中，通过向豆浆添加凝固剂，使豆浆发生凝固反应变成豆腐脑或豆腐花（或称豆腐凝胶体）的过程称为豆腐凝固（也称点脑、点浆或点花）。通过在不同模具中将豆腐花中的部分水分挤压出来的过程称为成型，根据各类产品对水分含量不同的要求，制成各种豆制品。

在凝固成型过程中，应根据不同豆制产品的要求，确定豆浆的浓度、点浆温度、凝固剂种类、凝固剂添加量、蹲脑凝固温度和时间、搅拌程度和时间等参数采取不同的操作方法。下面根据不同产品分述其操作过程：

1. 豆浆凝固前的准备

（1）根据生产豆腐的种类选择凝固剂，并根据每班的生产量确定凝固剂使用量。

1）盐卤凝固剂的准备和配制。由于盐卤完全溶于水且在水中非常稳定，所以盐卤溶液可以根据企业内部的需要，提前配制好，放在大型定量容器中，通过管道进行输送。盐卤配制的操作过程是先按照30%~40%的浓度将盐卤完全溶解到水中，然后根据盐卤的纯度适当过滤，再通过泵将过滤好的溶液输送到液位较高的盐卤储存罐中。盐卤的添加量是：如果10 Brix浓度的豆浆则为0.4%，以此类推。

2）石膏的准备和配制。由于石膏在水中的溶解能力较差、在水中时间长容易出现沉淀等原因，石膏一般根据使用量现场进行配制使用。石膏凝固剂的配制过程是先以每缸豆浆量0.4%~0.45%的比例称取石膏凝固剂放入凝固缸中，然后加入

4倍左右的水，制得15%～20%的悬浊液体。石膏的添加量是：如果10 Brix浓度的豆浆则为0.4%，以此类推。

(2) 工具的准备。放浆前先要把豆腐板、型箱框、豆腐布、点浆容器等都用开水消毒、清水洗刷干净备用。

(3) 检查凝固、成型压榨设备，电气设备，液压机和液压机泵是否处于正常状态。

2. 点浆凝固操作过程

(1) 石膏南豆腐（嫩豆腐）

1) 操作过程。生产石膏南豆腐（嫩豆腐）一般使用冲浆凝固的方法。操作时先开启放浆阀，将煮熟并经测试符合浓度和温度要求的豆浆输入到冲浆桶中。然后用20 L左右的容器桶从点浆桶内舀一桶出来用于冲浆。接着将调配好的石膏溶液按比例冲入点浆桶，并立即把刚刚舀出的一桶豆浆用力冲入，利用这股冲力促使豆浆上下均匀翻腾，以达到豆浆与凝固剂的充分混合，然后让其自然翻动直至停止。静止3 min观察豆浆已呈稠状，这时豆浆初凝目的已经达到，冲浆完成后需蹲缸养脑20～30 min，即可上箱成型。

2) 冲浆凝固注意事项。冲浆凝固的关键是要控制好豆浆浓度与凝固剂的配比，避免因凝固剂用量不当而引起"夹浆"和点老的情况出现；其次在冲浆操作中冲力要恰到好处，豆浆上下翻动要彻底，如用力不足没能将豆浆完全翻动，致使石膏下沉，会出现凝固物老嫩不一而影响产品质量和出品率。

(2) 盐卤北豆腐（老豆腐）

1) 操作过程。开启放浆阀，把事先经过浓度调整的豆浆放入点浆桶，一般放至离桶沿口约10 cm处，撒入少许消泡剂将放浆时产生的泡沫消除后，开始用点浆勺来回搅动豆浆，当浆液上下翻动时，打开凝固剂（卤水）阀门边加入边搅动。点浆搅动先快后慢，接近终点时更要缓慢。点浆的同时要控制好卤水流量，不可时多时少，始终保持卤水均匀加入，这样就不会有点浆过老或点浆不完全的情况发生。随着浆勺的划动和凝固剂的加入，凝固反应也在缓慢进行，当浆面开始生成芝麻状小颗粒脑花并逐渐变稠，点浆搅动阻力增大，说明点浆接近终点。这时用点浆勺以反方向阻挡豆浆的旋转，使其翻动旋转停止，撤去点浆勺。点浆完毕需蹲缸养脑15～20 min。

2) 注意事项。点浆凝固时凝固剂的浓度控制在16～18°Bé，用量以干豆计0.4%～0.5%，豆浆浓度根据不同产品的要求一般为9～10 Brix，点浆温度除制作油豆腐时稍低外，大多控制在80～85℃，点浆操作时搅拌动作要先快后慢，点浆凝固达到终点时以无黄浆水析出为好，使用机械自动点浆、自动搅拌的设备操作时要注意豆浆浓度、温度的稳定性及凝固剂的用量。

(3) 以盐卤为凝固剂的豆腐干、豆腐片

1) 操作过程。以盐卤为凝固剂，生产豆腐干、豆腐片，点浆操作过程与盐卤北豆腐的点浆操作过程基本相同。

2) 注意事项。生产豆腐干、豆腐片点浆时，豆浆浓度要比生产豆腐时低，一般情况下为 7～9 Brix。其他注意事项与盐卤北豆腐的点浆过程相同。

(4) 油炸豆腐生坯

1) 操作过程。向点浆桶中放入浓度为 10～11 Brix 的热豆浆，再向桶中加入约 1/3 豆浆量的冷水搅拌均匀，使豆浆浓度控制在 7～9 Brix，点浆温度控制在 70℃左右。先用点浆勺来回搅动豆浆，当浆液上下翻动时，打开凝固剂（卤水/氯化镁溶液或者含有泡打粉的石膏悬浊液）阀进行点浆，当豆浆内出现细小豆花并逐渐变稠时，表明凝固到终点，然后蹲缸养脑。

2) 注意事项。油豆腐生坯尽管在形状上和老豆腐或者豆腐干类产品相似，但由于后续加工方式和效果完全不同，所以，在点浆操作过程中与其他产品的点浆操作方式和工艺条件有所不同。油豆腐生坯所用的豆浆，在制浆过程中要求最好不使用消泡剂；在点浆前要加入适量冷水，使豆浆温度降到 70℃左右，加入冷水的目的，一方面是为了降低点浆温度，另一方面通过加入冷水使较多的空气进入到豆腐生坯中，有利于在后续油炸过程中有豆腐的膨胀效果；制作油豆腐生坯一般用盐卤作为凝固剂，目的是使蛋白质凝固反应速度加快，形成较粗的豆腐花，尽量使坯中包裹一定的水分和空气，有利于油炸过程的膨胀；如果用石膏作为凝固剂则需添加一些如泡打粉等发泡物质来助其油炸时坯体的膨胀。

3. 蹲缸养脑

蹲缸养脑又称"蹲脑""涨浆"。蹲缸养脑实际上是豆浆中蛋白质凝固过程的继续。豆浆加入凝固剂，初凝条件达到但豆腐花并没有完全凝固好，蛋白质的网状连接仍在进行中，因此，在完成点浆后都需要经过蹲缸养脑这一程序，以便使蛋白质有足够的时间来完成由"溶胶状态"转变成凝胶状态。在这个转变过程中，蛋白质形成比较牢固的网状结构，成为韧性有拉力具有一定持水性的豆腐脑，有利于下道工序的操作，也会提高成品的得率。

蹲缸养脑一般控制在 15～30 min，根据不同的产品加以控制时间，水分含量少的老豆腐、豆腐干、千张等产品要泄去较多的水分，蹲缸养脑的时间可以短一些，而持水性较好的嫩豆腐产品则需要稍长的时间。另外，在蹲缸养脑时必须保持一定的温度，尤其在冬季生产，环境温度较低，容易降低凝固物的温度，使成型时由于温度不足，出现坯子松散，无弹性，影响产品成型，所以冬季生产时更应注意保温。

4. 破脑泄水

蹲缸结束后，凝固物形成一个完整的凝胶物，网状结构包裹了较高的水分，为了使多余的水分离泄出来，就需要破坏豆浆凝胶体的网状结构，这一过程称为破脑，破脑程度取决于最终产品的含水量多少，最终产品要求含水量越少，破脑程度越大，具体操作要求如下：

(1) 豆腐类

由于石膏南豆腐产品要求水分含量高，所以一般情况下无须破脑，直接将豆腐脑舀（泼）入型箱进行压制。老豆腐产品水分含量较南豆腐要低，所以要轻微破脑，一般用勺在浆面划动几下，将豆脑稍作离散即可浇制，边浇制边破脑，注意泼脑要均匀，不能破脑太碎，并且要对豆腐脑适当保温。

(2) 豆腐干

由于豆腐干和油豆腐坯的水分含量较豆腐类产品较低，所以破脑程度要适当大些。具体操作方法是将豆腐脑翻动破碎直到半个鸡蛋大小的"豆腐花"为止，然后使"豆腐花"沉淀，最后排去60%左右的黄浆水分。破脑时需注意块状大小，差别不能太大，要尽量均匀，沉淀后的水分不能一次性全部去除。在浇制过程中根据需要随时舀去多余的黄浆水。

破脑时既要根据产品质量的需要，又要适应工艺的要求，脑块大小差别不能太大，要尽量均匀，同时泄水要根据实际操作情况分次进行，切不可一次性泄去太多的黄浆水。

(3) 千张、豆腐片

由于豆腐片、千张的水分含量更低，所以要求去除的水分更多，破脑程度更大。具体操作方法是打开搅拌机搅拌破脑，直至把豆脑破碎成木屑状的"豆腐花"。然后使"豆腐花"沉淀，最后除去60%左右的黄浆水。但是，如果制作南方的薄千张时，一般只要合适的豆浆浓度，点浆凝固后可直接打开搅拌机搅拌破脑，直至把豆脑破碎成木屑状的"豆腐花"，无须去除黄浆水。

需要注意：为了考虑到后期上机压榨操作和保证产品质量的稳定，沉淀后的水分不能一次全部去除，要分次并随上榨机的需要逐步进行，一次性泄水过多除影响产品质量外，也不利于上榨机的操作；另外，在实际操作中，经常会出现由于凝固剂添加量不足或者豆浆的蒸煮程度不足，而产生的凝胶程度不够的现象，导致泄水困难，造成很难挤压成型，这时候一定要稍微过分破脑，使脑的泄水性增强，便于后续的加工操作。

5. 加压成型

破脑泄水后的"豆腐花"放入型箱内，用豆腐包布包裹后，在一定温度下，经过压制机加压成型。加压成型的目的是通过压力将部分包裹在蛋白质结构之间的水分排出，使松散的蛋白质分子进一步结合并有序再排列，形成不同规格要求且具有一定弹性、硬度和韧性的产品。加压成型也要根据每一个产品各自的特性，采用不同的压榨强度和方法。

（1）石膏南豆腐

由于石膏南豆腐要求较高的含水量，因此，既不需要破脑，也不能加太大的压力。具体操作如下：

1）先摆好豆腐型箱，在箱中平摊好干净的豆腐布，使之紧贴在型箱内壁，底部形成四只底角，并把四只布角均匀留在箱的四边，布角对中。

2）用舀勺将豆腐脑舀出，均匀而又平整地铺在已摊好布的型箱内，当舀到高出型箱一半高度的容量时，对角收紧并铺平包布。

3）把型箱放在沥水台上，任其自然沥水，接着进行下一箱豆腐的操作。

4）当完成第一箱后，将第二箱的豆腐型箱叠放在前一箱上，以此类推，一般叠高 5 箱左右为一榨，所需的压榨时间为 30 min，中间必须倒一次榨，即把上层换到最下层，依次倒榨。

5）豆腐经轻压泄去多余的水分，平面慢慢下降，到平箱口时，基本符合南豆腐的质量要求。

南豆腐的加压成型过程如图 1—25 所示。

（2）盐卤北豆腐

图 1—25 南豆腐的加压成型过程

盐卤北豆腐产品的含水量比石膏南豆腐低，因此，需要一定的压力和压制时间，具体操作如下：

1) 摆好型箱，摊好包布，把豆脑舀入型箱内。

2) 用刮脑板将豆脑均匀铺开，四角空隙处填实，表面刮平。

3) 对角收紧包布，观察中间的脑块高度略高于型箱边框，将压板盖上。

4) 用同样的操作方法进行下一箱的操作，到一定高度时可推入榨床施压泄水，压榨需 8~10 min，初压阶段，施压的压力以包布的四边有较多的黄浆水排出，压力保持在 1~2 MPa，时间 2 min 左右；再压时，在大部分黄浆水被压出之后继续脱水，这一时段的压力保持在 1.5~2 MPa，时间为 3 min。

5) 加压结束后，将型箱从压机中取出，这时压板正好与型箱顶面齐平。把包布打开，反板、去布，用划刀按照产品的形状要求进行切割后，将老豆腐快速放入冷水槽中冷却，以备包装。

盐卤豆腐加压成型时，由于老豆腐要求结构比较实、组织相对较粗、韧性较强的特征，要求压制时沥水速度快，所以要在型箱内铺上较稀疏的包布，便于在加压成型时沥水的顺畅；加压后的产品要进行冷却降温处理，才能够使产品表面结实、内部结构软硬适中，保质期也可以大大延长。

（3）豆腐干浇制加压成型

豆腐干类产品的含水量比老豆腐少。所以在加压成型过程中压力需要更大，时间需要更长，豆腐干加压成型如图 1—26 所示，具体操作如下：

1) 先在压床上放上豆腐板或塑料垫板模，再在板模上放上型框，对角铺好豆腐包布，四角平贴箱边。

2) 吸去部分经破脑后产生的黄浆水，然后按品种的厚薄用铜勺将豆腐花舀在型箱内并摊平，四角空隙处要填实，中间略高于四边，收紧包布。

3) 在第一板之上再进行第二板的操作，等到叠到一定高度后，移入榨机的位置上。

4) 开启液压机进行施压，豆腐干类的产品初压施力略比北豆腐强些，一般控制在 1.5~1.8 MPa，时间 3~4 min。初压阶段要控制轻压缓压，豆腐中的水分随压力的增加向外排出，豆腐表皮形成，内部结构变得密实。这时再增加压力，进入到中压，压力增加到 2~2.5 MPa，时间 5 min 左右。最后进行重压，施力可以保持在 3~3.5 MPa，时间 3 min 左右。由于豆腐干规格厚薄不同，含水量也有所不同，因此，在豆腐干破脑、泄水、施压的程度和时间上会有一定的差异，这就需要在实践中积累经验，不断总结提高，才能做到恰到好处。

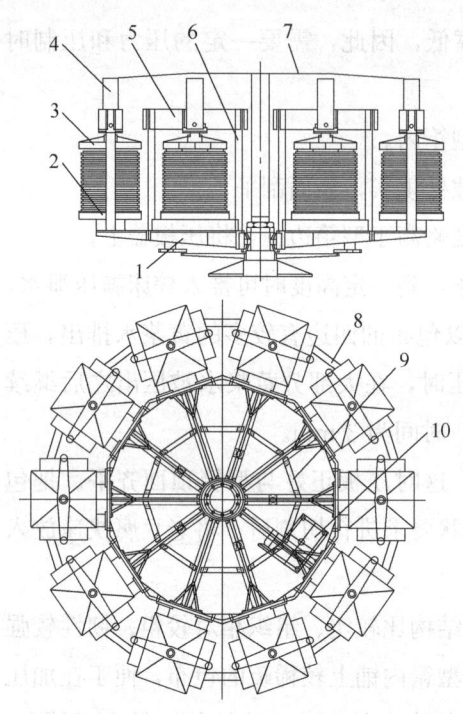

图1—26 豆腐干加压成型示意图

1—底座 2—压台 3—压板 4—油缸 5—横梁 6—立柱 7—护罩
8—接水盘 9—传动系统 10—液压泵站

5)等到豆腐干坯体含水量基本达到产品要求时即可放压移出榨床，撤去包布用刀划坯，将豆腐干倒入周转箱中摊晾冷却待用。

豆腐干加压成型时需注意：加压过程中的产品温度要保持在60℃以上。切好的豆腐干块一定要均匀摊晾、吹干，这样做的目的一方面使豆腐干快速散热冷却，否则叠摞过多容易出现局部散热不均、造成在适宜的温度下微生物快速滋生影响产品质量；另一方面在散热过程中使豆腐干表面"结皮"，既增加了豆腐干硬度，又增加了产品良好的咀嚼效果。

(4) 薄、厚千张浇制加压成型

千张浇制加压成型的具体操作如下（图1—27为千张加工成型过程示意图）：

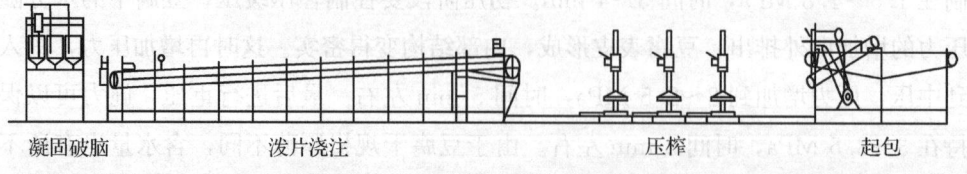

凝固破脑　　　　泼片浇注　　　　　　　压榨　　　　起包

图1—27 千张加工成型过程示意图

1) 先启动浇铸机，将丝网带的移动速度控制在 0.5~1 m/s。

2) 把专用的上下两层滤布卷放在卷架上，这时随着网带的移动，带动上下两层滤布往前移动。

3) 打开阀门，开始放豆腐花，使豆腐花通过缓冲容器，均匀撒在下层滤布上，并随同网带一起向前移动，同时调整上层滤布同步移动，这时豆腐花正好夹在两层滤布之间。

4) 用固定板将上下滤布压紧以防止滤布打滑。待夹着豆腐花的滤布随着丝网移动到浇铸机的末端时，利用人工或者自动折叠装置将其折叠后推入压机内加压。

5) 折叠后的夹着千张的滤布推入初压榨床轻压 2~3 min，轻压施力不超过 0.1 MPa，经轻压泄水。

6) 用同样方法进行第二榨轻压，再把两匹相叠，推入第二台或第三台榨床，这时千张已基本成型。加大压力进行中度压力的施压。这一过程压力在 2~3 MPa，时间 3~5 min，其含水量达到规定要求的约 70% 时，加大压力继续进一步重压。第三次施压压力控制在 3~4 MPa，压榨时间 4 min，当千张表面黄亮，质地有韧性，即可起榨脱布。

剥离的操作如下：先将经过压制的包着千张的两层滤布分别缠绕在两个逆向滚轴上，同时分别通过两个旋转的毛刷。开动剥布机，保持滤布在滚轴上的平整，随着剥布机的启动，干净、完整的千张从滤布中剥离出来。

一班生产结束后，要做好卫生清理工作。既要彻底清洗打浆桶和放浆管道，与千张大面积接触的浇铸机网带、千张滤布、剥布机的毛刷等也要用热碱水认真浸泡清洗。

(5) 油炸豆腐

生产油炸豆腐要求破脑比较充分，水分含量介于盐卤北豆腐与豆腐干之间，再加上油豆腐坯子点浆时浆温比较低，故蛋白质交联的结合强度不如其他产品，所以初压施力要大于豆腐干类。初压压力控制在 2 MPa、时间 3~4 min，中压施力控制在 2.5 MPa、时间 5 min；再重压施力控制在 3.5 MPa、时间 5 min，便可脱榨、反板划坯。如果采用自压方式则每二十板为一摞，为了保证上下均匀受压，10 min 倒换上下顺序，在压制 10 min 后即可根据所要制作油豆腐的形状、大小切块。最后将油豆腐生坯放入冷库中冷却待用。

(6) 炸卤豆腐干的成型、破脑、开缸、压榨、泄水等操作过程及压榨的施力与时间同豆腐干的成型操作基本一样，在此不再重复。

五、豆腐油炸工序操作过程

油炸豆腐分为两大类：一类是将豆腐干坯子切成大小方块或三角和长方条半成品，然后经油炸，使产品表面呈油亮的金黄色皮膜，内部呈蜂窝状，这类产品传统上称为豆腐泡，也叫大油豆腐、小油豆腐、三角油豆腐、条子油豆腐等，在日本这类产品叫油扬；另一类是以老豆腐、豆腐干、豆腐片、千张、素鸡、豆腐皮等经油炸后，产品表面呈油亮的金黄色，内部结构不改变，传统上用来作为进一步卤制的半成品，这类产品叫油方或者叫炸卤坯子，在日本，这类产品叫生扬，其油炸时无特殊的要求，只要炸至表面呈硬皮，内部实心即可。

1. 油炸豆腐泡的操作过程

国内油炸豆腐泡的设备有以人工操作为主的油炸锅，由于采用的能源不同，分为燃煤炉、燃油炉、燃气炉、电炉等，由于环保要求一般城市都已停用燃煤炉，普遍改用燃油炉或电炉，但不管使用何种能源，其油炸前的准备和油炸操作过程基本一致，现以采用燃油炉为例，简述其操作过程。

（1）油炸前的准备

点火前先检查柴油储存箱内是否有足够量的柴油，输油管是否堵塞和破损漏油，控制系统是否正常，所有管道阀门是否开闭灵活，温控表是否灵敏准确，电源是否正常，检查完毕后，将油炸锅清理干净，按规定用量向锅内加入植物油，一般加油量视锅体大小，不超过油锅深度的2/3，准备好需要油炸的坯料，即可点火升温加热。

（2）油豆腐的油炸过程

油豆腐的油炸分为两个阶段，第一阶段低温油炸，也称初炸阶段，当油温上升到140℃时，投入油豆腐坯子，注意避免热油溅出，并马上轻缓地翻动坯子，以防坯子的黏结和焦化。由于坯子的加入使油温有所下降，所以需要继续加热，并注意观察温度的上升，当温度达到135℃时，应调小火苗，并使温度保持在130～140℃。随着油炸过程的进行，豆腐坯子的体积不断膨胀，大约2 min，可观察到豆腐坯的体积由于坯体的膨胀比重减轻，油豆腐浮了起来，这时用笊篱上下翻动，促使坯体受热均匀，形成理想的皮膜，防止浮在上层的坯子遇冷空气缩瘪，而底部坯子长时间紧贴锅底而焦化，初炸时间随坯子的多少而定，一般为6～8 min，待坯体均匀呈膜并充分膨大后，可进行第二阶段的油炸。

第一阶段油炸时应注意以下几个方面：

1）为了使豆腐泡既能被撑伸膨胀，而又不致破裂而使油渗入，故第一阶段的油炸需使油豆腐表面成膜，但膜不能坚硬。

2) 油豆腐坯子膨胀之力，是来自坯子内部水分在高温下汽化而产生的撑伸膨胀力。所以，初炸过程中，如果坯子表面组织匀称，表面皮膜各部受力就能均匀一致，否则外膜易被冲破。

3) 由于初炸阶段只要求坯子表层蛋白质分子因高温失水聚合而成，故初炸油温稍高于水的汽化温度（135℃）即可，不能太高，否则表皮太老，不利于坯体的膨大。

第二阶段的油炸操作是把经过第一阶段油炸已膨胀的油豆腐再投入到高温油锅中（也有在同一油锅中升高油温直接油炸），继续油炸，高温油炸油温控制在170~180℃，这一阶段主要促使坯体皮膜快速老化，坯体内部水分进一步汽逸膨胀，在操作时需增加上下翻动频率，同时观察油豆腐表面的老化程度，待皮膜均匀老化并巩固定型，并呈金黄色后，可捞出几只放置3~5 s，看油豆腐遇冷已不缩瘪证明定型完成，将油豆腐捞出摊晾冷却后入库。

2. 油炸豆腐（油方）操作过程

油炸豆腐作为炸卤制品的坯子，油炸的目的是提高产品的口感，增加产品风味。因此，只要把豆腐或其他坯体表面炸老、呈金黄色即可，为下道卤制工序作准备，所以大都一次性高温炸制而成，大多油温控制在160~180℃（少数产品也有低温油炸的），油炸的老嫩及油炸的时间视最终成品要求及口味习惯而定，无特殊的要求。

3. 机械自动连续式油炸操作过程

自动油炸机是以隧道式链带传动输送坯料进入油炸区域，具有自动控温、自动翻坯、自动油炸、自动出料，并配有循环式自动滤油去除渣屑等功能，自动油炸机的应用，减轻了人工油炸繁重的体力劳动，结束了以往凭经验炸制油豆腐的历史。一般采用电加热和液化气加热，是机械化程度较高的油炸豆腐生产线。图1—28所示为连续式油炸示意图。

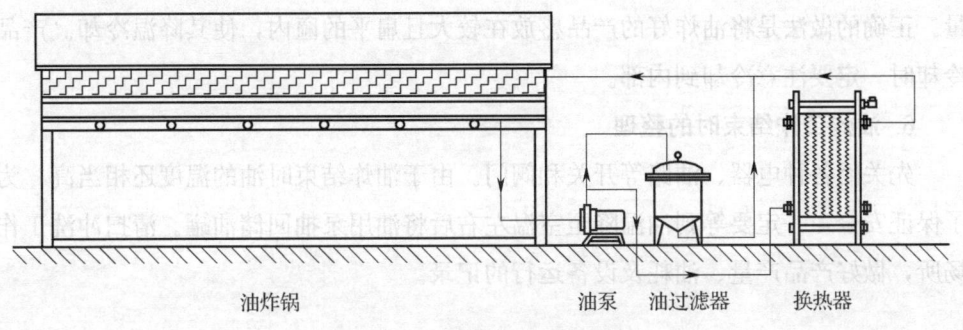

图1—28 连续式油炸示意图

(1) 油炸前的准备

首先给油炸机内加入适量的植物油，根据油炸产品所需的温度，设定好油温的控制仪器。然后启动输送链网，检查设备运行情况及各种电器、仪表、燃气等。在一切都正常状态下，启动油温加热按钮，将油升温到规定的指示温度，油温加热就进入自控恒温状态。准备好需要油炸的各种坯子。

(2) 连续式油炸机的油炸过程

当加温达到设定的油温后，将切好的坯子一块一块地放在筛网格子内，随着筛网的移动，坯子进入到油炸区域，调节网带行走速度，控制好油炸时间，就可以进行自动油炸的生产。由于是自动油炸，操作人员只要进行供料和出料的接收，对于油炸产品的质量控制全部由仪表来完成，故比较容易操作。由于在油炸过程中随着坯子表面呈膜或老化，内部水分的蒸发，坯子产生浮力，为了固定坯子漂浮，需要有上下二层网带，下层带动坯子，上层相对固定豆腐坯子的浮动，随着油炸的进行，成品出来，装入专用匾筐中冷却入库。

4. **油炸过程新油的添加和杂质的清除**

油锅中的植物油随着油炸过程的进行油量会逐渐消耗，必须适时适量添加新油。同时油炸过程中由坯子带入的碎屑会留在油锅内，经过长时间的油炸过程就会焦化变黑，并容易附着在坯体上，影响产品的质量，应当及时予以清除。所以，在油炸锅旁最好装配过滤设施，或者定期过滤，一般最长不超过一天将油全部过滤一次。滤出其中的焦化物质，有利于延长油炸油的寿命。

5. **油炸产品的通风与冷却**

油豆腐的摊晾冷却阶段对维持产品质量非常重要。由于刚油炸好的产品温度还较高，需用专用的匾盛放并架空通风冷却，以便不会使产品互相堆积产生压瘪变形，影响质量。更重要的是如果热的油炸豆腐泡挤在一起无法散热，冷凝水在豆腐泡表面沉积，不但使产品局部容易滋生微生物引起腐败，而且影响产品的外观质量。正确的做法是将油炸好的产品盛放在较大且扁平的匾内，使其降温冷却。产品冷却时一定要注意冷却到内部。

6. **油炸工作结束时的整理**

先关闭各种电器、油路等开关和阀门。由于油炸结束时油的温度还相当高，为了保证安全，一定要等到油温降至室温左右后将油用泵抽回储油罐。清扫冲洗工作场所，做好产品产量、油耗及设备运行的记录。

六、豆腐干熏制工序的操作过程

1. 豆腐干熏制前的准备
根据熏制品的产量配制熏料，检查熏炉是否正常，各种工具是否整理到位。

2. 坯料包制处理（见图1—29）

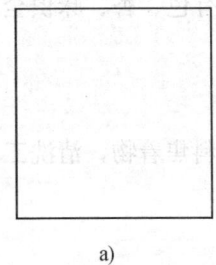 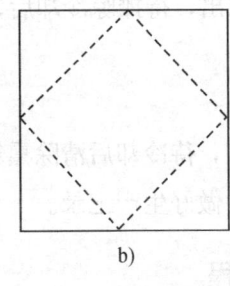 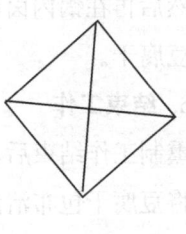

a)　　　　　　　　　　b)　　　　　　　　　　c)

图1—29　坯料包制过程示意图

先将已经加压定型制成厚薄均匀的大块生坯用刀划成小块，然后用小包布包紧后再加压。或者直接用小勺把豆腐花舀在小包布里，包布的大小为边长150～200 mm见方的小方布，扎紧稍微自然脱水后再挤压成型。一布一块地将做好的豆腐干坯包起来，规格大小一般每块在50～80 g。把布的一角翻包在豆腐上，再把布对角复包在上面，而后把其余二角布对折起来，包好后反过来整齐排列在豆腐板上，待在豆腐板上排满包布豆腐干后，将其移入榨床下进行挤压成型。熏制豆腐干的坯料水分要略大于其他豆腐干。所以，在成型压榨时要控制好压力及泄水程度。

3. 上碱
在夹层锅内放入1/2的水，按水量0.25%～0.5%的比例加入食用碱，并打开蒸汽阀门加热，使碱溶解并使碱水沸腾。然后把准备好的坯料倒入已煮沸的碱水溶液中，直至液面到达夹层锅4/5处为止，同时将蒸汽阀门调到较小位置继续加热。大约3 min后，捞出坯料于摊晾台上，晾干，此时坯子表面会形成一层硬皮，光滑发亮有利于熏制着色。

4. 熏制
根据生产需要，豆腐干熏制工艺分为熏制后调味和调味后熏制两种。熏料一般以红糖或赤砂糖加适量锯木屑为主，操作时预先将熏料和净水进行混合搅拌均匀后待用。然后打开熏箱，将炉底烧红，将豆腐坯分层排列在熏箱炉的物品摆放台上，用小铲铲熏料散放在炉底上，熏料多少可根据熏箱大小和产品多少而定，当熏料接触炉底时即产生浓烟，立即关闭熏箱门，使产品充分受到烟熏，一般约熏制

10 min 即可取出摊晾。经冷却后产品表面干燥光亮，呈茶褐色，皮韧且富有弹性，并具有特殊的熏香味。

5. 熏豆腐干的后调味

按比例将花椒、茴香、桂皮、食盐、味精、生姜等调味料投入清水锅中煮沸，制成汤料。然后将熏豆腐干坯投入汤料中，稍加搅拌后煮沸 3 min，即可关掉蒸汽。然后再在锅内卤制 5 h 后取出，待摊晾冷却后，即成具有色、香、味俱全的着味熏豆腐干。

6. 结束工作

熏制工作结束后，关闭炉火，待冷却后清除熏箱内的熏料焦着物，清洗工具用品，将豆腐干包布清洗干净，并做好生产记录。

七、卤制工序的操作过程

豆腐白干、油炸豆腐或豆腐片等半成品经卤制调味加工可制成色、香、味俱全的即食豆制品。卤制调味过程系指坯料放在卤汁中经浸泡、煮沸、熬煨等，制成不同风味产品的过程。卤制操作包括两种，一种是汤卤，即将做好的豆腐干坯直接放入卤汤中卤制。汤卤的特点是通过一定时间的浸泡和煮沸将卤汤的风味逐步渗透到豆腐干坯内部，并使卤汤和豆腐干坯风味尽量融为一体形成具有独特风味豆制品的过程。用来进行汤卤的锅体积较大，加热操作时将蒸汽直接注入锅内煮制。另一种是干卤，也叫炒卤，顾名思义就是翻炒的卤制方法。即将坯子放在炒锅内，添加各种调味料，并在加热的同时进行翻炒，使卤汁全部进入产品中去的过程。干卤一般采用夹层锅进行炒制。

1. 豆腐干卤制前出白操作

由于豆腐干类产品在制作完成后，有时会长时间堆放着等待卤制、包装等作业，豆腐干表面就会出现较多的黄色斑渍，或者会由于摊晾不当造成微生物繁殖，发生变味现象。为了克服这些缺陷。现在许多企业开始采用将豆腐干坯片直接移入开水锅中，用开水烧煮 2～3 min 后取出，再自然晾干，这个过程，俗称"出白"或"焯白"。出白操作有以下目的：

（1）将豆腐干中的一部分盐卤液通过热水溶出。

（2）将表面的黄浆水清洗干净，避免出现斑渍。

（3）对干坯进行再度杀菌，避免微生物繁殖影响质量。

（4）由于豆腐干经过烧煮后表面温度较高，在通风晾干时有助于表面"结皮"。生产量较大的企业现在使用机械连续出白，一般温度设定在 85～90℃，出白时间控制在 10～15 min。

需要注意的问题是,"出白"的时间不能过长,否则造成豆腐干内部的水分和空气过度膨胀,使豆腐干内部发空,影响弹性和口感。

2. 卤料的配制

卤料因地方口味习惯差异和产品风味的不同,需要有不同的配方和配制方法。一般卤料中主要包括香辛料和调味料,香辛料如大茴香、小茴香、八角、丁香、山奈、草果、桂皮、花椒、姜片、大蒜、干香菇等。调味料如盐、酱油、糖、醋、辣椒、海鲜料等。汤卤卤料根据配方的比例要求定量称取。由于卤料大多为农副产品中的香辛料,为保证食品卫生及卤制时的风味,卤料配制前应根据情况适度清洗、烘干后装入纱布口袋中待用。干卤的卤料配制比较简单,一般使用粉碎好的配料或者配制好的复合料包。

3. 卤制前设备检查

卤制前应先检查蒸汽夹层锅或其他卤锅设备是否正常,包括蒸汽管道、压力表、安全阀等是否安全可靠。

4. 卤料的熬制

(1) 汤卤汁的熬制

先根据卤制坯料的量,按照 1∶3 的比例往卤制锅中放入自来水,自来水的量不能超过 3/5 处。然后将已配好的卤料放入卤制锅中煮制,煮制时先用大火将卤料烧开,然后用文火熬制 1～2 h,等到配料的各种风味较丰满地体现出来后,将坯料放入锅内进行卤制。

(2) 干卤汁的熬制

先根据卤制坯料的量,按照 1∶3 的比例往卤制锅中放入自来水,自来水的量不能超过 3/5 处。由于干卤产品大多使用加工好的复合配料,配料味道很快会溶解到卤汁中,所以,用蒸汽煮开 1～2 min,卤汁熬制结束。这时如果需要较深颜色的卤汁,可加入适量的酱油等调色配料,混合均匀后再投入坯料进行炒制。

5. 汤卤操作

卤汁熬好以后,按比例将坯料放入到卤锅中,先用大火将汤卤烧开,然后用小火继续加热,维持轻微的沸腾状态,期间用铲子稍作翻动坯料,并避免划伤和切断坯子。等到产品入味,色泽达到要求时停止加热,捞出产品放在摊晾台上晾干。

在汤卤过程中,加热用火或蒸汽不宜太大,否则均可能导致豆干坯中水分急剧汽化而冲破豆干坯表面,形成蜂窝眼;加热用火或蒸汽也不宜太小,太小则可能使豆干坯相互堆叠,入味不透、色泽不均。翻动时动作不要过大,否则会造成大量断料、划伤现象，影响产品外观。根据坯料的大小、厚薄，产品风味、颜色的质量要求，一般卤制时间控制在30～120 min，有些产品甚至煨至4～5 h。另外，汤卤过程中可根据产品特点要求，适当加入调色物质，给产品着色，但加入的着色剂一定要符合国家有关法律、法规及标准要求。

6. 干卤操作

由于干卤的坯子吸水性很强，因此，从加入卤锅开始需要不停翻炒，这样才能够使卤汁均匀渗入产品中去。

7. 卤汁的补充和修正

在汤卤操作过程中，往往在卤制一定数量产品后，卤汁中各种配料都会有一定的损耗，所以，卤汁应在使用一次后进行过滤、补盐、补香料等。在制作料包过程中，将料包进行编号管理，比如第一次加入6袋料包，煮到第二锅时，增加一个料包；煮到第三锅时，再增加一个料包；煮到第四锅时，再增加一个料包，同时，把一号料包取出，这样周而复始，就可长期保持稳定的风味。在增加料包的同时，添加适量水将卤汁量维持在固定的液位标示处。

8. 卤汁的保质保鲜

由于卤汁中营养成分较为丰富，放置一定时间后会出现变质腐败现象，所以如果超过12 h不使用，一定要将卤汁烧开再杀菌后，盖上透气网盖暂时保存，或将卤汁降温后转移至冷库内加盖进行保存，最多3天，若3天以上不进行卤制生产，该批卤汁应该废弃。

9. 卤制后的冷却

卤制结束后，产品应该进行冷却干燥，将表面多余的卤汁沥干，降低温度，进行包装作业。汤卤制品一般是用大的笊篱从卤锅中捞出，将卤汁沥干，放在网带式的摊晾床上进行冷却干燥。摊晾时要将产品摊成一层，避免产品摞在一起，不易散热。摊晾床通过隧道进入包装车间内，卤制产品会快速降至25℃以下。

对于干卤制品，由于表面的卤汁黏度较大，一般平摊在倾斜式摊晾床上，通过大功率电扇进行强制冷却干燥，同时使多余卤汁流出沥干。

八、腐乳生产主要工序的操作过程

腐乳又称豆腐乳，是发酵性豆制品中的主要品种。

腐乳主要生产工艺流程为：大豆筛选→清洗浸泡→制浆→豆腐坯制作→接菌→抓块→摆放→前期发酵→搓毛→腌制→装瓶→封盖→后期发酵→成品。

前期的豆腐坯的制作和豆腐干的制作方法相同，豆腐坯的含水量一般在

63%~70%，豆腐坯大小因品种不同而异，按具体规格要求进行切块，对豆腐坯的制作过程，请参照前文豆腐干即可，本部分主要就毛霉腐乳的前期发酵和后期发酵进行详细描述。

1. 前期发酵

前期培菌阶段是豆腐坯上接入毛霉或根霉菌，使其充分繁殖，在豆腐坯表面形成一层韧而细致的白色皮膜。因为菌丝生长旺盛，便会积累大量的酶类，如蛋白酶、淀粉酶、脂肪酶等，以便在后期发酵的过程中使蛋白质等物质进行水解。腐乳前期培菌阶段已有部分蛋白质被水解为水溶性蛋白质。因此，在前期发酵过程中必须选用优良菌种，准确掌握毛霉的生长规律，控制好培养温度、湿度及时间等条件。

腐乳前期培菌过程，可通过自然发酵和人工纯粹培养两种形式完成。自然发酵是利用自然界中所存在的毛霉进行腐乳生产，是我国的传统方法。现在的小作坊或家庭仍然采用这种方法，这里就不作介绍。重点介绍纯粹培养接种发酵的工艺方法，其中又以毛霉型发酵为主。

（1）试管菌种的制备

1）试管菌种的培养基。试管菌种是纯粹培养的基础。试管需传代移接，才能在生产中使用。试管的移接传代，首先需要制作培养基，提供菌种生长的条件，培养基可用豆汁培养基或察氏培养基。

①豆汁培养基。将大豆用清水浸泡后，加水3倍，煮沸4 h，滤出豆汁，加2.5%饴糖和2.5%琼脂，灌装约试管高的1/5，高压灭菌、摆斜面、冷凉凝固成斜面培养基，备用。

②察氏培养基。察氏培养基的配料表见表1—3。

表1—3　　　　　　　　　察氏培养基的配料表

名称	蔗糖	硝酸钠	磷酸氢二钾	硫酸镁	硫酸亚铁	琼脂
用量（g）	30	2	1	0.5	0.01	2.5

用蒸馏水稀释至1 000 mL，加热至沸，分装于试管中，高压灭菌、摆斜面、冷凉待用。

2）试管菌种的培养。用以上其中一种培养基接入毛霉菌种，于20~22℃培养箱中培养一周，待长出白色菌丝即为毛霉试管菌种，或称一代毛霉菌种。

（2）菌种扩大培养

生产需要的菌种，需将试管菌种进行扩大培养，扩大培养的培养基有：

1) 豆汁培养基。将大豆用清水洗净，浸泡，加3倍水煮沸4 h，过滤出2倍的豆汁水，加饴糖2.5%煮沸，分散于三角瓶或克氏瓶中灭菌待用。

2) 察氏培养基。配方同试管培养基，分散于三角瓶或克氏瓶中灭菌待用。

3) 固体培养基。常用的固体培养基多用于扩大培养，做成菌粉供生产接种用。其方法为取豆腐渣与大米粉混合，其重量比为1∶1。装入克氏瓶或不锈钢饭盒中，量不能过多，厚度以20～30 mm为宜，每瓶约装250 g。加塞、灭菌，冷却至室温接种，于20～25℃培养6～7天，风干后粉碎，与1∶(2～2.5)的大米粉混合，即成生产用菌粉，也称二代菌种，可直接用于生产中。

(3) 菌液的制备

腐乳生产厂家使用菌种的方法一般分为三种类型，一是固体培养固体使用，二是固体培养液体使用，三是液体培养液体使用。目前使用比较广泛的是第一种，即固体三角瓶或克氏瓶培养，使用时将其菌块破碎成细粉，按一定比例扩大到一些载体上，如大米粉或玉米粉，再将扩大后的菌粉均匀撒到豆腐坯上，进行前期培菌。第二种方法是固体培养的菌种，同样将其粉碎，再用无菌水稀释后喷洒在豆腐坯上，这种方法有些厂家也用，但不易掌握，尤其在夏季容易感染杂菌，影响前期培菌的质量。第三种方法是目前国内较先进的，即液体培养液体使用，该方法培养出来的种子不含杂菌，菌丝健壮，孢子数多，酶活力强。生产车间使用的菌液，要通过检验部门的严格检查，孢子悬浮液的浓度要达到一定的标准。采用密闭管道均匀喷洒在豆腐坯上。使用这样的高质量菌液，前期培菌阶段培养的毛坯质量很好。但这种方法成本较高。

(4) 接菌抓块

接菌又称接种，是腐乳加工中前期发酵的重要环节，也是腐乳发酵的重要组成部分，它直接关系到腐乳发酵的质量和腐乳成品的产品质量。接菌时，接菌方法根据菌种的不同使用不同的操作方式，如固体菌粉使用筛撒的方法，液体菌液使用喷雾的方法。

当豆腐白坯温度降至35℃时，即可接菌。豆腐坯的降温可以采用自然冷凉或强制通风降温的方法。一般自然冷凉最好，但夏天时间长，气温高，不易降温。强制通风降温则会吹干坯子表面水分并使豆腐坯收缩变形，有时上表面已凉而下表面还很热，对接菌十分不利，特别是坯子内热外冷摆屉之后，坯子出现浮水，极容易感染杂菌。如用固体菌粉，可筛至码放的豆腐白坯上，要求接菌均匀，六面都要沾上菌粉。如为液体种子，要采用喷雾法接种，喷洒时要掌握适度，以接上菌为准，如菌液量过大，就会增加豆腐坯表面的含水量，在天热的季节非常容易感染杂菌，使坯子发黏，影响毛霉菌的正常生长。

在接种前要注意控制以下方面：

1) 在接菌前，挑出不规则的腐乳白坯，以及厚、薄、麻、糟、泡、蜂窝的白坯。

2) 白坯温度降到40℃以下后，将菌液均匀喷洒在白坯及塑料转接板上。

3) 抓块时码放整齐，数量准确，抓完后，再次均匀喷洒菌种。

4) 抓块过程中要随时挑出不合格的白坯，挑出厚的、薄的、麻的、糟的、泡的或有蜂窝的白坯。

5) 不准跳抓，供板及时。将白坯运至前期发酵室，整齐码放在发酵屉中。在发酵室中，发酵屉是一垛垛摆放的，一般摆在垛上边的一屉要用布毡顶，以便保温。摆放坯子时，排列要整齐，不能倒斜，行与行之间要留有间隔，约2 cm，以便于通风，调节温度。

（5）前期发酵过程

前期发酵前的准备：前期发酵前要对培养室进行彻底清扫和消毒，对过程中接触到的各种设备和工具进行清洗消毒。有条件的培养室可安装空调，调整到适宜的温度和湿度，以利于菌种的生长繁殖。

接菌后的腐乳白坯摆入前期发酵室的发酵屉中，进入前期发酵，也叫培菌。根据毛霉的生长习性，最适宜的生长温度是20～28℃，相对湿度在60%以上，培养36～48 h。腐乳白坯摆入发酵屉后，通过控制发酵室的温度和湿度进行前期发酵。具体过程如下：

前期发酵培养的初期，发酵室温度控制稍高，一般在23～28℃，培养8～10 h可以观察到菌种开始萌发生长，20～24 h生长加快，可以在豆坯表层看见洁白的菌丝，此时需要上下翻倒一次，即将笼屉上、下调整，俗称倒笼。其目的是调节上下温度补充空气，保证毛霉生长一致。当培养28～30 h后，毛霉菌丝达到生长繁殖的旺盛阶段，这时菌种在生长过程中产生大量的生物呼吸热，随着热量的积累，品温升高很快，有时高达35℃以上，此时需要进行二次倒笼，来散热，降低品温。

二次倒笼前后是毛霉生长最旺盛的时期，所以，二次倒笼的时间确定至关重要，以免造成早倒笼毛小，晚倒笼造成"烧毛"以及菌丝自溶，毛坯出现软、泡、烂、臭等现象。二次倒笼后，可以根据长毛的大小将每两个发酵屉错开放置，这样有利于腐乳毛坯水分挥发和降低品温，以防止毛坯鼓泡和菌体自溶，造成豆腐毛坯外表黏滑，形不成菌膜。

培养36～48 h后，毛霉菌丝已经生长成熟，此时就要进行三次倒笼。三次倒笼需要将每个发酵屉错开，发酵屉错开后还要防止风干和黑毛的现象发生。

三次倒笼后属于晾花期，此时可以打开门窗，通风降温。晾花时，毛霉菌丝充分长足，菌体老化，毛霉菌丝大量分泌酶系，酶活力旺盛。晾花后，毛霉菌丝成浅黄色，菌丝韧性强，毛坯收缩，但仍具有较好的弹性和韧性。晾花时间应视菌种生长情况而定，一般在36 h以上。不同品种腐乳的前期发酵终止要视毛霉菌老熟程度而定，一般生产青方时发霉稍嫩些，当菌丝长成白色棉絮状即可，此时毛霉蛋白酶活性尚未达到高峰，蛋白质分解作用不致太旺盛，否则会导致豆腐破碎（因臭豆腐后期发酵较强烈）。红腐乳前期发酵要稍老些，呈淡黄色。

前期发酵主要注意培菌室的设计和控温以及倒屉的操作。

1) 培菌室的设计。培菌室又称前发酵室或霉房，是前期发酵的场所，房间大小根据需要而定，但最大不宜超过40 m^2，高度适宜，一般要求在3～3.5 m，发酵室应具备保温、保湿、通风、降温的条件，如经济能力允许在培菌室安装空调，则更适宜前期菌种的生长。

2) 倒笼时头遍笼为两屉倒，要扶倒块，垛码齐，屉与屉之间空隙≤2 cm。二遍笼根据菌丝的生长情况晾开或合笼。三次倒笼根据菌丝的生长程度来决定倒笼的时间和晾开的程度。

3) 倒笼人员每小时到各发酵室巡察一遍，根据毛的生长情况调整发酵室温度、湿度。一次倒笼温度23～28℃；相对湿度≥60%。二次倒笼、三次倒笼温度26～18℃；相对湿度≥60%。

2. 搓毛腌制

搓毛又称倒毛或抹毛，是用人工的方法将毛坯间的菌丝连接部分分开，并将菌丝搓倒，使其附在豆腐坯表面，形成一层较韧的薄膜，将豆腐坯包裹起来。发酵好的豆腐坯要及时搓毛腌制，以防臭屉。搓毛工序要求细致，每一块毛坯表面菌丝都应整理，以保持腐乳块形整齐。搓毛工序要配合晾花过程，决不可定时搓毛，而要视晾花的程度进行。毛霉一般要求呈微黄色或淡黄色即可，防止搓毛过早，而影响腐乳的品质。在搓毛时应将每块连接在一起的菌丝搓断，整齐紧密地排列在腌制容器内进行腌制。

腌制的作用主要在于：第一，排除毛坯内的部分水分，从而坯子发生收缩变硬，在后期发酵后不会松散。第二，通过食盐具有的防腐作用，腌制过程可以杀灭许多不耐盐的微生物，可以防止后期发酵期间因杂菌引起的腐败。第三，高浓度的食盐对蛋白酶活力有抑制作用，使蛋白酶作用缓慢释放，从而控制各种水解的反应进行，不致在腐乳形成香气之前腐乳就发生软烂。第四，赋予腐乳咸味，起到调味作用。

腌坯时的用盐量及腌制时间是有一定标准的，食盐用量过多，腌制时间过长，不但成品过咸，而且过量的盐抑制了蛋白酶的活性，使后期发酵延长。食盐用量过少，腌制时间缩短，容易引起腐败，同时由于盐少各种酶的活动旺盛，还会使毛坯在腌制过程中就发生糟烂，不能保住块形。特别是已经被细菌感染较严重的毛坯，在夏季腌制时，盐要多些而腌制时间相应要缩短，才能保住块形。

各地区腌坯时间有所不同。有的地区冬季13天左右，春秋季11天左右，夏季8天左右。有的地区冬季腌7天左右，春、秋、夏季腌5天左右。有的地区腌10天左右，广东只腌2天。

腌制具体操作过程如下：

(1) 准备

腌制操作开始前，需要将腌制盒、量杯、小车等工器具搬运到腌制位置，腌制用的食盐推进加工区，做好准备工作。

(2) 腌制

操作人员将发酵屉内相互连接的腐乳毛坯搓开，搓断相连的菌丝体。然后将腐乳毛坯整齐地码放在腌制容器内。一层毛坯码放整齐后，按照产品的用盐量撒一层盐。要求每层毛坯码放松紧合适，撒盐均匀，一般每盒腌制4～6层。每层毛坯的用盐量由下至上逐渐增加10%～15%，最上一层毛坯上撒好封口盐，此层盐量应稍厚。操作时，为了便于操作和提高操作的效率，使用量杯控制用盐量。根据产品的品种，使用定量的量杯量取食盐，保证用盐量的适宜。

(3) 码放

腌制满的腌制盒，统一码放到腌制区域。码放时注意高度，一般每垛控制5～8个腌制盒的高度。码放过高会出现倾倒现象，还会压迫腐乳毛坯过度变形，影响质量。码放后灌入盐水。

(4) 盐坯检测

经过腌制后形成盐坯，盐坯的含盐量是否合格还需要进行化验检测。符合盐坯理化标准后方可转入下道工序。

3. 装瓶灌汤

(1) 汤料配制

腐乳汤料的配制，品种不同，各地区配制方法也不同。

我国的青方腐乳，生产方法基本相同，配方差别不大，一般在装坛时不灌含酒类的汤料，而是根据口味每坛或瓶中加花椒少许，灌7°Bé盐水。这种盐水一般是用豆腐黄浆水加盐，或者用一部分腌渍毛坯后剩余的咸汤，用水调至 7°Bé，灌入坛或瓶中进行后期发酵。青腐乳只靠食盐量控制发酵，在较低的食盐环境中，除了蛋白酶作用外，细菌中的脱氨酶和脱硫酶类都在起作用，才使青腐乳含有硫化物和氨的臭味。

红腐乳或一些地区性腐乳，汤料配方差距就大了，一般用红曲醪 145 kg，面酱 50 kg，混合后磨成糊状，再加入黄酒 255 kg，调成 10°Bé 的汤料 500 kg。再加 60 度的白酒 1.5 kg，药料 500 g。搅拌均匀，即成红腐乳汤料。

(2) 装瓶灌汤

装瓶灌汤具体操作示例如下：

1) 从全自动洗瓶机输送线上取下已洗净的玻璃瓶，先检查其是否合格（清洗干净无异物，玻璃瓶表面无裂缝），如玻璃瓶不合格将其放入次品容器中，将合格玻璃瓶放到操作台上操作。

2) 检查盐坯质量是否合格（盐坯块形满足标准要求，表面无异物，不糟烂），如有不合格盐坯，将其放入盐坯次品容器中，转做他用，将合格盐坯放在操作台上操作。

3) 将合格盐坯按照十字交叉法装入瓶内，将装好的腐乳瓶放入灌装机输送线上。

4) 灌汤。灌汤机操作过程要严格遵守《灌装机设备安全操作规程》，先检查真空泵是否有水，水是否充足、洁净，再检查主汤罐是否干净，有无异物。确认无误后，将汤料放入灌装机主汤罐中，开启主机，速度由慢到快，逐渐调高。正常后，开启真空泵，确认运行正常后，启动输送链道，通知质量检查岗放瓶灌装，要保持设备正常运行速度。每瓶腐乳汤量必须准确，如有汤量不足时要及时挑出，并注意灌装机的整体运转情况，如遇异常情况应先停机检查，及时处理，待设备正常后方可继续使用。工作完毕后按设备操作顺序先关真空泵，再关总机、电源。搞好设备卫生，对设备进行润滑和保养。

5) 封盖。目前一般应用旋盖机进行操作，操作过程如下：开机前要检查机器各部位是否清洁，然后启动主机，启动链道，打开调速旋钮（速度要从零逐渐提高到与灌装机速度匹配），空载运行 2 min 后，确定运转正常方可放瓶进行旋盖操作，同时检查旋盖的紧度，以便及时对设备进行调整。如遇异常情况应停机处理，禁止在开机过程中将手伸入工作区域内。工作完毕后关掉电源，搞好设备卫生。

在装瓶灌汤时盐坯块与块分开，不得粘连，这样使盐坯表面都能接触到汤料，保证后期发酵的质量。装块时不要破坏毛霉皮膜，使盐坯碎块，保证后期发酵腐乳的块形完整。灌汤时，不要灌得过满，以免造成汤料浪费，也防止在后期发酵时因产气膨胀造成汤料大量外溢，增大清洗的难度。

4. 后期发酵

腌制后的盐坯灌入汤料后即可封装进行后期发酵，腐乳后期发酵，也是腐乳的成熟过程。在这个时期，由于霉菌、酵母菌、细菌等多种微生物的共同作用，并有人工添加的各种辅料的配合，使蛋白质水解、淀粉糖化、有机酸发酵、酯类生成等生化反应同时进行，交互反应，从而形成了豆腐乳所特有的色、香、味、体以及成品腐乳细腻的质地和柔软滑爽的口感。

后期发酵的关键是要保持发酵室的温度在设定范围内。对酱腐乳、红腐乳、白腐乳设定室温为 25～30℃，青方（臭腐乳）设定室温为 30～35℃。具体操作过程如下：

入库前库房清理。首先，对库房进行通风，保证库房干燥、洁净。将装瓶灌汤后的腐乳整齐码放在发酵库中，码垛时要紧凑整齐，防止倒垛。发酵库码满后，库管操作人员填写标志牌并挂于库内，标志牌内容包括数量、品种、生产日期、结束日期。然后调节发酵室的温度至设定范围。在发酵期间，库管操作人员每日要对发酵库进行巡视检查，并做好温度记录和卫生清查工作，如果发现温度超出设定范围就要进行调整，发现卫生问题要及时解决。对酱腐乳、红腐乳、白腐乳 75 天左右即可成熟出库，青方（臭腐乳）50 天左右即可成熟出库。

后期发酵阶段应注意以下几个方面：

(1) 后期发酵库保持通风干燥。

(2) 冬季开启暖气后，要防止发酵库内温度过高造成腐乳变质变味，影响产品品质。不同产品要求的后期发酵环境条件是不同的。

(3) 红腐乳、酱腐乳及白腐乳要求室温 25～30℃，青腐乳（臭豆腐）要求室温 30～35℃。一定要避免由于温度太高导致腐乳"烤煳"的现象。

(4) 由于红腐乳和酱腐乳在其汤料中添加了红曲，因此，一般在后期发酵时都要避光发酵，避光保藏，避免红色素见光褪色。白腐乳发酵时，不要求避光发酵。

九、腐竹、腐皮生产操作过程

腐竹和腐皮是同一种产品的两种形态。腐皮又叫豆腐皮、豆腐衣、豆皮、油皮等，是在煮沸后的豆浆表面形成的薄膜，挑起后干燥即成腐皮，干燥前卷成卷，然后烘干，形成类似竹枝状，称为腐竹，又称腐筋。腐竹生产尽量选用高蛋白、高脂肪、低糖分的大豆，豆浆过滤要彻底。

1. 揭皮

豆浆经加热后蛋白质发生变性，蛋白质分子表现出疏水特征会向豆浆表面聚集。当豆浆表面的水分不断蒸发，豆浆表面的蛋白质浓度就会相应增加，使蛋白质分子之间互相碰撞发生聚合反应，进而逐渐扩大形成薄膜。其他物质也依附在薄膜周围被包埋在其中。腐竹除含有蛋白质外，脂肪也很丰富。豆浆加热变性，脂肪溢出浮在上面与蛋白质混合在一起，形成金黄色油润的薄膜，干燥后得到呈米黄色、光泽油亮的腐竹。开始时薄膜产生于汽液面接触处，当形成一层很薄的膜后，薄膜的增厚发生在同一液面接触处，上层薄膜的分子排列具有定向性，以后薄膜以分子不规则方式排列。由于薄膜皮的形成是蛋白质分子互相聚合的结果，因此，要求有一定的蛋白质浓度和这些蛋白质分子相互聚合所需的聚合能。

(1) 腐竹揭皮前的准备

每日揭皮工作前，先要将结皮槽及周围清洗干净，防止在结皮过程中杂质混入腐皮中去。同时确认蒸汽发生压力是否正常，管道是否畅通，安全阀、疏水阀等是否处于正常。检查所要使用豆浆浓度，测算所需要加热结皮的时间和温度。

(2) 豆浆加热揭皮的操作过程

豆浆需要加热保温才能形成膜。控制豆浆温度既不能沸腾，又要保持高温。温度越高成膜速度越快。加热的目的是使蛋白质发生变性，保温的目的是给蛋白质分子互相聚合提供条件。具体操作过程是：先打开蒸汽阀使蒸汽流通，随着时间的推移腐竹成型槽温度逐渐升高，同时打开放浆阀，在腐竹成型槽内放入豆浆至槽深度的 3/4，把木板按所需大小间隔进行放入卡槽内。边摆放木板边赶走泡沫，至最后一隔时撇去泡沫。待豆浆温度达到要求（80～90℃）时，将蒸汽阀门调小进行保温，并保持液面平静看不到沸腾状态（豆浆温度不能过高，否则容易产生浆液沸腾而破坏成膜）。这时豆浆开始结膜，同时把电风扇或通风装置打开，使豆浆表面与空气接触，快速进行热交换。这时可以看到，浆液表面水分不断蒸发，皮膜在逐渐增厚成型。成型时间大约 10 min，如需提高揭膜速度可在结皮锅上安置移动式风扇，利用人工送风来吹膜，以加快皮膜的形成。待膜基本成型后，就可以用小刀把四边连接处割离，然后用竹条从皮膜中心下方将皮膜（或直接用手拎着皮膜的两端）挑起挂在支架上晾干后即为腐皮，如果生产腐竹则先卷一下再挂晾。

在豆浆加热揭皮操作过程中，一般每次放浆的量，控制在每段可揭优质皮膜 4～8 张（条）。由于以后成膜速度减慢，豆浆颜色变灰色，皮膜色泽变得灰褐。为保证皮膜色泽一致，一般放掉老浆，补充新鲜的豆浆，老浆抽到其他工序做豆制品时使用，如此往复。在国内许多地区，每次只向结皮锅内放一张皮膜的量。

2. 腐竹烘干操作过程

先将烘房的温度调节到47℃左右，等到支架上的腐竹不再往下滴豆浆时，将湿腐竹移入烘房中烘干，保持烘房的温度45～50℃，烘24 h后腐竹含水量小于15％即可进入包装车间。

3. 结束操作

每班揭膜工作结束，需冲洗平槽锅，把结糊在结皮锅面的锅巴用刮刀清除并洗刷干净，关闭蒸汽阀，同时搞好车间的卫生，记录设备运行、生产数量及其他应记录的各种数据。

十、豆浆粉生产过程

豆浆粉因良好的速溶性和冲调性、纯正的口感和风味、食用方便等特点，受到越来越多消费者的喜爱。豆浆粉包括普通型、高蛋白型、低糖型、低糖高蛋白型等类型，其中低糖豆浆粉和无糖豆浆粉产量和市场份额在不断增加，具有很广阔的市场前景。豆浆粉的生产过程包括半干湿法和湿法两种。半干湿法生产豆浆粉工艺流程：原料清选→干燥→脱皮→灭酶→磨浆→浆渣分离→豆乳→真空脱臭→调配→均质→高温杀菌→真空浓缩→均质→喷雾干燥→成品包装；湿法生产豆浆粉工艺流程：原料清选→浸泡→磨浆→浆渣分离→豆乳→真空脱臭→调配→均质→高温杀菌→真空浓缩→均质→喷雾干燥→成品包装。

1. 豆浆粉浓缩操作过程

下面以RNJM03三效降膜式蒸发器为例说明豆浆粉浓缩操作过程，如图1—30所示。

(1) 生产前准备

1) 检查设备是否清洗干净，蒸发管、杀菌管是否清洗彻底。要求干净、无污垢。

2) 检查各门顶盖是否漏气，要求无漏泄现象。

3) 检查各物料泵轴封是否漏水、漏气，要求严禁漏水。

4) 检查各工艺管道的活接是否拧紧，各阀门的开关是否正确，要求紧固、无渗漏现象，各阀门开关自如。

5) 打开分汽缸总供气线，检查给汽压力是否达到要求，要求0.8 MPa。

6) 打开分汽缸冷凝水排水阀门，将供汽管道内的冷凝水排尽，要求排放彻底。

(2) 开机

1) 打开平衡槽进水阀，并放满水，要求无色、清澈、无杂质。

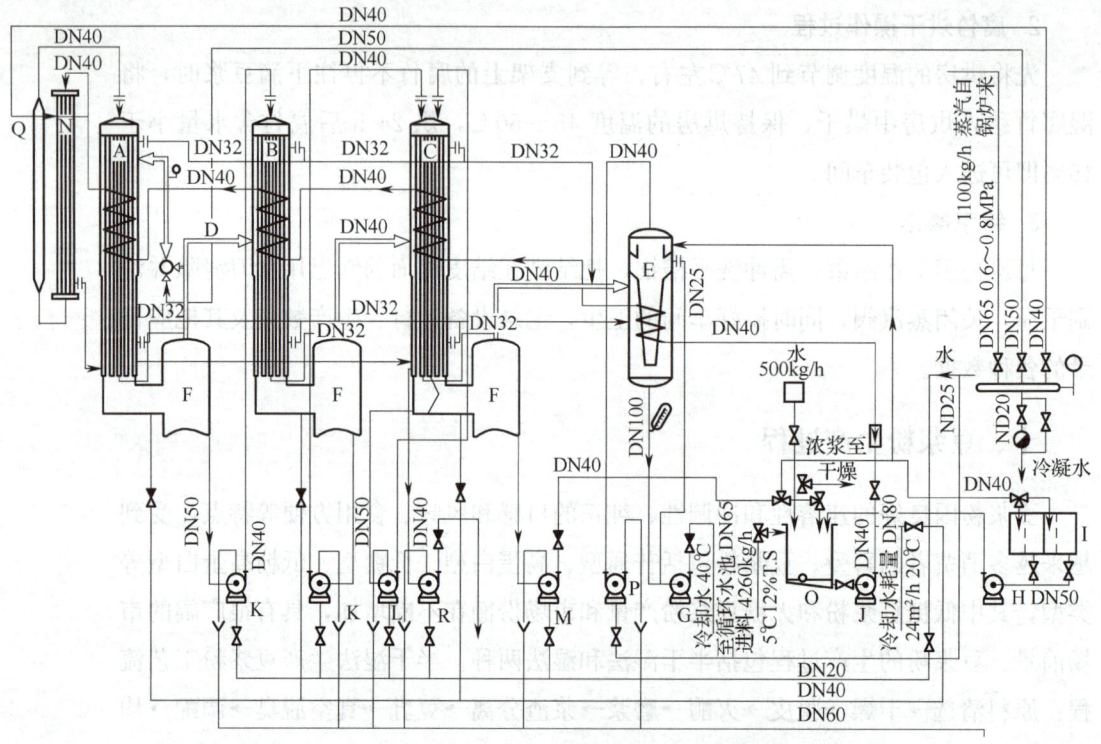

图 1—30　RNJM03-3200 三效降膜式蒸发器流程图

A——一效降膜室　B——二效降膜室　C——三效降膜室　D——热压泵　E——混合冷凝器　F——分离室
G——离心水泵　H——酸碱泵　I——酸碱槽　J——进料泵　K——循环泵　L——浆料泵　M——浓缩泵
N——杀菌器　O——平衡槽　P——双级水环泵　Q——保温管　R——冷凝水泵

2）打开各物料泵、冷凝水泵的冷却水阀门，有水流出即可。

3）打开平衡槽进料阀门，依次启动豆浆进料泵、循环泵、出料泵，同时打开回流阀，关闭出料阀门，检查物料泵、循环泵、出料泵运行情况，观察水流是否通畅。

4）当回流阀有水流出时，启动真空泵进行抽真空，保证真空泵供水压力。

5）当三效分离器真空度走到 -0.088 MPa 时，打开热压泵蒸汽阀和杀菌器蒸汽阀并做相应的调整，使之接近操作的工艺参数，同时打开冷凝水泵，冷却水循环泵。观察蒸汽压力表，保证蒸汽压力缓慢上升并走到规定值。

6）继续调整蒸汽阀门，使设备温度达到杀菌温度。要求杀菌温度 95~100℃，杀菌时间 20 min。

7）清洗按程序进行，保证各清洗程序的清洗参数。

8）随时检测混稀罐料 pH 值，如不合格要及时调整。

(3) 进料

1) 当杀菌温度及各效蒸汽温度走到要求的工艺参数时,关闭平衡槽进水阀门,打开回流水排放阀门。要求达到标准参数后,稳定运行 10~15 min。

2) 当平衡槽内的水要排尽时,立即打开进料阀门,用物料把水换出。及时切换物料,严禁断流。

3) 当回流管有物料流出时,关闭回流阀门,物料流入平衡槽内,同时调节进料量、杀菌温度等各工艺参数。要求回流阀关闭及时,严禁物料流失。

4) 当回流管的物料浓度走到要求浓度时,打开出料阀门,关闭回流阀门,并通过小回流阀调整出料豆浆浓度至规定的浓度,使物料进入喷雾干燥浓浆缸内。要求按各品种要求的浓度执行。

(4) 生产过程

1) 经常检查平衡槽内的物料情况。严禁断料。

2) 经常查看杀菌温度及时间。严禁波动太大。

3) 经常查看一效、二效、三效蒸汽温度和各效真空度,及时调整蒸汽压力。按标准参数运行。

4) 及时检查各物料泵、冷凝水泵、真空泵、循环水泵的运行状态、温度、噪声等。要求运行平稳,温升正常,无异常声音。

5) 经常查看各泵轴封冷却水。确保有水流出且水流量适中。

6) 认真、及时、准确、清楚记录操作数据。

7) 生产 7~8 h 或根据设备运行情况及时清洗。

(5) 停机清洗

1) 当平衡槽内的料液将要排尽时,打开平衡槽进水阀门,用水把物料换出。要求水、物料切换及时。

2) 当出料浓度达到 10~12°Bé,打开回流阀门,关闭出料阀门。要求及时检测波美度,严禁提前排放,水运行 15 min。

3) 当浓浆进入回流管,打开出料阀门,关闭回流阀门,同时打开碱缸出口阀门,关闭平衡槽出口阀门,使碱液水循环清洗。同时每隔 10 min 要对小回流阀门进行碱洗 2 min,蒸发器用碱清洗结束后,碱液回收。碱液浓度 2%~3%;时间 20~30 min;温度高于正常生产时 10~15℃。

4) 当碱液清洗时间完成后,用冲洗水冲洗。冲洗时间 20 min;冲洗水 pH=7。

5) 当冲洗水 pH=7 时,用酸液清洗,酸洗液要回收。酸液浓度 2%;清洗时间 20～25 min；清洗温度低于正常生产时 10～15℃。

6）用酸清洗完成后，用水冲洗。冲洗时间 20～30 min；冲洗水 pH=7。

(6) 停机

1）关闭主蒸汽阀门、冷却水阀门。

2）打开破真空阀，破坏真空。

3）依次停各泵：①冷却水泵；②冷凝水泵；③进料泵；④循环泵；⑤出料泵。

4）关闭轴封冷却水阀门。

5）打开手孔门、顶盖门检查清洗效果，如发现有污物、污垢，根据具体情况决定清洗程序和清洗时间至清洗彻底为止。

2. 豆浆粉喷雾干燥操作过程

下面以 RGYP03 立式压力喷雾干燥机组（见图 1—31）为例说明豆浆粉喷雾干燥操作过程。

(1) 生产前准备

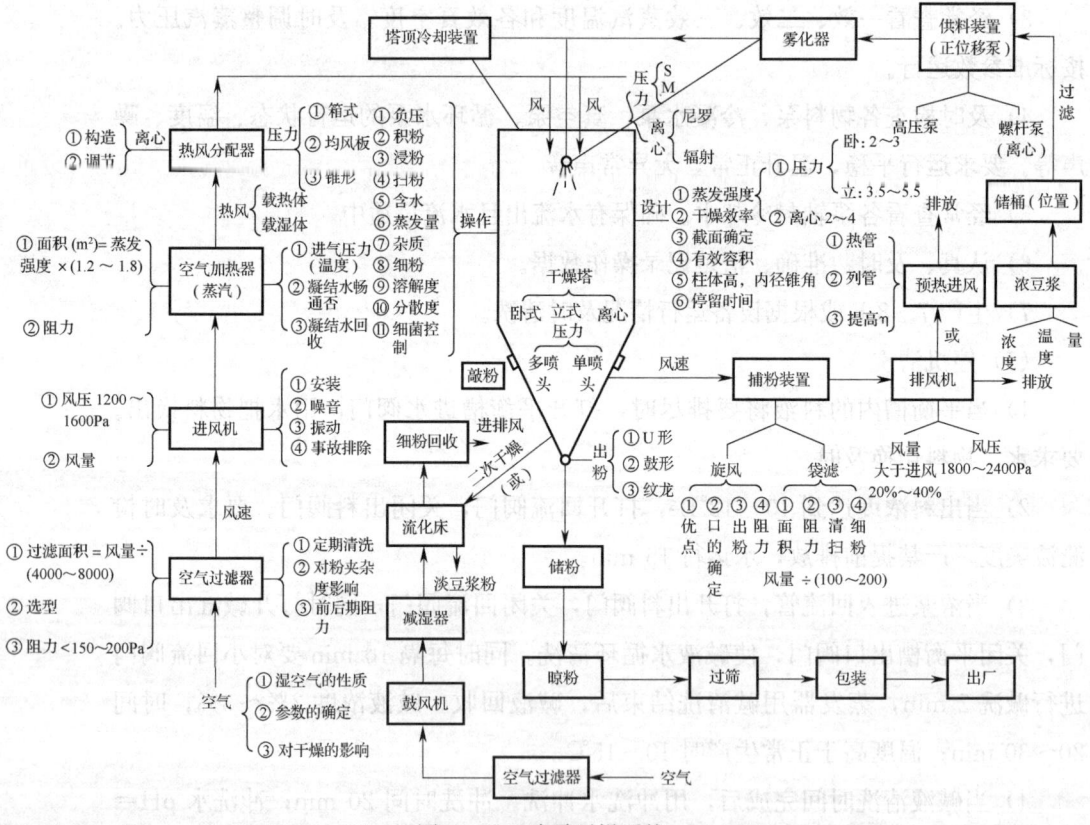

图 1—31 喷雾干燥系统

1）检查干燥室、排风管道、流化床各连接是否有漏点。应无泄漏、松紧适中。

2）清理干燥塔、流化床、振动输粉器内的余粉，干净彻底，并及时倒空。

3）检查各风机安全罩是否紧固，油位是否正常。各风机安全罩螺钉无松动，油位在刻度线上。

4）检查各人孔门，检查门密封情况。要求密封良好，无漏点。

5）清理、清洗进料碱槽、过滤器并安装。拆卸气筒，清洗后安装。要求清洁彻底，无漏泄。

6）用90～95℃的热水对浓豆浆缸、高压管线、高压泵、物料线，消毒15～20 min。

7）根据生产品种选择喷嘴并正确安装，观察塔外水式喷头雾化情况。正常后，安装于干燥塔内。

8）打开主加热器、冷凝水阀门，缓慢打开主加热器蒸汽阀门，将加热器内及回水管路的冷凝水排净后，关闭冷凝水排放阀。检查有无漏水、漏气现象。

9）启动排风机、进风机并调整进风机、排风机风闸，使塔内真空度为10～15 mm水柱进行烘塔。严禁正压操作烘塔，温度调为75℃。

10）检查使用工具和扫塔工具是否安全、洁净。

11）检查所有过滤介质是否清洁无漏点。

12）协调包装机设备情况，包装机准备完毕。

(2) 开车进料

1）检查平衡槽内物料和蒸汽压力是否符合工艺要求。

2）打开加热器冷凝水阀门，再缓慢打开蒸汽阀门。将加热器片与回水管路内的冷凝水排净后，再将冷凝水阀门关闭。

3）打开进排风调节阀门，开动进风机，使干燥塔及塔至流化床整个系统设备表面残留水分全部蒸发干净，并且达到消毒目的。对于刚洗过的塔，必须达到整个系统残留水分全部蒸发干净后才能正式生产。烘干塔系统时，排风温度不得超过90℃，如洗塔后则烘塔时间要长一些，以保证风送阀彻底烘干。

4）开动排风机和振动流化床风机，调整进、排风阀门，使塔内负压保持在5～30 mm水柱。

5）在进风接近140℃、排风温度90℃左右情况下，启动高压泵逐次打开喷枪阀门进行喷雾，并通过塔上的小门观察喷雾状况。如发现直线流、雾角小或雾状不均等现象，应停止喷雾，更换喷嘴。

6）喷雾正常后，启动旋转阀、罗茨风机和振动流化床系统。

7) 喷雾正常进行后 5 min 开动空压机，使振锤开始工作。

8) 操作人员应经常观察喷雾情况，检查各测点的温度、压力和塔内负压，如不正常应及时调整。

9) 操作人员必须经常观察旋风分离器下端旋转阀处是否有堵粉现象，一旦发现风送管中无粉应立即清除，以防堵粉过多难于清理。

10) 严禁用硬物敲击塔内壁、旋风分离器和排风管道，并应经常保持其中严整、光洁、干净。

11) 罗茨风机出口的管路加热器一般不用，如果在洗塔后烘干风送阀或在空气湿度特大时，可适当将风送的风加热，但最高温度不得超过 60℃，以免损坏风送阀密封件。

(3) 停车

1) 喷雾完毕应按高压泵→进风机→进汽阀门→排风机顺序停机，空压机、旋转阀、罗茨风机和振动排风机在运行，而进风机在停车状态，一定要打开塔门，以免塔内压过大，损坏内壁。

2) 每天工作完毕后，必须彻底清扫干燥塔、旋风分离器、流化床及排风管道。清扫时，如果需要，可以开动振锤和风送系统。

3) 高压泵和高压管路用 2% 的碱液清洗后，再用温水冲洗干净。

4) 设备停止使用时应切断电源。

5) 根据产品不同，干燥塔、旋风分离器、排风管道和流化床要定期用碱液和热水进行清理。热水 80℃ 冲洗 10 min→碱液清洗 30 min→80℃ 热水冲洗至中性，保证清洗效果。碱液浓度 2%～3%，水冲洗至 pH＝7。

学习单元 3　生产操作规程编写

一、生产操作规程制定的意义

生产操作规程也可以理解为生产作业指导书，包括生产作业的内容、顺序以及设备的操作方法。俗话说"没有规矩不成方圆"，没有生产操作规程，任何形式的生产都只会是一盘散沙。而制定了生产操作规程就可以达到以下生产目的：

1. 规范员工操作

有了完整详细的生产操作规程，可以使操作员工很快理解工作内容和作业原理，掌握操作要领，从学习开始就能养成一个好的工作习惯，掌握正确的生产操作行为，从而避免了由于传统生产过程中听别人讲一点、然后学一点干一点的不系统、不规范的操作行为。

2. 确保产品质量稳定

任何企业都存在人员的合理流动，特别是现阶段豆制品企业的员工流动性更大。如果企业有了详细、合理、简便的生产操作规程，就不至于因为更换不同的员工而产生不同的操作行为引起产品质量的差异。

有了完整、适用的生产操作规程，产品质量就有了坚实的保障，就能够使产品始终如一地符合既定的质量标准，保证质量均一和稳定性。

3. 便于生产管理者的系统管理

在生产操作规程的指导下，管理者能够随时随地发现生产操作中的不理想现象，就能够去指导和规范生产者的操作行为。

4. 降低成本

由于生产操作规程是在保证产品质量前提下，根据许多经验总结出的更合理的操作方法，根据生产操作规程进行的生产操作能够降低各种生产成本，提高生产效益。

在同一生产操作规程的指导下进行生产能最大限度地保障机器设备性能，延长设备寿命，从而降低投资成本。

二、生产操作规程编写和制定的原则

生产操作规程是在综合生产工艺流程、生产工艺参数、生产环境和条件、设备使用方法和性能等诸多条件的基础上制定的。制定规程一定要遵从安全性、简单便利性、操作可行性、节能环保性的原则。

1. 安全性原则

由于豆制品生产过程中较多地使用蒸汽、热水、热油、热碱等，为了避免这些危险性物质带来的伤害，在制定生产操作规程时，要尽量减少在这些设备周围进行频繁的移动和生产作业。另外，在豆制品企业的生产现场敞口、非密封性的设备和容器较多，如果不注意，很容易混入杂质，所以，一定要设计避免员工频繁走动的操作过程。这样，既是为了保证生产员工的人身安全，也是为了保证产品质量，比如在许多豆制品企业中的制浆工段，煮浆和熟浆过滤作业属于一道工序，员工需要来回甚至在楼梯上上下走动进行操作，如果不小心很有可能出现滑倒或碰到蒸汽管造成人员受伤，同时，也可能在频繁上下移动过程中将异物带入豆浆中造成产品质量事故。

2. 简单便利性原则

一道工序的操作尽可能简单便利才有可能使员工容易掌握和自如地操作。在实际生产中，熟练的员工很多时候不是想了以后才去做，而是靠着习惯性动作来操作，如果生产操作规程过于复杂，操作过于烦琐就容易出现操作失误，导致产品出现质量问题。

3. 操作可行性原则

制定规范一定要有可行性，比如浸泡大豆工序，如果按照高标准的食品卫生要求，食品工厂必须戴口罩、触摸一次非食品操作表面就要洗手。这样的规定在豆制品企业不可行，尽管手触摸大豆可能会给大豆表面带入微生物杂菌，但在后续操作中可将此危害消除。所以，制定这道工序的操作规程时，就没有必要将随时洗手的要求写进去。

4. 节能环保性

在制定规程时尽可能将有利于节省能源的操作加入到生产规程中，如操作结束时及时关闭蒸汽阀门、水阀门、电源开关等，将蒸汽关小至维持豆浆翻滚状态，避免机器空转等。这些操作在执行的同时，也会达到减少排污、减少噪声的效果。

三、生产操作规程编写的方法和格式

1. 熟悉工艺生产流程

生产操作规程都是根据工艺流程来制定的，包括生产顺序、管路走向、设备配置等，所以，在制定生产操作规程前一定先熟悉生产流程图。

2. 确定操作要点

根据生产流程确定各操作点的关键控制点，包括清洗程度、开启时间、操作手法以及工艺参数等。

3. 生产操作规程的编写内容

生产操作规程编写一般以一道工序为单位，内容一般包括工艺流程、工艺参数、主要设备、开车准备阶段、开车阶段、操作生产阶段、停车结束阶段、清扫卫生整理阶段、记录总结阶段、注意事项等。

（1）准备阶段

准备阶段主要包括个人卫生的点检和准备，了解当日当班的生产情况和生产计划，确认生产所用的原材料、半成品、生产辅助材料是否准备就绪，检查生产用设备的清洁情况和是否完好，动力系统和前后生产环节是否准备好。该部分内容也包括在出现紧急状态下的应急方案。

(2) 开始阶段

该部分包括生产操作开始实施，开启设备运转开关、打开物流阀门等操作，同时确认设备是否有异常运转等现象的内容。

(3) 工艺参数的说明

按照制定的工艺流程和工艺参数，按照顺序要求加入到生产操作规程的内容中，这样便于在生产操作的环节上提前做好准备。比如在调配型酸豆浆生产中，在豆浆的稳定混合操作过程中，就可以事先按照工艺参数要求将下一步冷却过程中需要的冷媒温度调整到位以备使用，同时可以将所需要的发酵液按照工艺需求量称量准备好，使生产过程有序、顺畅地进行下去，不至于生产到某一步时，还没有准备好，出现中途停顿的现象。

(4) 主要设备使用方法的说明

在豆制品生产中会涉及许多动力设备，包括提供蒸汽的锅炉设备、冷媒设备、压缩空气设备、加工设备（如磨浆机、分离机、煮浆机、压榨机、包装机等确定产品性状的设备）等，除了电源的开启和关闭外，使用过程中正确的操作方法和顺序以及各设备操作时的既定参数（包括这些设备的操作压力、温度、速度等工艺参数）都应该反映在生产操作规程中。

(5) 操作过程的说明

操作过程的说明包括在生产操作规程中对操作顺序、操作手势、物料添加等过程的明示，熟练掌握操作过程，能够使生产人员快速掌握生产操作技术。

(6) 注意事项

编写生产操作规程时，一定包括注意事项。通过对注意事项的理解，不但可以维护产品的质量、保障设备的稳定和寿命，更能够保证操作员的人身安全和健康。

(7) 卫生清扫内容

正确、规范的卫生清扫规程，在生产操作规程中非常重要，包括清洗方法、消毒剂使用方法和使用量、热碱水清洗时间等。

(8) 操作记录及整理

操作记录是实际操作过程中设备和工艺操作过程的数据记录，它不但能够记录整个产品生产过程的正常和有序，而且能够记录下由于生产操作过程中可能存在的失误，为出现产品质量事故时原因的查找提供依据，也能够为今后工艺参数的改进提供有力的实验基础。所以,要强调在操作记录上注明生产量、工艺参数实际控制值以及出现产品品质和设备运行不良的内容。

四、生产操作规程的实例

【例1—5】

北豆腐研磨分离工序的操作规程

1. 工艺流程图（略）

2. 主要工艺参数

进料水豆的比例：1∶6　　　　磨片的间隙：8～12 cm

磨片转速：960～1 450 r/min　　磨糊的温度：≤32℃

一浆浓度：12.5 Brix　　　　　　二浆浓度：3～4 Brix

三浆浓度：≤1.5 Brix　　　　　　豆渣的含水量：≤88%

3. 主要设备

研磨机、3台浆渣分离机（离心机）、浮子流量计、泵等。

4. 开车准备工作

(1) 检查各种仪表是否正常可用。

(2) 检查大豆的浸泡和清洗状况是否符合要求。

(3) 清洗磨片、料斗和浆糊桶，以保证加工设备表面没有残余的浆糊液。

(4) 检查磨浆系统设备、电动机、管道阀门的密封状况、水源、电源等是否一切处于正常状态，特别两只磨片是否处于最大空隙位置。

(5) 清洗离心机内胆、接渣桶、管道、存浆桶。在内胆表面安装好干净的滤布套袋。特别要每次注意滤布套袋是否有破损现象，否则浆渣分离作业没有任何效果。

(6) 检查离心分离系统的电源、水管及浆渣开关阀门是否处于正常状态。

(7) 开启离心分离机检查是否处于正常状态。

(8) 工艺参数、操作规程等是否明晰。

(9) 上下工段要联系好。

5. 开车操作

(1) 确认大豆浸泡缸的阀门是否已经打开，磨料斗中是否一开始存积大豆。

(2) 开启砂轮磨的电源，待磨片空转约1 min平稳后，再打开自来水阀门。

(3) 将磨浆机调节磨片粗细的手轮往细的方向旋转。打开料斗阀门。

(4) 待大豆落入磨机后，边进料边快速把磨片调节到合适的粗细度，磨片间距控制得越小，则处理量就越小。

(5) 确认定量加水阀门是否调到工艺要求的位置。加水量按照豆浆所需要的浓度进行调整，在制作南豆腐和内酯豆腐时，一般若每小时处理 400 kg 大豆，又要控制头浆浓度在 13 Brix，加水量应该为 1.5 t/h。若是制作豆浆产品，需要的浓度较低时，可控制加水在 2.5 t/h 的流量。加水量越少，则磨糊的浓度越高。

(6) 待磨糊达到所要求的标准时，开启送浆泵将浆糊输送至浆渣分离机的料斗。

(7) 启动第一台离心分离机，待设备逐渐运转平稳后，启动浆糊输送泵把磨糊储槽中的磨糊抽入第一台离心分离机。

(8) 调整输送磨糊的流量与磨浆的速度相吻合，避免磨糊槽出现被抽空或存积过多的现象。同时打开离心分离机下方洗渣桶中的清水阀门。

(9) 开启调整搅拌，使豆渣和水充分混合均匀，开启浆渣输送泵，将浆渣液输送到第二台离心分离机中，进行第二次浆渣的离心分离操作。

(10) 用同样的操作方法和程序进行三次离心分离机的操作，并把第二次分离出来的豆浆（俗称"二浆"，"二浆"的浓度相对较低），根据头浆浓度要求（一般控制在 3~4 Brix），掺入头浆池中，进行稀释调整供煮浆等后续工序备用。

(11) 第三次分离出来的豆浆俗称"三浆"，"三浆"浓度相对较低，一般除回流至磨浆工序供磨浆用水外，有时也可用来调整一下头浆池内的豆浆浓度。如有多余三浆水，也会接入到第一台、第二台洗渣桶内用于洗渣。当"三浆"稳定后，开启第一台、第二台磨浆机上的"三浆"水阀，关闭清水阀。

(12) 开启第一次离心分离机下方的洗渣桶中的"三浆"水阀，关闭清水阀门。

6. 生产过程

(1) 经常检测头浆池中豆浆的浓度是否符合要求，以便及时调节研磨供给的"三浆"水量。

(2) 经常检查料斗内的物料，严禁断料。

(3) 经常检查各泵运行状态、温度、噪声等。要求运行平稳，温度正常、无异常声音。

(4) 经常检查磨糊的状况是否正常，符合标准。

(5) 经常检查豆浆的浓度是否符合要求。

7. 停车操作

(1) 当磨料斗内没有料时，先关闭放豆阀门和"三浆"回流阀门。

(2) 用清水将磨浆机和管道内浆液尽可能顶出去。

(3) 关闭磨浆机电源，旋转磨片调节阀将磨片调回到"松"的位置，然后再打开磨浆机，将机内、过浆管道和浆槽中彻底清理。

(4) 用碱性洗液对磨浆机机内和管道进行冲洗，以去除设备内壁附着的含蛋白质的残渣和残液。

(5) 当第三个浆渣分离机的料斗内空后，关闭电源，打开分离机腔体，冲洗内胆，卸去滤布，用碱水煮洗干净。

(6) 用清水冲洗干净各种管道及桶体，搞好周围环境的卫生，记录下整个操作过程、机械运转及各种常规数据，以备下个班次操作时参考。

8. 研磨时的注意事项

(1) 在生产中研磨速度要根据磨浆机的能力来确定，不能满负荷生产，为了防止豆浆升温，尽量保持在生产能力75%的状态下运行。

(2) 要注意磨浆机的磨片是否锋利，间隙是否适当，磨浆机在运转过程中一定要定量进水，否则，不但会使磨浆机由于产热造成设备损坏，而且会由于大豆蛋白质受热变性影响蛋白质的溶出。

(3) 在一般的生产中，为了提高蛋白利用率采用一次研磨三次分离的工艺，为提高大豆收得率而产生的"三浆"水，由于在豆制品生产中已经无法直接使用来生产产品，但"三浆"水中还有大约2%的大豆固形物，可以用来作为磨浆或作为生产用豆浆的浓度调节剂。所以，在磨浆过程中，启动"三浆"输送泵，打开三浆储槽的阀门，回送至磨浆系统替代清水供磨浆使用。

(4) 在整个磨豆过程中，要经常观察大豆与水均衡的配比，查看磨糊的粗细程度，使磨糊始终保持合适的粗细度和稀稠度。

(5) 由于整个磨浆过程基本上都在敞口作业下工作，容易受环境因素的影响。要根据生产现场的气温状况来调整设备的清洗频率，在一般常温25℃左右，磨浆机每工作2~3 h后，应对磨浆机、浆糊桶及管道进行一次清洗。

(6) 在夏天，特别是气温较高时，为防止因微生物繁殖而引起豆浆变质，在生产中卫生工作尤为重要。在一些卫生管理不到位的地方，由于长时间没有清洗磨浆系统，会出现桶体、管道、浆糊的发红现象，实际上此时豆浆已经腐败变质。

(7) 在生产协调中，磨糊过程必须与下道工序的进度保持一致，做到随用随磨，不能积存过多的磨糊，防止磨糊变质。

(8) "头浆"的浓度应以固形物10~13 Brix为宜，"二浆"的浓度应控制在3~4 Brix，最高不要超过5.0 Brix。

(9) 理论上将豆渣清洗次数越多，豆渣中的蛋白质被提取得越彻底。但考虑到生产可操作性、设备运行成本、水资源合理利用等方面的"性价比"，一般国内都采用三次分离、两次洗渣方式进行浆渣分离。

(10) 在用手动阀调整水量时，一定要经常观察豆渣和水的配比。当开启三浆水进行磨豆和洗渣时，一定要根据上面计算的加水总量适当关闭清水阀，经三次洗渣分离后的豆渣，通过真空泵或自然高位落差进入豆渣池中。

(11) 在离心分离操作中，有时会出现机械设备的异常状况，当出现异常声音时，有可能是滤布阻塞或破损，一定要及时停机、更换滤布。

(12) 由于离心分离机工作时一直处在高速旋转运动中，如果内部负重不均匀时，特别容易出现离心机的异常振动。

(13) 在生产过程中遇到中途需要停机时，内胆面的浆渣分布由于停机而发生不均匀分布，在离心机重新启动前，必须打开离心分离机腔体，冲洗掉分离机内胆面的余渣，以保证分离机离心过程中离心力均匀稳定。

9. 安全事项

为了保证安全和延长设备的使用寿命，禁止冲水溅到电器和电动机上。

10. 文件和记录

(1)《研磨机浆渣分离机运行记录》（略）。

(2)《交接班记录》（略）。

××××××有限公司
年　月　日
编制：×××　发布：生产部

【例1—6】

豆浆粉喷雾干燥生产操作规范

1. 工艺流程图（略）
2. 主要工艺参数

进料浓度：49%～51%	脉冲间隔：1～1.5 s
进料温度：70～80℃	振动器间隔：4～6 s
进风温度：130～160℃	排风温度：70～85℃
均质机压力：14～20 MPa	塔内温度：75～90℃
塔内负压：50～150 Pa	产品水分：≤6.0%
pH值：4.5～6.5	杂质度：≤6 mg/kg

白度：≥88%　　　　　　　压缩空气压力：0.4～0.6 MPa

3. 主要设备

(1) 高温罐。ϕ2 000×4 500　14 m³/台不锈钢。

(2) 高温搅拌器。BLD14-23-4kW　14 kW。

(3) 均质机。JJ-6/406 m³/h　40 MPa 不锈钢 390 kW。

(4) 引风机。G4-73-12.18D　21 9800 m³/h　3 599 Pa　960 r/min 碳钢 1 315 kW。

(5) 鼓风机。4-68-20B 197 720 m³/h　2 050 Pa　960 r/min 碳钢 1 160 kW。

(6) 小引风。9-19-10D　15 455 m³/h　4 058 kg/m²　14 500 r/min 碳钢 137 kW。

(7) 空气压缩机。V—3/83 m³/h　0.8 MPa 碳钢 122 kW。

(8) 翅片散热器。KSRLL226-41×28-3≤0.8 MPa　760 m² 碳钢。

(9) 自动定量包装秤。DCS-50A 型 240～300 袋/h 不锈钢 23 kW。

(10) 塔体 ϕ1 304 500　ϕ13 000×45 000 不锈钢。

4. 生产前准备

(1) 检查干燥室、排风管道、流化床各连接是否漏点。应无泄漏，松紧适中。

(2) 清理干燥塔、流化床、振动输粉器内的余粉干净彻底。并及时倒空。

(3) 检查各风机安全罩是否紧固，油位是否正常。各风机安全罩螺钉无松动，油位在刻度线上。

(4) 检查各人孔门、检查门密封情况。要求密封良好，无漏点。

(5) 清理、清洗进料碱槽、过滤器并安装。拆卸气筒，清洗后安装。要求清洁彻底，无泄漏。

(6) 用 90～95℃ 的热水对浓豆浆缸、高压管线、高压泵、物料线消毒 15～20 min。

(7) 根据生产品种选择喷嘴并正确安装，观察塔外水式喷头雾化情况。正常后，安装于干燥塔内。

(8) 打开主加热器、冷凝水阀门，缓慢打开主加热器蒸汽阀门，将加热器内及回水管路的冷凝水排净后关闭冷凝水排放阀。检查有无漏水、漏气现象。

(9) 启动排风机、进风机，并调整进风机、排风机风闸，使塔内真空度为 10～15 mm 水柱进行烘塔。严禁正压操作烘塔，温度为 75℃。

(10) 检查使用工具和扫塔工具是否安全、洁净。

(11) 检查所有过滤介质是否清洁，要求清洁，无漏点。

(12) 协调包机设备情况。包装机准备完毕。

5. 开车进料

(1) 检查平衡槽内物料和蒸汽压力是否符合工艺要求。

(2) 打开加热器冷凝水阀门，再缓慢打开蒸汽阀门。将加热器片与回水管路内的冷凝水排净后，将冷凝水阀门关闭。

(3) 打开进排风调节阀门，开动进风机，使干燥塔以及塔至流化床整个系统设备表面残留水分全部蒸发干净，并且达到消毒目的。对于刚洗过的塔，必须达到整个系统残留水分全部蒸发干净后才能正式生产。烘干塔系统时，排风温度不得超过90℃，如洗塔后则烘塔时间要长一些，以保证风送阀彻底烘干。

(4) 开动排风机和振动流化床风机，调整进、排风阀门，使塔内负压保持在5～30 mm水柱。

(5) 在进风接近140℃、排风温度90℃左右情况下，启动高压泵逐次打开喷枪阀门进行喷雾，并通过塔上的小门观察喷雾状况。如发现直线流、雾角小或雾状不均等现象，应停止喷雾，更换喷嘴。

(6) 喷雾正常后，启动旋转阀、罗茨风机和振动流化床系统。

(7) 喷雾正常进行后 5 min 开动空压机，使振锤开始工作。

(8) 操作人员应经常观察喷雾情况，检查各测点的温度、压力和塔内负压，如不正常应及时调整。

(9) 操作人员必须经常观察旋风分离器下端旋转阀处是否有堵粉现象，一旦发现风送管中无粉应立即清除，以防堵粉过多难于清理。

(10) 严禁用硬物敲击塔内壁、旋风分离器和排风管道，并应经常保持其中严整、光洁、干净。

(11) 罗茨风机出口的管路加热器一般不用，如果在洗塔后烘干风送阀或在空气湿度特大时，可适当将风机送的风加热，但最高温度不得超过60℃，以免损坏风送阀密封件。

6. 停车

(1) 喷雾完毕应按高压泵—进风机—进汽阀门—排风机顺序停机，空压机、旋转阀、罗茨风机和振动排风机在运行，而进风机在停车状态，一定要将塔门打开，以免塔内压过大，损坏内壁。

(2) 每天工作完毕后，必须彻底清扫干燥塔、旋风分离器、流化床及排风管道。清扫时，如果需要可以开动振锤和风送系统。

(3) 高压泵和高压管路用 2% 的碱液清洗后，再用温水冲洗干净。

(4) 设备停止使用时应切断电源。

(5) 根据产品不同,干燥塔、旋风分离器、排风管道和流化床要定期用碱液和热水进行清理。热水80℃冲洗10 min→碱液清洗30 min→80℃热水冲洗至中性,保证清洗效果。碱液浓度2%~3%,水冲洗至pH=7。

7. 主要设备高压均质机运行操作

(1) 启动前全面检查紧固件及管道等接合处是否紧固可靠。

(2) 检查油箱内润滑油是否略高于油柱线,若缺油应按高压均质机用润滑油要求注入。

(3) 接通电源启动电机试运转,其运转方向应与标牌指示方向一致,严禁反向旋转。

(4) 检查手柄是否旋转至最佳位置(包括液压均质阀调节旋钮)。

(5) 检查压力表是否缺油。

(6) 接通高压泵冷却水,调节水量。

(7) 启动高压均质机前,应先松开放气螺钉,直到无气溢出,再旋紧螺钉,无排气口的,应待物料所经通道内空气排净时,然后逐步调整压力,注意观察压力表,以防压力突升突降造成事故,并听有无噪声。

(8) 均质阀使用方法:先逐步旋紧一级均质机手柄,这时压力表指针上升,再旋二级均质机手柄,不大于15 MPa,最后调节一级压力表所需压力值,但任何情况下二级工作压力不得超过15 MPa,一级压力不得超过40 MPa。

(9) 停机前必须卸压,严禁带压停机,卸压时应先松一级调压手柄,再松二级调压手柄,机器停运后,关闭进料,把存在管内的物料放出(上方为二级调压手柄,侧方为一级调压手柄)。

8. 安全与卫生及注意事项

(1) 使用蒸汽前必须彻底排净汽凝水,蒸汽开启时要缓慢进行,特别是冬天,进汽不能太急,以防止突然热胀而损坏加热器或其他部件。

(2) 配电柜及电器设备严禁进水。

(3) 高温罐料距罐口至少30 cm,以防料液溢出烫伤。

(4) 使用酸、碱时,注意眼睛、皮肤的防护。

(5) 高温罐、均质机、输送管道等设备部件在停车后必须清洗,上班前必须杀菌消毒,一般用沸水或蒸汽消毒。

1) 出料时所有进干燥塔的设备、仪器必须严格消毒。

2) 进干燥塔时,操作人员的衣服裤子等必须用高压蒸汽消毒(洗澡),双手用漂白粉消毒，并穿上经高压蒸汽消毒的衣服。

3) 洁净间工作人员的要求同上。

4) 滤粉袋清洗后放在水中煮沸消毒待冷后烘干使用。

5) 成品粉袋在每班使用前紫外线杀菌消毒。

(6) 工段的注意事项（"三不准"）

1) 不准有火源进入工段（电焊、气焊等其他火种）。

2) 不准穿有静电的衣服。

3) 不准用铁器敲打、砸装有粉剂的装置、管路及运转设备。

(7) 使用高温罐，必须对物料保温并不断搅拌，控制目的有三个，一是降低黏度，保证喷雾正常及运行稳定；二是有利成品粉的溶解度；三是防止温度过高时色素加深及异味。

(8) 整个干燥工段的设备运行，生产运行等要当班记录清楚，与前一工序接好。

(9) 生产过程中各部所漏粉需要及时清扫干净，并对有关设备进行漏粉处理维修。经常检查、观察喷嘴喷雾状况，以防漏料，造成粘壁堵塞，并检查布袋有无跑粉。干燥温度恒定时，勿使温度过高或过低。若出现此现象，应调节进风温度及均质机压力、流量。

(10) 对处理静电的导线，连接点要经常检查，锈痕脱接、脱焊等现象要及时处理。

(11) 控制阀的压力定在 0.45～0.55 MPa 范围内，压缩空气储罐应每班排污一次，以防止有积水现象。

(12) 观察风机运行是否平稳，有无异常现象、传动皮带是否松动、油位是否在规定位置，手触电动机温度60℃以下，如出现异常应立即停止运行，修复后再运行。

(13) 风机出风口除尘器要及时更换、清洗网袋及过滤用无纺布，保证通畅、卫生。

9. 文件和记录

(1)《干燥塔控制室记录》（略）。

(2)《干燥塔控制室交接班记录》（略）。

××××××××有限公司
年　月　日

第2节 豆制品生产工艺控制

学习目标

> 能根据设定工艺要求及生产情况调整生产操作工艺参数

豆制品的品种虽然很多，但在生产过程中大豆的预处理、浸泡及制浆工序几乎是所有豆制品的共性工序。在本节中，前半部分对豆制品生产过程中的共性工序进行阐述，后半部分对一些具有代表性豆制品生产过程中的工艺控制进行详细阐述。

学习单元1 大豆预处理阶段工艺

豆制品生产的主要原料大豆，目前主要来自个体经销商，这些个体经销商的大豆来源以直接向产地散户收购为主，所以大豆原料的杂质含量很高，远远达不到国家规定的等级标准，故原料的预处理尤为重要。大豆中的杂质是在收割、晾晒中混杂进去的，有豆叶、豆梗、泥块、砂粒、石子及金属屑等，这些杂质如果不清除，既会影响豆制品最终产品的质量和卫生，也会影响机械设备，特别是磨浆机磨片的使用寿命。因此原料大豆在浸泡研磨前，必须将混杂在大豆中的杂质去除。大豆中杂质的去除分两个阶段，第一个阶段是浸泡前的精选，一般采用机械方法；第二个阶段是在浸泡后和研磨前，一般采用流水漂洗沉淀方法。两个阶段结合效果较好。

一、机械去杂

机械去杂主要是利用电动筛选机。电动筛选机分为上中下三层筛网，其凭借振动电动机带动轴上下端的偏心重锤运转，产生的偏心力使筛网水平移动和上下振动，带杂质的原料通过筛网机械振动，使质量较重的泥沙、碎石从筛网孔向下直接下落到存杂箱，而质量较轻的豆梗豆叶则通过筛网往复运动带出机外，原料豆则在中间随倾斜力运行到料斗。用于大豆筛选的设备目前无标准的定型产品，一般企业根据要求和实际使用情况自制或委托设备厂制造。筛网上层孔径 $\phi 10 \sim 12 \, \text{mm}$，中层孔径约 8 mm，下层孔径约 4 mm。原料经过电动筛选机的初选能除去大部分杂质，但与大豆大小相近的碎石子则较难去除，因此还要结合其他方法去除这部分碎石。

机械去杂工艺控制，首先要控制好原料的投入量，一般电动筛选机前配有提升输入机，使大豆定量输入。在筛选过程中视设备运行情况及去杂效果和出料情况，调整偏心锤的夹角。如去杂效果不好或出料不畅，则需要调整偏心锤的夹角，改变物料在筛面上的运行规律，使筛选达到应有的效果。

二、流水漂洗去杂

流水漂洗去杂方法是用水作为介质，根据大豆和碎石比重不同的原理，将浸泡好的大豆和水同时放入到一定长度的淌槽内，淌槽长 5~8 m，后端每隔 30 cm 间距设存杂槽斗一个，设置 7~8 个存杂槽斗，大豆通过淌槽流淌到磨浆机，而与黄豆大小相近的碎石、泥沙则沉淀在淌槽的存杂框里，从而达到去除碎石的目的。

流水漂洗工艺控制最主要的是大豆与流水量的配比，要求原料在水的流动下呈漂浮状向前运行，而碎石、泥沙则在淌槽底部，在流水的推动冲击下滚落到接杂斗中。如放豆量过多，大豆在淌槽流淌受阻，泥沙、碎石夹杂在大豆中，仍有可能带入磨浆机。因此，要控制放豆的数量，同时要根据淌槽接碎石料斗的设计要求，每放豆到一定量，要清理一次接碎石的料斗。

三、大豆脱皮的工艺控制

一般传统的豆制品生产都不需要将大豆脱皮，目前在豆浆和无渣豆腐生产时，为了保证产品的口感，大豆需先进行脱皮。

大豆脱皮分为湿法脱皮和干法脱皮工艺。

在湿法脱皮工艺过程中，要控制好大豆的浸泡程度，最佳浸泡程度是浸泡后的大豆为原大豆重量的 2.2 倍左右。浸泡过度，在脱皮过程中容易造成豆瓣破碎，浸泡不足又容易造成脱皮不尽，效果不好。

在干法脱皮工艺过程中，大豆的脱皮效果主要与其含水量有关（见表 1—4），大豆的水分最好控制在 9.5%~10%，过高或过低，脱皮效果都不理想。水分含量过高，种皮和子叶不容易剥离，影响脱皮的效果。水分含量过低，大豆在脱皮过程中容易产生较多的过细碎仁，这些碎仁会在去除豆皮时一同被抽走，造成损耗。大豆脱皮效果还与脱皮过程中控制大豆破碎程度有关，大豆破碎程度最好为每粒大豆被分为 2 瓣，不能超过 4 瓣，如果太碎，会造成皮和碎仁不容易分开。

表 1—4　　　　　　　　　大豆水分含量与脱皮率的关系

大豆含水量（%）	12.0	10.5	9.5	8.5
脱皮率（%）	95.8	97.1	99.4	98.4

大豆脱皮常用凿纹磨，磨片间的间隙调节到多数豆子可开成两瓣，而又不会将子叶破碎为标准。大豆经磨破碎成两瓣后，皮与仁分离，再经重力分选器或吸气机除去豆皮。大豆脱皮后应马上进行下一道工序的操作，如灭酶、浸泡与热磨等，因为大豆经脱皮破碎后脂肪氧化酶在一定的温度和氧气存在下，会发生氧化而产生豆腥味，影响豆浆的口感质量，所以，一经去皮不可储存。

1. 大豆简易脱皮法

此法又叫冷脱皮法，它适合于小规模生产，尤其是当大豆水分低于 12% 时，可以直接破碎脱皮。若原料大豆水分较高，可以考虑先在仓房中进行通风干燥或晒干，使水分达到 12% 以下，然后再破碎脱皮。

2. 传统烘干脱皮法

这是一种沿用多年的、比较成熟的工艺。

这种传统工艺也属于"冷脱皮"工艺。不过它是经过烘干及较长时间的"缓苏"后再破碎脱皮的。图 1—32 所示为缓苏时间与脱皮效果之间的关系。在实际生产中，缓苏时间一般为 24～72 h。

此工艺的特点是脱皮效果好，能适应大规模生产。但是设备容量大，利用率低，生产周期长，费用高。

3. 热脱皮法

该工艺与传统法相比，特点是采用先进的流化床烘干器，取消了脱皮前的

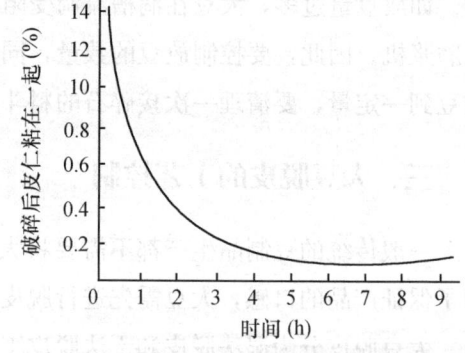

图 1—32　缓苏时间与脱皮效果之间的关系

大料仓，大大缩短了生产周期，由原来的 24～72 h 缩短到 10～20 min，而且还利用了余热。缺点是流化床操作要求高，风运系统动力消耗和噪声较大。

应该注意的是，在豆浆生产过程中，脱腥极为重要，而致腥的脂肪氧化酶多存在于靠近大豆表皮的子叶处，豆皮一经破碎，油脂即可在脂肪氧化酶的作用下发生氧化，产生腥味物质。所以豆浆生产的脱皮工序一定要与后序的灭酶工序紧密衔接起来，切不可储存脱皮豆。生产腐竹用大豆在浸泡前最好破瓣脱皮，这样所得产品色泽光亮明快，有利于提高产品质量。

学习单元2 大豆浸泡阶段工艺

由于大豆的浸泡是豆制品生产加工过程中影响质量的重要环节，浸泡是否达到理想状态，一方面将直接影响下一阶段制浆过程中蛋白质的溶出率，另一方面将影响产品的品质。大豆通过浸泡吸水膨胀，吸水膨胀后的大豆由于蛋白质之间充水而变软，这样在研磨时容易使含有蛋白质的细胞体膜破碎，有利于蛋白质和脂肪从细胞中游离出来。同时，浸泡使纤维韧性增强，在破碎时保持较大的纤维碎片，不致形成过分细小的颗粒，使其在浆渣分离时更容易分离出去。如果大豆浸泡不够，水未能渗透到大豆中心，大豆未达到适度膨胀，那么蛋白质的溶出率会下降，从而影响最终产品的得率。如果大豆浸泡过度，一方面大豆各组织内吸水过度，使蛋白质组织结构不够紧密，会造成后续最终产品缺乏弹性和硬度，另一方面大豆经过长时间浸泡也会使微生物繁殖，浸泡水的酸度增加，pH 值降低，使大豆在浸泡时部分蛋白质溶出而损失。所以，对大豆浸泡程度要进行控制。要使大豆浸泡达到最佳状态，需要根据大豆的品种、新旧程度、水分含量进行分析，从而对浸泡时间、浸泡水的温度、硬度、pH 值等进行适当控制。

一、大豆浸泡工艺要求

大豆浸泡过程中的工艺要求如下：

(1) 浸泡水的用量以原料大豆质量的 2.5～3 倍为宜。

(2) 大豆浸泡的最佳程度为浸泡到大豆即将发芽的阶段，即浸泡后大豆质量是原来的 2.2 倍左右，体积为原来的 2.4 倍左右。

(3) 浸泡过程中水的 pH 值不小于 6.3。

(4) 浸泡后对大豆进行清洗，清洗后水的 pH 值不小于 6.5。

二、影响大豆浸泡程度的因素及控制

1. 浸泡水的温度与大豆浸泡的关系

浸泡水的温度与大豆浸泡效果的关系如图 1—33 所示，浸泡水温度与大豆浸泡时间的关系如图 1—34 所示。从图中可以看出浸泡水温度越高大豆吸水速度越快，大豆浸泡达到要求所用的时间越短。所以在实际生产中，季节的变化造成环境温度

及水温的变化，由此，大豆浸泡达到要求所用的时间也需随时调整。夏季气温高，大豆浸泡到达要求所需的时间短。冬季气温低，大豆浸泡达到要求所需的时间要长。大豆浸泡时间与季节气温的关系见表1—5。大豆在不同水温浸泡下的复水率见表1—6。

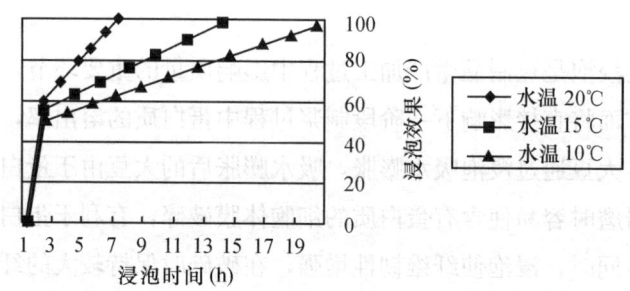

图1—33 浸泡水的温度与大豆浸泡效果的关系

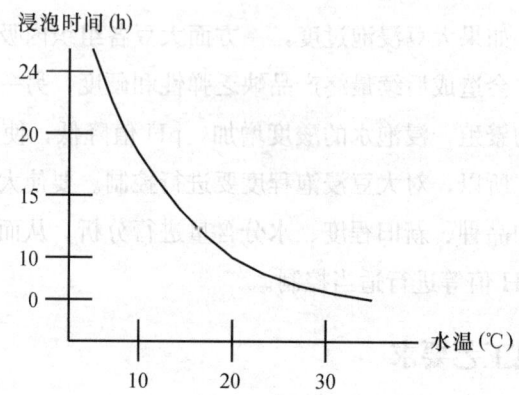

图1—34 浸泡水温度与大豆浸泡时间的关系

表1—5　　　　　　　　大豆浸泡时间与季节气温的关系

季节	环境温度（℃）	水温（℃）	浸泡时间（h）	pH值
春秋季	15～20	12～18	10～15	6.3～6.5
夏季	20～35	17～25	5～10	6.3～6.5
冬季	5～15	5～15	15～24	6.3～6.5

表1—6　　　　　　　　大豆在不同水温浸泡下的复水率

原料量(g)　温度(℃)　时间(h)	20	30	40	50	60	70
0	100	100	100	100	100	100
1	134	142	148	174	172	200

续表

原料量(g) 温度(℃) 时间(h)	20	30	40	50	60	70
2	149	164	174	201	204	210
3	163	180	190	220	221	222
4	176	192	204	221	223	222
5	185	204	214	222	223	—
6	197	211	221	223	223	—
7	204	218	224	223	—	—
8	210	225	226	223	—	—
9	219	226	226	—	—	—
10	221	227	227	—	—	—
11	224	228	227	—	—	—

资料来源：李祥睿，陈洪华. 五香豆加工工艺研究. 中国食物与营养. 2008 (8)

值得注意的是，浸泡大豆时，虽然水的温度越高，大豆浸泡的时间越短，但如果水温达到20～70℃时，这也是细菌繁殖的适宜温度，只要时间一长，大豆中的杂菌等微生物很容易繁殖，影响最终产品的质量，所以，为了保证大豆在浸泡过程的微生物污染问题，有条件的企业要对浸泡水的温度进行低温控制，即浸泡的车间要保持低温环境，或者采用80℃以上的高温浸泡。

2. 影响大豆浸泡工艺的其他因素

（1）大豆的品种

不同品种的大豆，含水量是不一样的，含水量不同的大豆吸水速度不同，需要的浸泡时间也不一样。总的来说，大豆中水分含量越高，吸水速度越快，所需的浸泡时间越短。

（2）大豆的新旧程度

豆制品工艺师应懂得大豆在闷热、潮湿的环境中是容易变质的活性物质，所以，大豆的存放需要通风、干燥、阴凉的环境。但是在这样的环境中，随着储存时间的变长，大豆中的水分就越会流失，大豆水分含量越低，吸水速度越慢，从而造成浸泡时间的延长。

如果是陈大豆，由于储存时间较长，生命活动消耗了其本身的一部分蛋白质，且经过夏季高温，大豆球蛋白中的部分巯基被氧化为链间二硫键，同时，大豆中的蛋白质会发生部分变性，从而会降低大豆蛋白的溶解度，导致豆腐凝出率降低，凝胶强度降低，保水性变差。要改善这种情况，可以采取电解还原的方法来处理陈大豆，使其被复新。具体做法是：在大豆浸泡槽中加入电解装置，将大豆处于阴极室，利用阴极水浸泡大豆，以切断二硫键，从而增加蛋白质溶解度。经过这种处理，制成的豆腐凝胶强度会增加10%～20%，失水率降低13%左右。

（3）浸泡大豆的用水量

在其他条件不变、浸泡用水量不足的情况下，浸泡用水量越多，大豆的复水性越好。大豆与浸泡用水的最佳比例为1:(2.5～3)，超过这个比例，水量的增加与大豆浸泡时的复水性几乎没有关系。

（4）大豆清洗

从地里收割上来的大豆，表皮最外面的柱状细胞中会黏附着土壤中的各种细菌，这些细菌在适当的温度和湿度下会迅速繁殖，分解大豆中的蛋白质，使浸泡水的酸度变高，pH值变低，从而会加快大豆的吸水速度，但是由于细菌会分解在大豆中的部分蛋白质，造成后续最终成品的获得率下降，所以，大豆在浸泡之前应清洗干净。清洗次数一般定为2～3次，大豆洗涤次数与微生物的关系如图1—35所示。

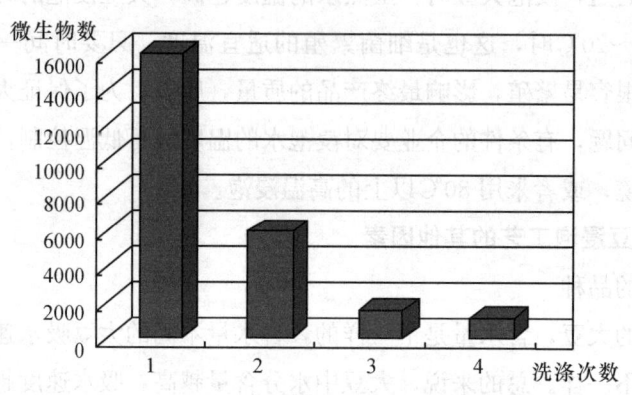

图1—35 大豆洗涤次数与微生物的关系

（5）浸泡环境

由于大豆浸泡过程本身是一个生物变化过程，环境温度、湿度、清洁度等都会影响浸泡的效果，适宜的浸泡环境不仅能够促使大豆正常的吸水膨胀，还可以抑制有害微生物的生长和繁殖。过高或过低的环境温度及湿度、不洁净的空气都会使大豆浸泡的水质发生一定程度的变化，引起大豆新陈代谢的失调，从而导致浸泡质量下降，甚至引起微生物的交叉污染和滋生。所以，大豆的浸泡过程应该设在周围温度变化小、环境清洁、空气流通性好、采光适当的环境中。

（6）浸泡容器

大豆浸泡容器应做成圆柱状，底部呈锥形，不能有死角，易于清扫和保持清洁，否则容易引起微生物的滋生而影响浸泡效果。

(7) 浸泡水的硬度

水的硬度用水中所含的钙、镁的碳酸盐和硫酸盐量的多少来表示。一般以 1 L 水中所含的钙盐的毫克数作为计量单位，1 mg 就为 1 度。我国规定钙盐含量 50 mg 以下为软水。浸泡水的硬度间接影响大豆的吸水速度，从而影响浸泡时间。具体原因主要是：硬度越高，水的电导率越高，电导率越高，大豆的吸水速度越快，浸泡时间越短。实践证明，高硬度水会造成大豆中蛋白质的损失，影响最终产品的得率，而采用软水浸泡虽然时间较长，但比用一般自来水浸泡生产的产品得率要高，通过实验得出，用软水生产制得的豆浆蛋白质含量比普通自来水得率高 0.28%，生产豆腐时获得率高 5.9% 左右。可见，在豆制品生产过程中，使用软水可以大大提高蛋白质的利用率。同时，使用较软的水加工出的豆制品外观色泽鲜亮，口感品质较好。所以，对浸泡水进行处理，使其硬度下降，有利于提高产品的得率和质量。一般通过热软化法、石灰—纯碱软化法、离子交换软化法等进行软化处理，把水的硬度控制在 50 以下（50 mg Ca 盐/L），Fe 含量 0.3 mg/kg 以下。

三、浸泡过程中水的 pH 值控制

浸泡水的 pH 值与浸泡速度的关系如图 1—36 所示。

从图 1—36 中，可以看出浸泡水的 pH 值过高或过低都会影响大豆的吸水速度。

通常在水中氢离子、氯离子、硫酸根离子等越多，氢氧根离子、钾离子、钠离子、镁离子、钙离子等越少水的 pH 值越低，反之水的 pH 值越高。一般情况下大豆浸泡过程中，浸泡水的 pH 值都不会小于 6.3，但是如果天气太热，泡豆场所没有降温装置，通风情况又差，那就要注意浸泡水的 pH 值变化。

大豆浸泡过程是水分子通过表皮进入到内部的过程，所以，从开始浸泡到达到要求需要较长的时间，随着时间的推移泡豆水的温度逐渐和周围环境温度趋向一致，特别是夏天环境气温较高，非常适宜那些附着在大豆表面的微生物繁殖生长，这些微生物会把大豆中的部分蛋白质分解成可溶性的酸类物质游离在浸泡水中，造成浸泡水的 pH 值渐渐降低，浸泡水就会变成弱酸性水，而这种弱酸环境更加速了某些酵母菌和霉菌的生长和繁殖，这样，时间长了就会闻到酸味，这时如果不及时换水，不但会影响最终产品的品质，而且会因部分蛋白质被分解而造成大豆中的蛋白质损失，影响最终产品的出品率，浸泡水的 pH 值对大豆浸泡后蛋白质含量的影响如图1—37所示。

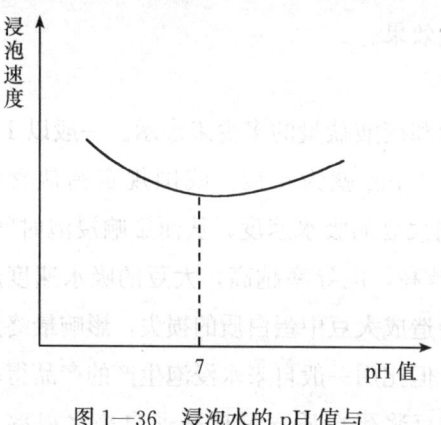

图1—36 浸泡水的pH值与浸泡速度的关系

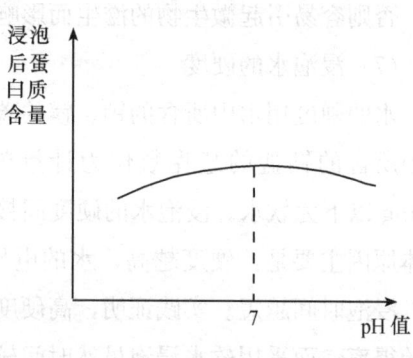

图1—37 浸泡水的pH值对大豆浸泡后蛋白质含量的影响

控制和调整浸泡过程中水的pH值有两种方法，一种方法是更换浸泡水或使用循环水处理设备，另一种方法是在浸泡间隙适当添加少量的碱来调节。使用循环水处理设备，即在浸泡缸的水出口处安装水处理设备，用循环水浸泡，这种浸泡方式可以使浸泡环境处于稳定状态，水温能够稳定在20℃，便于管理，还可以节约用水，更重要的是抑制微生物的生长和繁殖，对豆制品的品质和最终产品的出品率都会有非常大的提高，可谓一举三得。使用碱性浸泡，一般加入原料大豆0.3%～0.5%的碳酸氢钠浸泡，这种方法简单易行，不需要增加额外的设备，是目前普遍采用的方法。

四、浸泡后大豆的清洗程度控制

一般来说浸泡后的水会受到不同程度的污染，应从专用管道排出。浸泡后的大豆要用水清洗，除去附在大豆表面的泥沙和微生物，同时降低大豆经浸泡后的酸度。一般清洗两遍，清洗后水的pH值不小于6.5即可。值得注意的是，清洗次数太少，低于两次，则大豆洗不干净，而清洗次数太多，超过3次，虽然清洗得很干净，但是从成本、污水量和品质控制的角度来看都不经济。因为清洗次数过多，不但会造成水资源的浪费，加大企业的污水处理量，而且会损伤大豆，最终影响产品的品质。

如果使用循环水设备浸泡就不需要清洗。

 **学习单元 3　制浆过程中的工艺**

制浆是传统豆制品生产过程中必不可少的工序。制浆各环节控制好坏与否直接关系到大豆中蛋白质的利用率。浸泡后的大豆经过粉碎研磨、浆渣分离、豆浆热变性、熟浆再滤四个过程,生产出各种豆制品所需要的半成品豆浆,为下一道工序服务。

一、研磨粉碎

1. **大豆研磨粉碎程度的控制**

大豆中的蛋白质主要储藏在两瓣子叶中,大豆浸泡后通过磨浆机的研磨,破坏大豆组织,使大豆蛋白质能游离出来溶于水中,研磨时磨糊的粗细度对蛋白质的溶出有很大的影响,而研磨过程中加水量的多少,对大豆粉碎的粗细程度及磨糊稠稀有直接关系,因此,研磨时必须控制好豆水的比例。

从理论上讲大豆研磨粉碎得越细,大豆中的蛋白质溶出率就会越高,蛋白质溶出率越高,产品的出品率也就随之提高,但实际上大豆研磨粉碎的程度并不是越细越好。这是因为:超细的研磨同时也会将大豆中的"豆渣"细微化,这些经过细微化的豆渣能够透过滤布的阻挡极易转移到豆浆中去,造成细渣混入产品而引起最终产品口感质地变差,特别是做油豆腐的豆浆,如坯子中含有细渣影响油炸不发,造成油炸豆腐僵硬;同时过细的豆渣容易堵塞滤布,造成分离困难,而引起豆浆在分离时的流失,因此,过细的磨糊反而不利于提高大豆蛋白质的利用率和产品质量;其次是超精细研磨会造成磨片损耗;最后是对生产设备精度要求高,投入资金大。综合溶出和分离等效果分析,磨糊粗细度控制在 $3 \sim 5~\mu m$ 之间最合适。各个生产企业应该对制浆系统给予足够重视。

通过三次分离后豆渣中所含的残存蛋白要求≤2.8%,这是长期以来对大豆蛋白质的利用率和企业能耗进行综合考虑后,经验积累的最经济的数值。

不同产品研磨、分离的工艺要求见表 1—7。

2. **淋水添加量的控制**

淋水是行业内对大豆粉碎用水的传统称谓,指的是大豆在研磨粉碎过程中必须要添加的冷水,冷水来源主要是在生产过程中第三次浆渣分离后得到的三浆水,但是,在最初设备刚刚启动,还没有三浆水流出时,使用自来水作为淋水。

表 1—7　　　　　　　　　　各类产品研磨、分离的工艺要求

类别 \ 工艺要求	豆浆浓度要求（Brix）	磨盘间隙（μm）/（r/min）	大豆与水的比例	磨糊温度（℃）	分离次数	二次分离的浓度（Brix）≤	三次分离的浓度（Brix）≤	分离机滤网目数（1、2、3级）	豆渣的含水率≤
豆浆类	5～7	8～12/960～1 450	1:7.5	≤32	3	3～4	1～2	80、100、120	85%
豆腐	8～12	8～12/960～1 450	1:6.0	≤32	3	3～4	1～2	100、80、120	85%
豆腐干	7～8.5	8～12/960～1 450	1:6.5	≤32	3	3～4	1～2	100、80、120	85%
腐乳类	8.0～9	8～12/960～1 450	1:6.5	≤32	3	5.0	1～2	80、100、120	85%
腐竹类	8.0～9	8～12/960～1 450	1:6.5	≤32	3	3～4	1～2	80、100、120	85%

（1）淋水添加的作用

淋水在大豆粉碎研磨的过程中主要有三大作用：一是降低磨片摩擦产生的温度；二是作为稀释和提取蛋白质的介质，促使蛋白质游离出来便于分离，三是润滑作用。

1）降温作用。大豆在研磨破碎的过程中，与磨片进行快速摩擦的瞬间会产生高热，如果不及时降温，高热会导致大豆蛋白质的变性，变性的蛋白质由于分子结构的变化，难溶于水，在分离时随豆渣排出造成浪费，影响蛋白质的提取率，最终降低产品的出品率。研磨过程中通过淋水，对磨浆机的磨片及时进行降温处理，控制磨糊的温度，使蛋白质不产生变性。一般情况下，磨糊的温度要求控制在仅仅是高于普通自来水的温度，用手触摸不能感觉到有明显温热的迹象，而要明显低于人的正常体温，如果拿温度计测量，要求控制在32℃以下，这样才能保障磨糊中蛋白质处在没有变性的溶胶状态下。

2）淋水稀释介质的作用。淋水的第二个作用是作为介质，调节大豆粉碎的粗细程度和稀释作用，通过淋水使大豆蛋白质均匀地溶解在水里，借助水来达到提取蛋白质的目的，促使大豆蛋白质能有效游离出来。

3）润滑作用。由于水可以起到润滑作用，淋水进入磨浆机，能够控制磨糊在磨腔内停留的时间。而模糊在磨腔内停留时间的长短，关系到模糊的粗细程度，磨糊要细腻，而淋水的润滑作用既能够提高研磨的效率，又能够降低豆糊与磨片之间

摩擦产生的热量,延长豆糊在磨腔内的时间,尽量使磨糊细腻稠密,从而使大豆中的蛋白质能够顺利地、最大限度地溶离出来。

(2) 淋水的添加量

淋水的添加量需要严格控制,这是大豆研磨过程中的一个重要环节。淋水添加量的多少,决定着豆浆浓度的高低,也是豆浆浓度稳定要求中的关键控制因素。淋水的添加量通常以大豆在单位时间内的供给量为调整依据,豆浆浓度要求高,淋水的添加量就要相应减少,反之淋水的添加量就要相应增加。豆浆浓度要想达到稳定,添加淋水的量和大豆的供给量的比例就要稳定,换句话说,在大豆供给流量稳定的情况下,淋水的流量也要稳定。在大豆的供给流量发生变化时,淋水的流量也要随之变化,而且节奏要同步。因为,在实际操作过程中由于制浆系统是一个动态的系统,所以,要控制淋水量来稳定豆浆的浓度几乎是不可能做到的。现在大多数企业通过以下几个方面来对豆浆浓度进行调整和控制。图1—38所示为制浆系统的物料流程图。

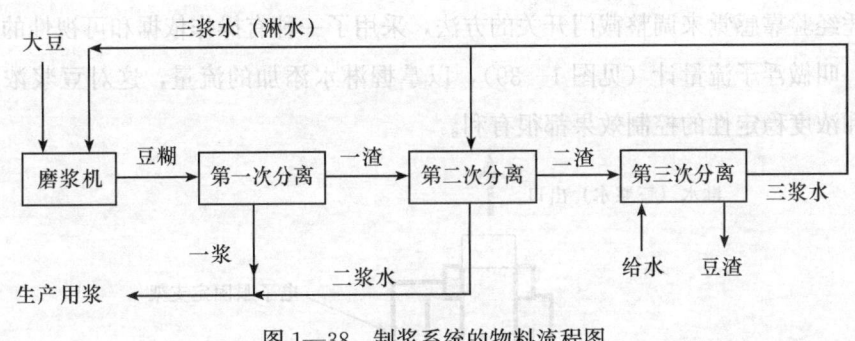

图1—38 制浆系统的物料流程图

1) 第三次分离的给水量控制。目前,大多数企业认为,控制豆浆的浓度只要控制好淋水的量就可以了,而忽略了对第三次浆渣分离时的给水量的控制,给水量忽小忽大。给水流量变大,致使在实际生产过程中经常会出现这样的情况:在制浆过程经过一段时间后,三浆水会出现部分剩余,为了减少剩余的三浆水就增加淋水的供给量,减少二浆水的供给量,试图使豆浆浓度不发生变化,其结果是豆浆浓度出现波动,一般造成豆浆浓度先低后高,忽高忽低,而且需要调整较长的时间。给水流量变小,导致在实际生产过程中三浆水不够,为了增加三浆水就减少淋水的供给量,增加二浆水的供给量,试图达到豆浆浓度不发生变化,其结果也会使豆浆浓度出现波动,一般造成豆浆浓度先高后低,忽低忽高,也需要调整较长的时间。

因此,在大豆供给量相对稳定的情况下,第三次浆渣分离给水量的流量要进行控制,不要出现大的波动,否则会影响生产用豆浆的浓度,致使造成最终产品质量不稳定。

2)淋水量的控制。在大豆供给量稳定的情况下,淋水的流量也要保持稳定,流量流速要均匀一致,不能因为淋水添加过程中供给压力发生了变化,使流量出现时大时小的现象,否则也会影响豆浆浓度的稳定性。淋水的添加量过大,一方面会出现豆浆浓度突然变小,而且还会缩短大豆在磨腔内的研磨时间,颗粒度形状和大小出现不均匀,造成磨糊很快被甩出来,研磨程度不细致、不彻底,磨糊中会出现没有完全被粉碎的大豆糁粒,部分大豆蛋白质随着磨糊中的糁粒被分离出来当做豆腐渣流失掉,致使大豆蛋白的提取率下降。淋水的添加量变小,另一方面会致使豆浆浓度突然变大,而且会造成磨糊在磨腔内被研磨的时间过长,出现前面讲过的"磨糊温度升高蛋白质变性",也降低了磨糊中蛋白质的有效提取率。

总之,在大豆供给量基本稳定的情况下,淋水在添加过程中,输送压力波动要小,流量流速要稳定,要与大豆的配给量相一致,这样研磨出来的磨糊质量才会稳定,豆浆的浓度也会稳定。现在有一定规模的生产厂家,对淋水添加量的控制都放弃了凭经验靠感觉来调整截门开关的方法,采用了一种有操作依据和可视性的控制仪器,叫做浮子流量计(见图1—39),以掌握淋水添加的流量,这对豆浆浓度的稳定和浓度稳定性的控制效果都很有利。

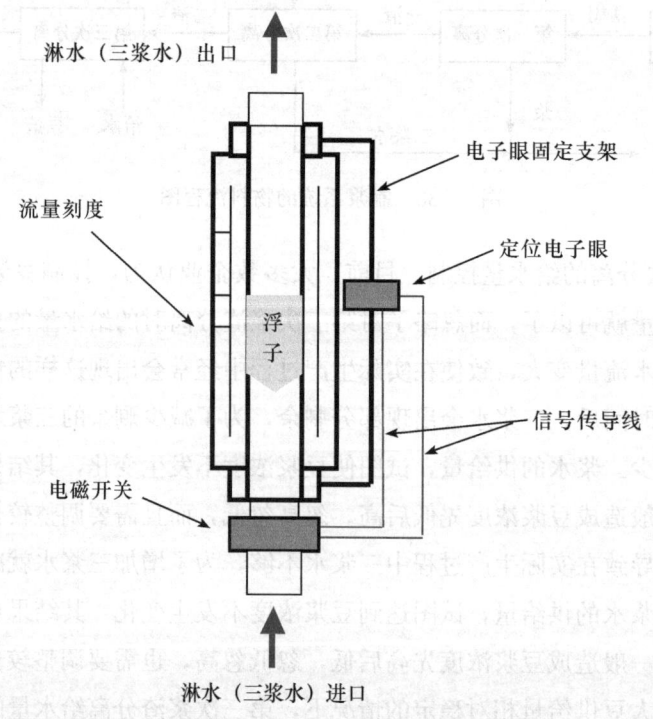

图1—39 浮子流量计示意图

3）豆浆浓度的控制。现在很多企业普遍采用两种工艺来生产不同浓度的豆浆，即低浓度豆浆工艺和高浓度豆浆工艺。

从图1—38可以看出，对于进行三次浆渣分离的工艺，在生产系统稳定的情况下，豆浆浓度的控制实际上要保持三个供给量稳定，一是大豆的供给量稳定，二是第二次浆渣分离时细渣给水量的稳定，三是磨豆淋水的流量稳定。三次浆渣分离工艺，适合生产浓度较低的豆浆，一般水豆的比例控制在7.5∶1左右，豆浆的固形物浓度在9%左右。

如果要生产浓度较高的豆浆，那么就需要选用二浆水作为淋水，工艺如图1—40所示，这时水与大豆的比例控制在5∶1左右，豆浆固形物浓度在11%左右。高浓度豆浆浓度的稳定性控制要保持两个供给量稳定，一是大豆供给量稳定，二是第三次浆渣分离时给水量的稳定。因为，在磨浆机和浆渣分离机工作正常的情况下，二浆水（即淋水）的流量和第三次分离系统的给水量是一致的，所以，控制好第三次浆渣分离时的给水量就可以了。

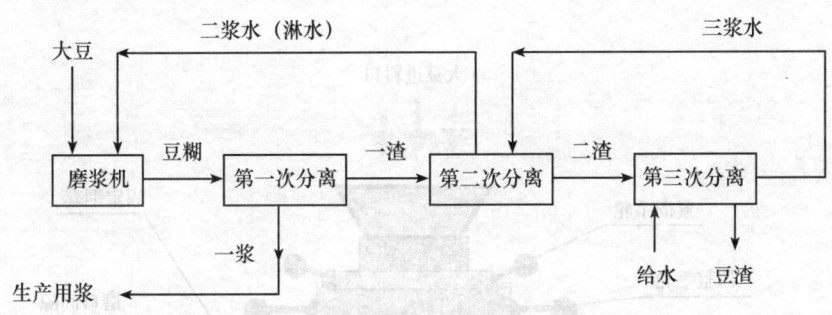

图1—40 生产高浓度豆浆的物料流程图

3. 磨盘间隙

磨盘间隙是指大豆研磨过程中上下磨片或左右磨片的间隙，也就是大豆被粉碎后通过磨片之间形成的通道，大豆经研磨后的颗粒必须足够小，才能通过磨盘的间隙，所以，通过调整磨盘间隙来调整大豆研磨颗粒的粗细程度。但磨盘间隙的调整是有条件的，因为砂轮磨片间隙越小，转速越高，会造成磨糊与磨片之间的摩擦力加大，致使磨糊升温，这就需要增加淋水与黄豆的流量比例。在实际生产中砂轮磨片的直径通常为380～580 mm，转速一般控制在960～1 450 r/min，磨盘的间隙为8～12 μm，这时大豆研磨粉碎的颗粒度基本符合要求。

（1）磨糊检测

浸泡后的大豆与水被砂轮磨破碎成有一定黏稠度的粥样半液态的磨糊。磨糊应粗细均匀无颗粒感，有一定的浆液黏稠度，用手触摸温度低于人体温度（用温度计测量温度应不高于32℃）。磨糊粗细度的检测方法如下：

1）触摸法。用拇指与中指、食指捏起一小撮磨糊仔细搓捻，这时手指间应该感觉不到有颗粒状的大豆碎粒，只有很小又很薄的细片状纤维组织能够触及。

2）水漂法。用500 mL的烧杯装上清水，取15～20 g的磨糊放进杯中观察磨糊的变化。磨糊中的豆浆能够与水慢慢融合，由上到下展开，磨糊中不应有很快沉入到水底的颗粒。

3）化验检测法。化验检测的对象是粉碎分离后形成的豆腐渣，检测豆渣的颗粒度。

(2) 磨盘间隙调整

磨浆机由上下两个砂轮片组成，下面的砂轮片与电动机的传动轴相连接，只能定位旋转，称为"主动片"。上面的砂轮片固定在框架上，与下片轴向同心，不旋转，相对的固定，下面的砂轮磨片称为"被动片"，或者称"调节片"，调整磨盘间隙就是通过调节下面的磨片与上磨片之间的间隙距离。磨浆机工作示意图如图1—41所示。

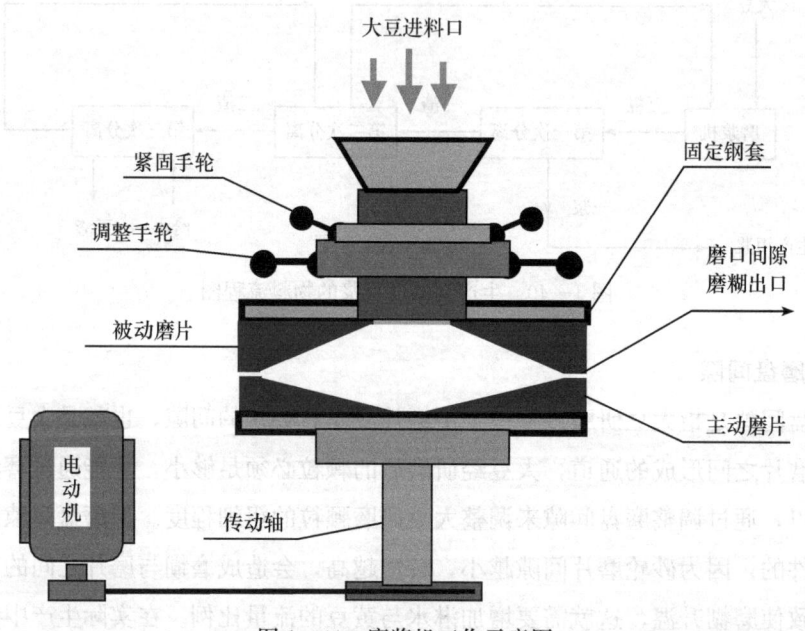

图1—41 磨浆机工作示意图

磨片间隙发生改变就会造成磨糊颗粒度出现变化，磨糊外观形态发生变化。磨片间隙的调整主要有以下几个原因：

1）被动调节磨片出现松动。砂轮磨的工作状况是将被动片靠机械的方式强行向下压，来调整和控制上下磨片的间隙。磨糊从磨腔中出来靠的是水的稀释和磨片快速旋转的离心力,大豆在强制粉碎研磨过程中又总会产生一个不断向上顶的反作用力,在机械传动过程中不可避免地产生连续振动的现象,这样时间一长,可能会造成磨盘间隙出现松动倒退,俗称"跑磨"。

2)杂质异物造成的磨损。原料经过清杂和筛选过程依然会存在个别杂质,如沙子、风化石、金属物等,这些杂质会对磨片造成划伤和磨损,改变了磨盘原有的调整间隙。

3)原料大豆中的僵豆。当原料中出现"僵豆"时,虽然数量不多,但对砂轮磨片的磨损程度却非常明显。由于僵豆不能被自来水浸泡开,所以,硬度很高,当僵豆进入到磨浆机后,在磨盘间隙基本稳定的情况下,电流表会出现窄幅的向上跳动。这种情况,说明磨腔中出现部分"僵豆"被剩余在磨片的中心处,当积攒到一定程度时,僵豆会较集中地通过磨口的研磨,此时磨浆机会出现特殊的沉闷声响,磨浆机电流显示会出现瞬间增高和跳动。这时需要对磨糊的颗粒度进行多次检验,便于及时调整磨盘之间的间隙。

二、浆渣分离

浆渣分离的工艺要求是尽可能地将磨糊中的蛋白质从豆渣中分离出来。无论是采用离心分离(甩浆)设备,还是螺杆挤压式分离(挤浆)设备,采取生浆分离或是熟浆分离的方式,都要尽量使豆渣中残存的蛋白质和水分降至最低,而豆浆中的豆渣成分尽量少。

目前,一般浆渣分离采用三次分离,下面针对我国普遍采用的离心式生浆分离的工艺来阐述基本的工艺控制要点。

1. 离心分离机应正常工作

浆渣分离过程的机械化程度相对较高,各个环节上的工艺要求和控制标准也相对具体和明确,一般来讲,分离机的转速通常控制在 1 450 r/min 左右,豆渣搅拌器的转速控制在 230 r/min 左右。

在浆渣分离时,磨糊通过过滤网使豆浆和豆渣分离,在正常情况下离心机发出的响声均匀。但在以下情况下,就会出现异常。

(1)离心机过滤网出现堵塞

在离心机工作过程中,过滤网经常会出现局部堵塞。由于被滤出来的豆渣中会有一小部分黏附在过滤网表面,随着分离机的高速旋转黏附物会越积越多,最终会造成滤网上的部分孔眼被堵塞,形成豆浆不能均匀穿透,而产生离心机的工作异常。离心机工作电流不稳定,离心机运转时声音异常,同时会降低豆浆浓度。

(2) 过滤网出现小面积破损

过滤网边缘磨损或小面积的破损，会出现"夹渣"现象，即豆渣形成了积存，这种情况离心机也会出现异常，同时降低豆浆浓度。

(3) 磨糊供给量出现异常

磨糊由泵从磨糊储存罐中抽出再输送到分离机中进行分离。如果储存罐中磨糊的量太少，或者磨糊突然变稀、变稠，磨糊的供给量就会出现忽多忽少的不均匀现象，这时离心机运行也会出现不稳定的情况，同时豆浆的浓度也会忽高忽低。

(4) 豆浆中颗粒度变粗

豆浆中颗粒度变粗时，浆渣分离机的运转也会出现异常，这是由于较大颗粒的磨糊与分离机外罩壳的碰撞摩擦产生异常的声响。同时由于磨糊颗粒大，蛋白质的溶出率就会变低，不但影响豆浆浓度的稳定性，而且会降低出品率。

2. 三浆水浓度的控制

在前面讲过，生产较低浓度的豆浆时采用三浆水作为淋水，同时又作为稀释豆渣进行二次分离的用水。在大豆供给量稳定、系统工作正常的情况下，三浆水浓度会稳定。三浆水浓度的稳定既可以保证一浆（头浆）浓度的稳定，还可以保证二浆浓度的稳定。

三浆水的豆浆浓度应控制在 1~2 Brix 以内。如果三浆浓度偏高，说明最终豆渣中残存的蛋白质含量变高，造成蛋白质的流失，影响出品率。出现这种情况，先要检查一、二浆混合浆的浓度情况，如果豆浆浓度下降，应调小淋水的流量，减少进入磨浆机及浆渣分离机的三浆水供给量。如果豆浆浓度不变，则应保持三浆水的清水供给量。

3. 豆渣中水分、蛋白质含量的控制

经过二次洗渣、三次浆渣分离后的豆渣呈雪花状，轻盈松散，豆渣中的蛋白质含量控制在 2.5% 以下。如果豆渣中的蛋白质含量变高，或者分离后的豆渣呈半流体状态，则表明豆渣中豆浆含量过高，浆渣分离不彻底。这种现象主要有以下几个方面的原因：

(1) 磨糊输送泵工作不稳定

造成磨糊输送泵工作不稳定的原因，主要是磨糊桶的磨糊忽稠忽稀，忽多忽少，而造成磨糊供给量不稳定，磨糊太稠时，在短时间内磨糊出现超量注入，使得分离机超负荷运行，导致的结果是浆渣分离效果差，豆渣中的含浆量出现明显增加。这种情况进入二级分离会导致二级分离后二浆豆浆浓度、豆渣中的蛋白质含量增高，致使三级分离后三浆水、豆渣的蛋白质浓度变高，整体出品率下降，同时还

会影响一浆、二浆混合浆浓度的稳定。

（2）分离机过滤网需要冲洗或更换

豆渣的含浆量明显增加的另一原因，有可能是分离机过滤网局部堵塞，也就是说在单位时间内豆浆的通过数量大幅度下降，致使豆渣中含浆量明显增高，此时，必须停机处理或更换。

（3）第三次浆渣分离时给水量变小

第三次浆渣分离时的给水量变小，造成三次豆渣清洗不彻底，致使三浆水的浓度变高，豆渣的蛋白质含量相应也会变高。

三、煮浆

煮浆的方式有两种，一种是间歇式煮浆，另一种是连续封闭溢流式煮浆。间歇式煮浆是通过控制蒸汽的供给量来完成煮浆作业。连续封闭式煮浆自动化程度较高，是通过自动调节煮浆罐蒸汽的压力和温度来完成煮浆作业的，可靠性强，节省人工，节约蒸汽，降低能耗，同时可以不添加消泡剂，增强产品的口感。

1. 间歇式煮浆的工艺要求

间歇式煮浆，一般由 2 个以上圆柱形不锈钢桶组成，每个煮浆罐可容纳 300 L 豆浆，每个煮浆桶都有豆浆进出口和蒸汽进口，由操作人员手动控制豆浆的进出数量和蒸汽截止阀的开启与关闭。

（1）蒸汽压力要求

蒸汽压力的设定一般由生产企业的生产规模和生产能力来决定，中型生产企业（日投料数量在 8~10 t 黄豆），煮浆时进罐蒸汽压力要求达到 0.5 MPa。大型生产企业（日投料数量在 15 t 以上）要求煮浆时进罐蒸汽的压力在 0.6 MPa。蒸汽输送的管道越长，蒸汽压力损失就越大，形成的冷凝水就越多，输送蒸汽的管径越小，蒸汽的流量也就越少，煮浆所需的时间就越长。

蒸汽压力偏低，煮浆的时间就长，蒸汽产生的蒸馏水就越多，造成豆浆中被带入的蒸馏水就越多，费时费工费能源。同时还会造成豆浆的浓度下降，产品质量不容易控制。但过高的蒸汽压力也不利于生产操作的安全。所以维持正常的蒸汽压力对煮浆的工艺控制非常重要。

（2）豆浆加入量

采用间歇式煮浆时，煮浆罐内生豆浆的注入量必须严格控制，豆浆加入量不得超过煮浆罐内高度的 3/5 处，一是为了防止豆浆在加热过程中，产生大量气泡而造成瞬间涨锅溢流；二是为了能够及时将煮浆产生液体表面的泡沫用高温蒸汽来消除；三是冷热交换速度快，煮浆效率高。

(3) 消泡剂的添加量

间歇式煮浆过程中，必须添加消泡剂。当豆浆加热到70～75℃时，豆浆中的皂苷会在这个温区内产生大量气泡，气泡在热传导的作用下，使豆浆的体积在瞬间成倍增长，这时需要添加消泡剂来抑制泡沫。消泡剂一般分为两种，一种是干粉或颗粒状，另一种是含有油脂的半液态状。根据使用习惯选择使用，最大的使用量以干豆计算，比例不得超过千分之三。

消泡剂的添加应适时、适宜、适当控制。添加时间过早，会提前消耗消泡剂本身的功效，降低了产泡高峰期的消泡效果；添加时间过晚，豆浆的膨胀会造成豆浆"假沸"大量豆浆溢流出煮浆容器，造成浪费甚至造成操作人员的烫伤。

(4) 蒸汽量控制

在间歇式煮浆时，蒸汽量控制分为三个阶段，各阶段工艺控制要求各有不同。

第一阶段是蒸汽连续供给期。从豆浆开始加热到添加消泡剂之前这个阶段，蒸汽连续供给，直到豆浆温度达到70℃左右。这一时段浆液的表面会有大量的泡沫覆盖，泡沫的位置从原来的位置上升到煮浆容器的上口。

第二阶段是蒸汽间断供给期。当豆浆温度达到70℃开始添加消泡剂直到豆浆温度达到96℃，这个阶段是煮浆过程中的关键时期，豆浆及泡沫的膨胀程度会随着蒸汽供给量的多少产生大幅度剧烈变化。这个阶段，既要加大蒸汽量，使豆浆加热的温度尽快达到96℃以上，同时蒸汽量不能过大，否则豆浆的泡沫膨胀过快而造成溢罐的现象。

第三阶段是蒸汽供给的减半期。从豆浆温度达到96℃以上时，豆浆的表面依然有泡沫存在，这时泡沫体积虽然要比初期形成的泡沫大3～4倍以上，但数量明显减少，而且这种泡沫不会出现豆浆溢罐的现象，并会在持续加热的过程中逐渐消失，不再需要添加消泡剂。这时如果翻滚沸腾的豆浆液体表面已经没有了泡沫，且呈淡黄色时，表明煮浆工序已达到工艺要求。

(5) 煮浆温度控制

在间歇式煮浆的过程中，要时刻注意豆浆的真实温度，如果只通过观察温度表显示数值，往往会造成判断失误，因为蒸汽与豆浆在热交换过程中会影响温度计感应探针的检测，豆浆中裹带着部分蒸汽，造成探针探头的测点不能完全真实地反映豆浆内部的真实温度。在泡沫全部消除以后的最终阶段，温度表显示出来的温度才是真实的豆浆温度。

(6) 煮浆时间要求

间歇式煮浆需用的时间与豆浆量、蒸汽压力、蒸汽流量、喷嘴形式等有直接关系。如以 300 L 豆浆量，蒸汽压力正常的情况下，煮浆用时一般控制在 8～12 min。

2. 连续封闭溢流式煮浆的工艺要求

连续封闭溢流式煮浆的自动化程度较高，对煮浆的压力及豆浆注入流量是否稳定要求较高，这些参数是否稳定对煮浆效果影响很大。

（1）蒸汽压力的控制

采用连续封闭溢流式煮浆系统对蒸汽输送压力的稳定性要求较高，通常压力控制在 0.6 MPa 左右，最低限值不能小于 0.5 MPa。如果压力过低就会出现煮浆温度达不到要求，夹带生浆的现象明显，影响到豆浆热变性的均匀程度。

（2）生豆浆注入流量应稳定

生豆浆注入流量须稳定。如果注入流量减少，豆浆在锅内停留时间过长，在蒸汽压力正常的情况下，会引起蛋白质热变性过度的现象；豆浆输入量变大，在蒸汽压力正常不变的情况下，豆浆过早溢流出口，造成豆浆夹生，蛋白质热变性不充分。因此，豆浆注入量的突然变大或变小都会降低最终产品的出品率。

（3）煮浆的时间

连续封闭溢流式煮浆的时间要求与蒸汽压力、蒸汽流量成反比关系，蒸汽压力越高、单位时间注入的蒸汽量越多，豆浆热变性所用的时间就越少，连续封闭溢流式煮浆所需时间也就越短。一般情况下，从豆浆的进入到煮浆后的溢出需要 2～3 min。

（4）豆浆保温要求

连续封闭溢流式煮浆，需要配置一个熟浆储存罐来储存热的豆浆，以便于积存定量时进行下一步点浆工序，为了尽可能减少浆液热能的损耗，要求储存罐是封闭的，并且保温效果好。

四、熟浆再滤

由于经过三次浆渣分离后，豆浆中依然还会存在细微豆渣纤维物质，行业内称为"面渣"。这种面渣在煮浆的过程中体积会遇热膨胀，这种膨胀有时甚至能够超越原有体积的一倍。熟浆再滤的目的就是将煮浆后膨胀起来的面渣过滤出去，熟浆再滤也被称为"二次滤浆"。熟浆再滤过程中的工艺要求如下：

1. 过滤方式

熟浆再滤的方式要求在无离心力的状态下进行，目的有两个，一是为了豆浆有效滤去"面渣"，二是无离心力过滤出来的豆浆不产生新的泡沫，对点浆凝固操作过程影响小。

2. 保温要求

加热后的豆浆在二次滤浆的过程中,处在一个散热降温的环境中,所以,要控制好豆浆的温度,一是要选择容积小的过滤槽,以尽量减少浆液在过滤槽中的停留时间;二是选择密封性好的振动过滤机或过滤平筛,减少散热空间,这既可以使豆浆温度缓慢下降,又能改善操作环境,减少熟浆过滤操作的高温环境。

3. 面渣的处理

熟浆过滤产生的细微面渣中豆浆含量较大,一般情况下,可全部返回到磨糊池中。

4. 防止浆液表面产生油皮

经过熟浆过滤后的浆液,如果储存不当,如敞口存放在风口处,浆液表面由于温度降低很容易产生油皮。油皮产生得越多、越厚,豆浆的质量就越差,生产出来的豆腐就会出现糟麻的现象,无韧性,成型不好,口感差。为了防止油皮的产生,要尽可能地减少产生油皮的客观外界条件,如通风、低温等。

学习单元4 凝固过程中的工艺

一、凝固剂选择及添加量

豆制品的生产过程中需要添加凝固剂,不同产品使用的凝固剂种类及添加量不尽相同,各类产品使用的凝固剂和添加量见表1—8。

表1—8   各类产品使用的凝固剂和添加量

凝固剂 产品	葡萄糖酸内酯(GDL)添加量(%)	硫酸钙(石膏)添加量(%)	氯化镁(盐卤)添加量(%)	其他(复合凝固剂) 添加比例	添加量(%)
充填豆腐	0.25~0.3				
南豆腐		2~4		石膏:内酯 8.5:1.5	3.0~3.5
北豆腐			2.5~3.5	石膏:盐卤 1:1	2.5~3.5

续表

凝固剂 / 产品	葡萄糖酸内酯（GDL）添加量（%）	硫酸钙（石膏）添加量（%）	氯化镁（盐卤）添加量（%）	其他（复合凝固剂）	
				添加比例	添加量（%）
豆腐干		2～4	2.5～3.5		
腐乳白坯			2.5～3.5		
豆腐片/千张		2～4	2.5～3.5		

二、点浆、凝固过程中的工艺控制

1. 内酯充填豆腐

（1）内酯的配制

由于葡萄糖酸-δ-内酯在常温 24℃时溶解度约为 59 g/mL。所以，配制内酯溶液时加入 2.5 倍左右的水或经煮开后冷却的豆浆即可完全溶解。

新配制的葡萄糖酸-δ-内酯溶液中只有葡萄糖酸-δ-内酯，pH 值为 2.5。但是，随着时间的推移，内酯能水解生成葡萄糖酸及少量葡萄糖酸-γ-内酯，其水解反应式如图 1—42 所示。

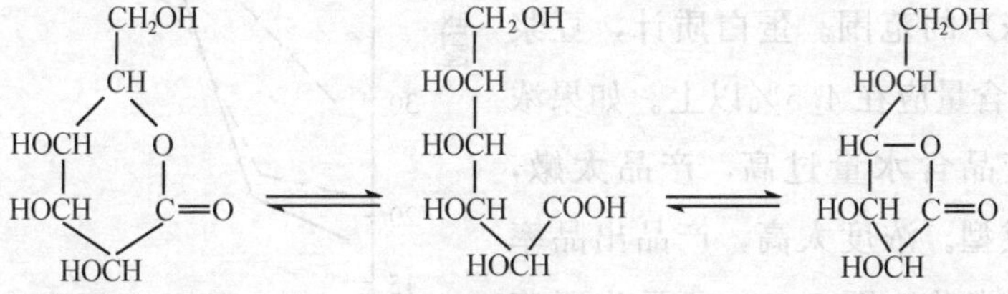

D-葡萄糖酸-δ-内酯　　D-葡萄糖酸　　D-葡萄糖酸-γ-内酯

图 1—42　葡萄糖酸-δ-内酯水解反应式

水解生成的葡萄糖酸属于酸类，可使大豆蛋白质凝固，内酯豆腐的生产基于这一原理。葡萄糖酸-δ-内酯在较低温度下水解速度缓慢，随着温度的升高，水解的速度加快。葡萄糖酸-δ-内酯的水解速率同时还受 pH 值的影响，pH 值等于 7 的时候水解速度最快，而 pH 值大于 7 或小于 7 时水解速度都会降低。在水温 20℃左右时，水解速度较缓慢，需经过约 4 h 的水解才基本达到平衡。水解达到平衡时，溶液中葡萄糖酸-δ-内酯、葡萄糖酸及葡萄糖酸-γ-内酯的浓度基本保持恒定，这时 pH 值为 1.9 左右。如图 1—43 所示。

内酯充填豆腐的生产，既要利用内酯在低温下水解速度缓慢的特性，又要利用其在较高温度下水解速度快的特性。在配制内酯溶液时，为了不让其在与豆浆混合

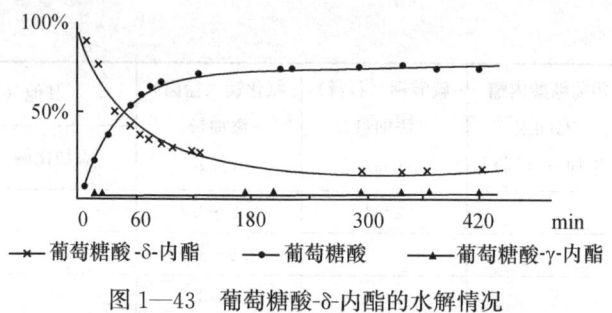

图 1—43 葡萄糖酸-δ-内酯的水解情况

时马上产生凝固反应,利用其在低温下水解速度缓慢的特性,尽量使之不发生水解,或尽量少水解,所以,要用低温的凉开水或凉的熟豆浆来溶解,并且要做到随配随用。在盒中凝固时,为了加快凝固速度和提高凝固质量,对其加热,使豆浆中的内酯尽快水解产生葡萄糖酸,与蛋白质发生凝固反应。

(2) 豆浆浓度的控制

内酯充填豆腐的生产中,由于在密封的盒中凝固,没有脱水过程,所以,要控制好豆浆的浓度。豆浆浓度要控制在固形物含量为 10%～11%（糖度值 11～12 Brix）的范围。蛋白质计,豆浆中的蛋白质含量应在 4.5% 以上。如果浓度太低,产品含水量过高,产品太嫩,甚至不能成型。浓度太高,产品出品率低,且容易老化。图 1—44 所示为豆浆浓度与内酯充填豆腐硬度之间的关系（图片来源:《豆腐的科学》,主编:渡边笃二）。从图 1—44 中可以看出,在其他条件不变的情况下,随着豆浆浓度的升高,豆腐硬度增大。

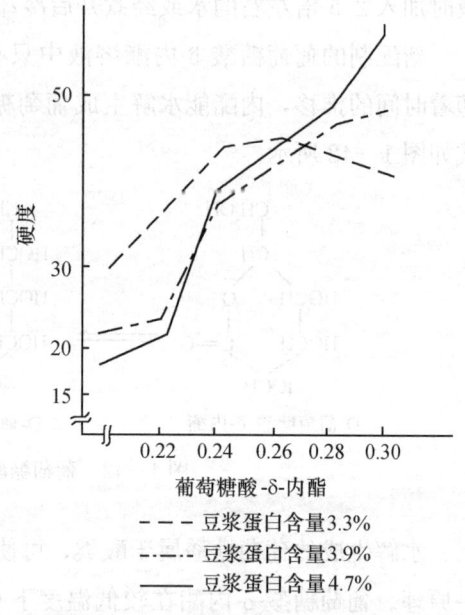

图 1—44 豆浆浓度、葡萄糖酸-δ-内酯和硬度的关系

(3) 脱气

在传统制浆过程中,加入消泡剂来达到消泡的目的,但很难完全消除浆液内部的一些微小气泡。这些微小的气泡如果不去除,在凝固过程中会很容易聚集起来,形成较大的气泡,这些气泡分布在产品内部,使产品的质地受到破坏,如出现气孔和沙眼等。所以,对浆液进行脱气,不仅可以彻底排出豆浆中的气体,还可以脱去部分挥发性的呈味物质,从而使生产出的豆腐质地细腻、表面光洁、口感嫩滑清香。

(4) 内酯溶液与浆液混合时温度的控制

根据内酯水解速度随着温度升高而加速的特性，内酯与豆浆混合应在较低的温度下进行，一般在低于常温（不得高于 30℃）的条件下进行，如果温度过高，内酯与豆浆一接触即发生凝胶反应，这势必会造成内酯与浆液混合不充分，充填分装操作困难，最终造成产品粗糙、松散，甚至不成型。如果温度过低，对后续产品质量没有影响，但是低温需要更多的能耗，最终会增加生产成本，得不偿失。

(5) 添加内酯时搅拌速度的控制

为了使豆浆与内酯混合均匀，添加葡萄糖酸内酯时，豆浆必须处于搅拌状态，搅拌速度控制在 65～75 r/min，内酯添加结束后继续搅拌约 1 min。为了使在添加内酯时不产生气泡，豆浆的搅拌速度要适当控制，过慢时，豆浆与凝固剂的混合会不充分，影响产品的凝固质量和成型效果。搅拌速度过快时，豆浆易产生细小的泡沫，致使在凝固过程中泡沫滞留在最终的豆腐产品中，速度越快，产生的气泡越多。

(6) 内酯添加量的控制

如图 1—44 所示，内酯的添加量越多，产品硬度越高，成型越好，但当添加量超过 0.3%（以豆浆计）时，产品的酸味较大，所以，一般生产中使用量以豆浆量的 0.25%～0.3% 为宜。

(7) 混合后的浆料不能储存

内酯与浆液混合后如果不立即充填灌装，就会发生凝固反应，对后期充填灌装操作造成困难，影响产品质量，一般需在混合后 20～30 min 内充填灌装完毕，所以，每次混合的浆料量不能太多，需适当控制。

(8) 内酯与浆液混合后加热温度、时间的控制

豆浆与内酯（简称 GDL）混合充填包装后，应立即进行水浴加热，使之凝固成型。这时应严格控制的工艺参数就是加热温度和时间，内酯豆腐硬度与加热温度、凝固时间的关系如图 1—45 所示（图片来源：《豆腐的科学》，主编：渡边笃二）。当水浴温度为 85℃ 时，盒内的豆浆很快就会凝固，所得的产品硬度较高。

当温度接近 100℃ 时，盒内的豆浆处于

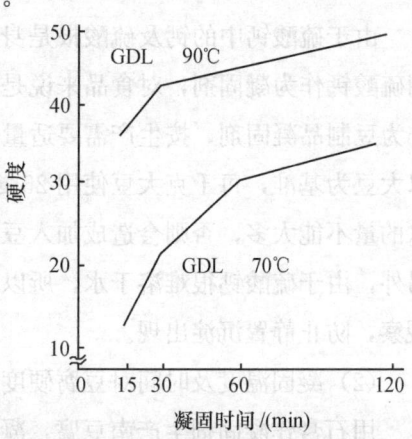

图 1—45　内酯豆腐硬度与加热温度、凝固时间的关系

微沸状态，凝固的过程中会产生大量泡眼，而且还会因为凝固速度过快，凝胶收缩，出现水分离析、产品质地粗硬的现象。当温度低于70℃时，虽然豆浆也可凝固，但凝胶强度弱，产品过嫩，或者散而无劲。一般生产上采用的工艺参数为80~85℃，凝固时间控制在20~25 min。

(9) 凝固后的冷却

经过热凝后的内酯豆腐需进行快速冷却，这样既可以增强凝胶强度，提高产品的保形性，还可以增加产品的保质期。

2. 南豆腐

(1) 石膏凝固剂的特征及配制

南豆腐使用的凝固剂硫酸钙，俗称"石膏"。"石膏"因含结晶水的数量不同，可分生石膏（$CaSO_4 \cdot 2H_2O$）、半熟石膏（$CaSO_4 \cdot H_2O$）、熟石膏（$CaSO_4 \cdot \frac{1}{2}H_2O$）、过熟石膏（$CaSO_4$）。其中过熟石膏不能作为凝固剂。

生石膏作凝固剂时，在凝固过程中会发生一系列的化学过程。首先，由少量溶解的生石膏发生电离，生成钙离子，然后再由钙离子与蛋白质的羧基反应生成凝胶。随着溶液内钙离子的不断减少，石膏的溶解和电离不断进行，直到所有的蛋白质发生凝胶反应为止。如果用半熟石膏作凝固剂时，那么由于增加了半熟石膏遇水先生成生石膏的过程，凝固速度会变慢。以此类推，用熟石膏作凝固剂时，熟石膏遇水生成生石膏的时间更长，凝固速度会更慢。在实际生产过程中，对于经验丰富的操作人员使用哪种石膏作为凝固剂，对最终的产品质量都不会产生任何影响，但如果是普通操作人员，为了便于控制，最好使用半熟石膏或熟石膏作为凝固剂。

由于硫酸钙中的钙及硫酸根是身体所需成分，而且硫酸钙的溶解度低，所以，用硫酸钙作为凝固剂，对食品来说是比较安全的。在食品添加剂卫生标准中规定：作为豆制品凝固剂，按生产需要适量使用。在豆制品实际生产过程中，通常使用量以大豆为基准，每千克大豆使用25 g硫酸钙，溶于100 mL水中。溶解硫酸钙时，水的量不能太多，否则会造成加入豆浆时降低豆浆的温度和浓度，影响凝固效果。另外，由于硫酸钙很难溶于水，所以经常会有沉淀，因此，在配制凝固剂时要注意观察，防止静置沉淀出现。

(2) 凝固温度及时间对豆腐硬度的影响

用石膏作凝固剂生产南豆腐，凝固温度、时间与硬度的关系影响要比内酯小，表1—9列出凝固温度分别为60℃、70℃、80℃、90℃，凝固60 min时豆腐的硬度。如图1—46所示（图片来源：《豆腐的科学》，主编：渡边笃二）为石膏作凝固剂时，凝固时间及凝固温度与硬度的关系。

表1—9　　　　凝固温度与硬度的关系表（豆浆蛋白质含量4.5%）

凝固温度（℃）	硬度	pH值
60	24	5.8
70	25	5.8
80	31	5.8
90	38（但凝固不均）	5.8

资料来源：《豆腐的科学》，主编：渡边笃二.

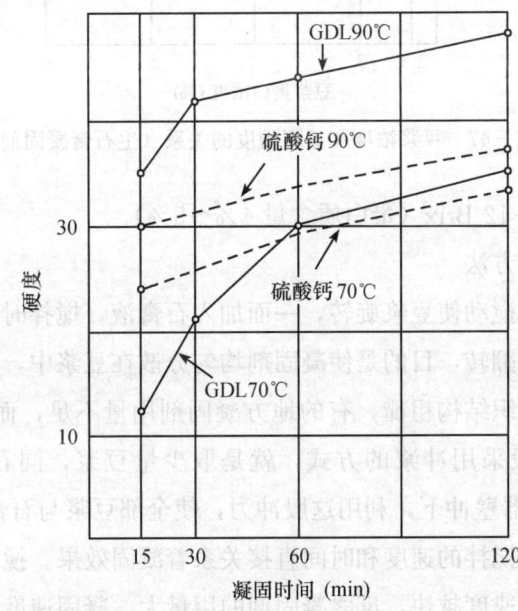

图1—46　不同温度时凝固时间与豆腐硬度的关系（石膏凝固剂）

如图1—46所示，豆浆温度分别为70℃和90℃时，凝固时间与豆腐硬度的关系。从图1—46中可以看出，用生石膏作凝固剂生产豆腐时，豆腐硬度在最初的20 min内增加很快，以后随着时间的推移增加速度变慢。

从表1—9和图1—46可以看出，用生石膏作凝固剂生产南豆腐时，点浆温度控制在80℃左右，凝固时间控制在30 min左右较适宜。

（3）豆浆浓度与硬度的关系

通过改变豆浆的浓度也可以改变豆腐的硬度，图1—47所示（图片来源：《豆腐的科学》，主编：渡边笃二）为用生石膏作凝固剂时豆浆中蛋白质浓度的变化与豆腐硬度的关系。可以看出，豆浆中蛋白质含量越高，做出的豆腐就越硬，这种变化比葡萄糖酸-δ-内酯作凝固剂时要大。一般情况下，制作石膏南豆腐时豆浆的浓

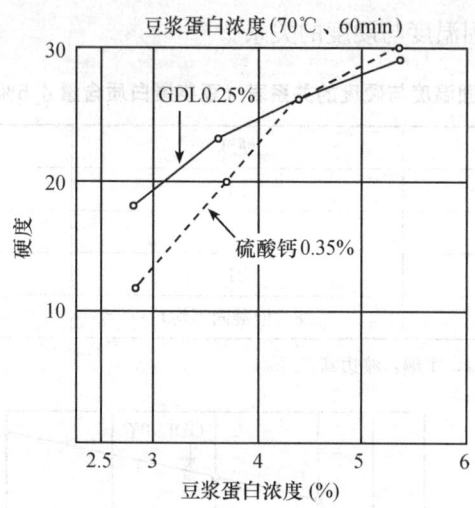

图 1—47 豆浆浓度和豆腐硬度的关系（生石膏凝固剂）

度控制在糖度值 10～12 Brix（蛋白质含量 4%～5%）。

（4）搅拌时间和方法

手工点浆时一面搅动使豆浆旋转，一面加入石膏液，搅拌时一定要使罐底的豆浆和面上的豆浆循环翻转，目的是使凝固剂均匀分散在豆浆中，否则往往有的地方凝固剂过量，产品组织结构粗糙，有的地方凝固剂用量不足，而出现白浆的现象。机械化生产时，一般采用冲浆的方式，就是取少量豆浆，同石膏溶液混合后以 15°～30°的角度沿容器壁冲下，利用这股冲力，使全部豆浆与石膏混合。

在点浆过程中，搅拌的速度和时间直接关系着凝固效果。搅拌得越剧烈，凝固剂的用量越少，凝固速度越快，反之凝固剂的用量大，凝固速度慢。搅拌的时间要看豆腐脑凝固的情况而定，如果已经达到凝固要求，就应立即停止搅拌，否则，豆腐花的组织被过度破坏，造成凝胶的持水性差，产品粗糙，得率降低，口感差。如果提前停止搅拌或搅拌不够，豆腐花的组织结构不好，致使产品软而无劲，不易成型，甚至还会出白浆，也影响得率。

（5）凝固剂的添加量

如图 1—48 所示（图片来源：《豆腐的科学》，主编：渡边笃二），石膏添加量越多，产品的硬度虽然会有所增加，但不是十分明显，但当添加量超过 0.4%（以豆浆计）时，生产出的豆腐产品的口感变差，会感觉到发苦发涩，所以，要适当控制石膏凝固剂的使用量，以豆浆计，0.3%～0.4%为宜。

3. 北豆腐

（1）氯化镁（俗称盐卤）的特征及配制

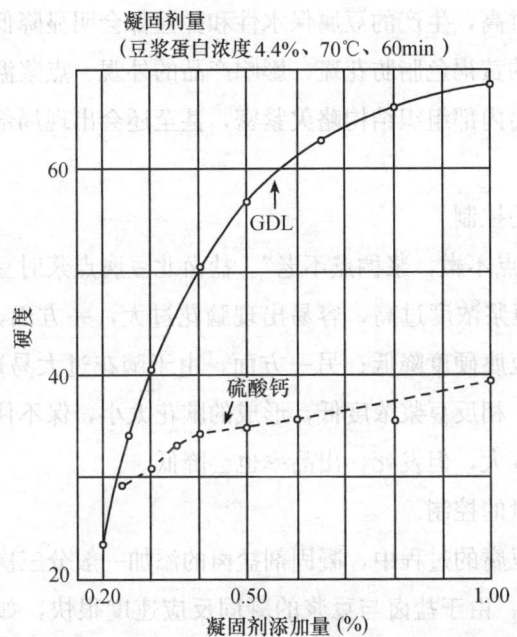

图1—48 石膏用量与豆腐硬度之间的关系图

作为豆腐凝固剂用的氯化镁有片状、粉末状、块状和粒状，产品形态多种多样。化学分子式是$MgCl_2 \cdot 6H_2O$，即含有46%的纯氯化镁，其余54%是水。

氯化镁的溶解度较高，0℃时100 g水中能溶解53 g，20℃时100 g水中能溶解64.5 g，100℃时100 g水中能溶解73 g，而且溶解速度快，所以作为凝固剂时添加到豆浆中时与蛋白质分子的结合速度很快，较难控制凝固效果。但是，若把溶解好的氯化镁溶液放置数日后，溶解在水中的镁离子（Mg^{2+}）和氯离子（Cl^-）以离子的形式分散在水中，这些离子吸收周围的水分子形成稳定的保护膜状态，这时再作为凝固剂添加到豆浆中时，与豆浆中的蛋白质分子的结合速度会变慢。

氯化镁溶液的配制较为简单，只要对2倍左右水稀释即可，这时浓度为16~18°Bé，溶解后的溶液需过滤沉淀后使用。

由于盐卤与豆浆中蛋白质凝固速度快，给豆腐的自动化生产增加了难度，现在为了配合豆腐生产自动化进程，把氯化镁水溶液用特殊的乳化剂乳化，即M/O型乳化，M指盐卤，O指油脂。通过乳化的盐卤在凝固过程中徐徐释放氯化镁，这样可以大大降低凝固速度。乳化盐卤是北豆腐自动化生产进程中的一项关键技术。

（2）点浆时豆浆温度的控制

在生产盐卤北豆腐的过程中，点浆时豆浆温度控制在70℃左右，这就是所谓的冷点工艺，冷点工艺生产的北豆腐的组织结构和保水性较好，豆腐质地细腻有弹性。

如果点浆温度过高，生产的豆腐保水性和弹性都会明显降低，同时表面还有可能出现不规则形状的黄褐色脂肪花斑，影响产品的外观。点浆温度过低会造成豆腐脱水困难，致使豆腐内部组织结构略欠紧密，甚至还会出现局部松散无力，柔韧性相对下降。

（3）豆浆浓度的控制

俗话说，"浆稀点不嫩，浆稠点不老"。盐卤北豆腐点浆时豆浆的浓度要求糖度值为 11°Bé 左右。豆浆浓度过高，容易出现脑花过大，一方面，会造成压制困难，豆腐的含水量高，豆腐硬度降低；另一方面，由于脑花过大易造成上下翻动不均，会出现白浆等后果。相反豆浆浓度低，形成的脑花太小，保不住水，生产的豆腐水分含量低，虽然硬度大，但发死，出品率也会降低。

（4）盐卤添加量的控制

在生产盐卤北豆腐的过程中，凝固剂盐卤的添加一般分三次，总添加量控制在 0.2% 左右。添加时，由于盐卤与豆浆的凝固反应速度很快，如果把要加入的凝固剂盐卤一次性全部加入，很容易造成凝固剂分散不均，致使整罐豆浆生产的产品中有的地方盐卤浓度过高，产品组织结构粗糙，有的地方凝固剂用量不足，而出现白浆。

（5）点浆时的搅拌方式

在生产盐卤北豆腐的过程中，点浆时搅拌的方式与石膏点浆搅拌的方式不同，不是沿着罐的边缘大规模搅拌，而是一开始就要将点浆的木桨插到罐底，然后一边像搓绳一样慢慢旋转，随着先凝固的豆腐花由于重力作用不断往下沉，一边慢慢往上提木桨，同时一点一点加入凝固剂。这是实际工作中通过摸索，并进而熟练的操作过程，如果控制不好就容易造成点浆不均匀，致使部分豆腐脑中还含有少量的豆浆没有与凝固剂进行反应，俗称"白浆"现象，出现"白浆"现象时必须进行二次的局部凝固处理，否则在压制时豆腐与豆包布会发生粘连，豆腐表皮不成形状，同时还影响豆腐的出品率。

（6）豆浆的 pH 值控制

豆浆的 pH 值大小与蛋白质的凝固有直接关系，点浆时 pH 值最好控制在 7 左右。pH 值偏高时（高于 7.5）可用酸浆水调节。pH 值偏低时（低于 6.5），可用 1% 的氢氧化钠溶液调节。

（7）凝固时间

盐卤北豆腐生产过程中，凝固静置时间需要控制在 20~25 min，凝固静置也叫蹲缸养脑。如果蹲缸养脑时间太短，豆腐内部网络结构还没有彻底形成，所以，结构脆弱，另外还可能有部分豆浆未凝固，未凝固的蛋白质在压制过程中会随黄浆水流失。如果凝固时间过长，会造成凝固物温度降低，凝固物网状结构强，被包在网络内部的黄浆水不易析出，从而造成成型压榨困难。

4. 豆腐干、油炸豆腐坯、腐乳白坯点浆、凝固时工艺控制要点

（1）石膏为凝固剂

以石膏为凝固剂生产豆腐干、油炸豆腐坯、腐乳白坯时，石膏的配制及使用量与生产豆腐时基本一样，使用量为豆浆量的 0.3%～0.4%，其他点浆、凝固时工艺控制要求见表 1—10。

表 1—10　　　　　石膏作凝固剂时产品点浆、凝固时工艺要求

工艺要求 \ 产品	豆腐干（含水量 42%～60%）	油炸豆腐坯	腐乳白坯
点浆温度（℃）	85～95	70～75	70～85
豆浆浓度（°Bé）	7～9	8～10	8～10
豆浆 pH 值	6.5～7.5	6.5～7.5	6.5～7.5
搅拌方式	先搅拌等豆浆翻动后加一半凝固剂，继续搅拌，然后再加另一半凝固剂	先搅拌等豆浆翻动后加一半凝固剂，继续搅拌，然后再加另一半凝固剂	先搅拌等豆浆翻动后加一半凝固剂，继续搅拌，然后再加另一半凝固剂
凝固时间（min）	7～10	10～15	15～20

（2）盐卤（氯化镁）作为凝固剂

以盐卤（氯化镁）为凝固剂生产豆腐干、油炸豆腐坯、腐乳白坯时，盐卤（氯化镁）的配制及使用量与生产北豆腐时基本一样，其他点浆、凝固时工艺控制要求见表 1—11。

表 1—11　　　　　盐卤作凝固剂时产品点浆、凝固时工艺要求

工艺要求 \ 产品	豆腐干（含水量 42%～60%）	油炸豆腐坯	腐乳白坯
盐卤的浓度（°Bé）	25～27	15～17	15～17
点浆温度（℃）	85～90	70～75	82
豆浆浓度（°Bé）	8～10	7～9	5.5～6
豆浆 pH 值	6.5～7.5	6.5～7.5	6.5～7.5
搅拌方式	先快后慢不间断搅拌	先快后慢不间断搅拌	先快后慢不间断搅拌
凝固时间（min）	7～10	10～15	15～20

5. 豆腐片、千张

（1）凝固剂的配制

绝大部分企业在制作豆腐片（千张）的时候采用盐卤作凝固剂，也有少部分企业使用石膏作凝固剂。采用盐卤凝固剂制作豆腐片或千张时，点浆的办法与生产北豆腐基本相同，只是在配制盐卤溶液时，盐卤浓度要比生产北豆腐时高出10%左右，达到25～27°Bé。

（2）点浆温度、凝固时间的控制

豆腐片、千张的点浆温度要求是实行高温点浆工艺，点浆温度控制在83～87℃的范围，凝固时间7～10 min。在凝固蹲脑过程中温度保持不低于80℃，凝固蹲脑过程中温度过低会造成两个方面的问题，一是会导致最终产品的组织结构松散、发糙，产品的弹性和柔韧性降低。二是会导致脱水困难，脱水不畅，豆腐片成型不好。

三、破脑过程中的工艺控制

豆浆中加入凝固剂凝固后形成豆腐脑，很多水分被包在蛋白质的网络结构中，不易排出，所以，先要把已形成的豆腐脑适当破碎，除了加工南豆腐外，加工北豆腐及其他豆制品时，一般都要破脑，排出一部分豆腐黄浆水。特别是含水量较少的豆制品，要排除更多的豆腐黄浆水。所以，破脑是为了便于脱水成型，增强豆腐干坯子的强度和半成品的硬度。豆腐脑的破脑过程具有不可逆性，如果破脑过度将无法挽回。

破脑程度与最终产品的含水量及弹性有直接关系，破脑程度偏大会造成豆腐脑内的黄浆水排出量大，而导致产品含水量过小，弹性减小，内部结构粗糙，表面成型不平整，出品率降低。破脑程度偏小，使豆腐脑中被分离出来的黄浆水不够，豆腐脑的组织结构还存在一定范围上的紧密，使豆腐脑在预成型脱水阶段中，黄浆水不会顺利地被挤压出来，造成脱水困难，耗费能源和人力物力，同时增加压制成型的时间。

1. 石膏南豆腐

由于在生产石膏南豆腐时，点浆要求较高的浓度，豆浆中的固形物浓度应为10°Bé，这样的豆浆在凝固后可全部转变成完整而细嫩的豆腐脑，所以，基本无须破脑。

2. 盐卤北豆腐

在生产盐卤北豆腐时，豆浆浓度要求稍低，当豆浆转变为豆腐脑时，其网络结构也比较完整，所以，需要适当破脑，以便排出部分豆腐黄浆水。

3. 豆腐干、油炸豆腐坯、腐乳白坯

这三类产品的含水量要求低，而所用的豆浆浓度较低，大豆蛋白质凝固时不能全部连接在一起，而形成絮状和团状的凝固物。这样在撇出豆腐脑上面的水后，还需破脑，破脑要均匀，而且根据最终产品含水量的要求，决定破脑程度，含水量越低的产品破脑程度越大。

4. 豆腐片（千张）

制作豆腐片（千张）时，采用将豆腐脑均匀打碎的破脑程度，脑花粒度不粗不细，并采用边打脑边放脑到泼片机上。

四、浇制过程中的工艺控制

浇制又叫泼脑，是将豆腐脑舀入模型，以便压制成型。现在各种豆制品的生产基本上还是用豆包布把豆腐脑包住成型，或者在包布外再套用以模型型箱进行成型。包布包豆腐脑除了定型外还有一个主要作用，就是使豆制品在定型过程中需要排出的黄浆水通过包布的细孔排出，使分散的蛋白质凝胶得以靠拢并粘连起来成为整体。使贴近豆包布部分的豆腐脑，因水分排出快而多，网状因失水而收缩，蛋白质网络紧密，故而使豆腐及制品的表面会形成韧性较大的"皮"。

豆包布质地的稀疏与豆腐及制品的成型有相当大的关系。孔大的排水较畅，豆腐及制品表面容易成"皮"，这层"皮"限制了豆制品内部的水分继续排出，造成产品内软外硬的问题。使用豆包布的稀疏应与豆制品品种相适应。如嫩豆腐要求持水性高，不能排出较多水分，就必须用细密的豆包布。

由于在蹲脑凝固过程中，盛放豆腐脑的整个容器中各部分豆腐脑凝固时可能会发生并不一致的现象，一般是容器上层的豆腐脑凝固情况差，这是由于表面豆浆易散热而温度较低，在加入凝固剂过程中，凝固剂部分下沉，而上层的凝固剂少，所以，凝固情况差。发生这种情况时，应适当搅拌。

浇制必须均匀，因为泼完脑的下一道工序是压制成型。在压制过程中，由于设备原因，加压时四周受压较大，中间受压小，为使模型中豆腐脑各部分受压均匀，浇制时，中间部位的豆腐脑量宜多于四周，在大的型箱中加工时更应注意。

浇制时，要根据凝固效果灵活掌握。例如，凝固适中的豆腐脑破脑要重且均匀，析水要轻，快速舀起豆腐脑团入模，压榨稳妥。否则，会老嫩不均。凝固不完全的要轻翻脑，慢析水，轻起花团入模，压榨要慢，水才能榨出，水要慢慢析出澄清。混浊的糊浆会粘布眼，使水不能榨出，致使成品嫩，去豆包布时表皮膜会撕破。凝固过度的，要轻翻脑，自然析出，迅速舀起脑花团入模，连续加压，才能保

住水分。

用机器生产豆腐片或千张时,浇制流量要均匀适当,浇制厚薄要均匀一致。

 学习单元5　压制成型过程中的工艺

一、加压工艺控制

加压时,主要控制的工艺参数有三个,即温度、压力和时间。

为使豆腐脑中分散的蛋白质凝胶结合,除一定的压力外,还必须有一定的温度和加压时间。这三者中任何一个条件没有达到都会使蛋白质凝胶之间的结合力弱,反映在最终产品上,则组织结构松散没有韧性。

压力是三个参数中最难控制的,一定要适当,并非越大越好。压力过大,会把已经形成的整体蛋白质凝胶组织压破,致使最终产品发硬发死没有弹性。但压力不足,凝胶内部该排出的水分不能排出,蛋白质黏合不紧,致使最终产品松散没有韧性。加压时,压力应根据蛋白质凝胶黏合的情况及凝胶内多余水分排出的情况而变化,如凝固适中或凝固不完全,要采用先慢压、轻压,后紧压、重压,保持平稳加压。如果开始压榨过急,表面会迅速形成致密的皮膜,致使内部的水分排不出,产品含水量高,质量软嫩;如果压榨太缓,表面的皮膜孔眼不闭,内部的水分流失过多,豆腐脑在加压下黏合力不够,产品质量反而变散碎,颜色发白。对于凝固过度的豆腐脑,由于脑花团本身结合力差,可塑性不好,要采用急压求成的方式,使表面皮膜迅速形成。

1. 盐卤北豆腐

盐卤北豆腐在压制成型时豆腐脑温度要求 70℃左右,加压时间控制在 15～20 min,压力按两板并压,为 6 MPa 左右。

豆腐压成后,要立即下榨,做到翻板要快,放板要轻,提包要稳,带套要准,移动要平,堆垛要慢,每垛不超过 10 板,夏季不超过 8 板。

2. 石膏南豆腐

由于石膏南豆腐的含水量较高一般在 90% 左右,所以,制作石膏南豆腐只需要轻压,其目的是使豆腐表面形成皮膜,有利于定型。

3. 豆腐干

豆腐干加压成型过程中产品温度控制在60℃以上，根据最终产品的含水量要求，适当调整压力和压制时间。当最终产品含水量要求为70%时，压力要求为4～5 MPa（t/m²），压制时间30 min；当最终产品含水量要求为60%时，压力要求为7～8 MPa（t/m²），压制时间40 min。

压榨时每垛堆放30～40片，压榨时采用先轻后重的方式，平稳加压，压力均匀。下榨后，趁热揭包，快揭轻拉。

4. 油炸豆腐坯

压榨要均匀，含水量适度，要求含水量为75%左右。压制时温度控制在60℃以上，压制时间15～20 min，压力要求3～4 MPa。下榨后揭包要快。

5. 豆腐片、千张

豆腐片含水量要求约55%。压制时采用先沉榨3～5 min，沉榨压力要轻，豆腐脑基本定型后再送入压力机加压，压力要求为10 MPa（根据采用不同的设备，压力大小也有所不同），压制采用先慢后快，累计压制时间为15～20 min。下榨后趁热起包，包要卷齐。

二、加压后冷却对产品的影响

豆制品在加压后，由于温度较高，内部组织结构还比较软，仍有一定的可塑性，易变形、破碎。因此，必须迅速冷却，才能使已定的形状和组织结构稳定下来。传统工艺一般采用自然冷却。现代较先进的工艺采用浸入冷水中快速冷却的方法，这种冷却方法不但可以快速降温稳定豆腐的形状，还可以将豆腐表面的残余蛋白质洗去，而避免微生物的生长繁殖，同时采用浸入冷水冷却还可以洗去豆制品中游离的凝固剂和残留的黄浆水，从而改善产品的口味。

学习单元6　油炸豆腐生产过程中的工艺

现在市场上的油炸豆腐主要两大类产品。一种是采用低温点浆的豆腐坯，进行二次油炸工艺生产的，表面皮膜呈金黄色，内部呈蜂窝状结构的产品，这类产品习惯上称为豆腐泡，日本叫油扬；另一种是采用高温点浆的豆腐坯，进行一次油炸工艺生产的、表面皮膜呈金黄色、内部组织结构基本不变、和北豆腐一样的产品，这类产品习惯上称为油方或油炸豆腐，日本叫生扬。这两类的产品在生产过程中除了油炸工艺要求和控制不同外，对豆腐坯子的要求也不同。

一、油豆腐（豆腐泡）

1. 坯子的要求

油豆腐坯子的制作工序与老豆腐的制作基本一样。只是点浆温度和压制泄水略有不同，油豆腐坯子的组织要求柔嫩，网状结构不能太结实，以便在油炸时有撑伸膨胀的余地，因此，点浆温度要低一些，防止蛋白质凝固过快，通常点浆温度控制在 70~75℃，为了降低豆腐温度，采取加入冷水或在煮浆结束时加入三浆水来达到降温的效果。同时油豆腐的豆浆浓度也不能过低，要求控制在 10~11°Bé，降温加水后的浓度一般需达到 8.5°Bé 左右，太低也不利于产品质量。

油豆腐坯子的含水量通常控制在 80% 左右，在坯子的压榨泄水时不能压得太燥。因为油豆腐在油炸时，主要靠水变汽的作用助其膨大，但也不能含有过多的水分，水分过大，增加内部冲力，如有薄弱环节，坯子就开裂。油渗入内部影响产品质量，所以，在坯子制作中要根据其工艺要求加以严格控制。

2. 炸制过程中油温的控制

油豆腐的油炸必须控制好两个环节，即初炸油温和定型油温。初炸阶段的目的是要保证坯子表面在适合的油温中，能够形成比较理想的皮膜，来承受坯子内部因油炸而发生的一系列结构变化及初步达到膨起，形成油豆腐外观效果和内部组织形态的需要。初炸油温过低，坯子受热不够，表面形成的皮膜嫩而薄，强度和厚度难以承受坯体内部的撑伸之力而破裂。皮膜破裂内部水蒸气逸出，减小和失去其原本有的撑伸膨大之力。同时油从裂开处渗入，破坏其内部结构，油豆腐就越炸越缩瘪。但初炸油温又不能过高。如果初炸油温高，坯体表面迅速脱水汽化，内部受热加快，凝胶网络收缩成皮加快，坯体短时间紧缩老化，膨胀力减弱，坯体失去延伸能力，如果坯子的含水量较好，热坯子网络组织虽有撑伸之力，但因内外温度均等炸出的成品，只略有起泡，坯内呈实心。综观二者的油温要求及实际操作得出的结论，认为初炸油温控制在 130~140℃ 最合理。初炸中坯体表面软膜形成，加之坯体膨胀比重减轻因而油豆腐就浮了起来。这时初炸要求基本达成，可把基本膨大而浮起的油豆腐放入高温油炸中进行定型。在高温油炸中，坯体内的水分更进一步汽化增大膨胀力，内部凝胶脱水向皮膜四周延伸，形成蜂窝状态，水气充实蜂窝空洞内，到皮膜撑大到极限时，初炸形成的软膜变厚变硬成壳定型，这个阶段的油温应控制在 170~180℃，而这一过程称为定型阶段，成品冷却后，由于内部水分的湿润，硬壳逐渐油润，呈金黄色，体积增大而有弹性，基本达到较好的质量要求。

3. 炸制过程的时间控制

油豆腐炸制时间与投入坯子的多少及坯子的含水量多少有直接的关系。投入坯子多油炸时间长，投入坯子少则油炸时间短；同样，坯子的含水量大油炸的时间长，含水量小油炸时间短。一般情况下坯子水分适中，炸锅内油量与坯子的比例控制在 4∶1 左右时，每投入 50 kg 坯子初炸时间控制在 12～15 min，定型时间 5～8 min。但在实际操作中，油炸时间应根据油温和产品的质量要求灵活掌握，过长或过短都不利于成品的质量。一般两个阶段油温都控制好，整个油炸过程需要 20～22 min。

4. 炸制油的种类及用量

油炸豆腐的用油，一般凡符合食品卫生标准的植物油，都可用来油炸油豆腐，但较常用的只有菜子油、大豆油、棉子油。其他油类成本较高很少选用。过去所谓的毛油即未经精炼的菜子油、大豆油的油耗，每百公斤成品一般用量在 12～13 kg；目前大都使用精炼油，如菜子精炼油、大豆色拉油及部分调和精炼油，每百公斤成品的油耗大都在 18 kg 左右；炸卤产品一般控制在每百公斤成品 12～15 kg。

二、油方（油炸豆腐）

1. 坯子的要求

油炸豆腐坯子的制作工序和盐卤北豆腐基本一致，采取高温点浆的工艺，只是油炸豆腐坯子的水分含量要低于盐卤北豆腐。油炸豆腐坯子的含水量要求介于北豆腐和豆腐干之间，通常控制在 75%～80%。油炸豆腐坯子的内部结构要求蛋白质凝聚的网络结构既要松弛，又要有保水性，易于拉伸，切块时要不碎不散。这样的坯子在高温油的炸制过程中，才能够在表面形成比较致密的类似纤维状的脆皮膜，形状整齐，不变形。

如果坯子的含水量过高，一方面油炸时豆腐块容易变形，另一方面会造成炸好后产品外部的皮膜包裹不住内容物而出现脱皮现象。含水量过低时，虽然可以使炸制好的油炸豆腐产品形状规格整齐，但是最终产品的口感差。

2. 炸制过程中油温的控制

油炸豆腐产品的炸制过程中一般采用单锅炸的方法，油温控制在 160～170℃。油温过低，产品表面形成皮膜时间长，致使产品在油中浸泡的时间过长而造成大量"喝油"现象，这种情况不但会因为油的损耗而增加生产成本，而且由于豆腐坯内渗入过多的油脂而影响产品的口感；油温过高，豆腐坯一进入油中，表面就会因为高温而很快脱水结焦形成脆薄的皮膜，致使产品表面的纤维状脆皮层太薄，纤维状的脆皮不能形成，产品没有柔韧性，严重影响产品口味。

3. 炸制过程的时间控制

炸制的时间控制与两个因素有直接关系，一是炸油与半成品坯子数量的比例有关；二是与加热炸油的方式有关，采用不同的加热方式（燃煤加热、燃气加热、导热油加热），炸制时间有所不同。

一般情况下，油与坯子的比例控制在 4∶1 左右，按照 20 kg 半成品坯子，炸制到表面颜色一致，形成的类似纤维状的皮膜，没有水蒸气的明显散出，高温油与产品之间产生的炸制气泡已经很小，炸制的喷爆声音基本消失时，油炸豆腐的炸制基本完成需要 6～8 min。

4. 炸制耗油量

炸制油的用量与以下几种情况有关：油的种类，例如，豆油、花生油、菜子油、色拉油等，炸制的老嫩程度，油温的高低变化，半成品坯子的含水量变化等。按照普通豆油计算，在正常情况下，每百斤（50 kg）油炸豆腐产品的耗油量在 18～19 kg。

学习单元 7　卤制豆制品生产过程中的工艺

一、豆腐干卤制品

豆腐干卤制的工艺要求主要体现在对豆腐干坯子含水量、加热形式与程度、卤制效果等方面的鉴定与判断。

1. 坯子含水量

豆腐干坯子的含水量依据品种标准要求的不同而存在差异，普通豆腐干半成品的含水量基本都在 65%～70%。现场手工检验坯子含水量的方法比较简单，经过摊晾后的豆腐干坯子，用拇指和食指挤压坯子的中间部分后立即松手，观察挤压的程度和恢复的时间，挤压的深度不到坯子本身厚度的 1/3，且能很快恢复到原样，只在挤压处略有压痕、没有开裂的现象时，含水量基本就在以上的范围。

豆腐干坯子含水量超过 65%～70%，卤制时间要短，火力要小，增加浸泡的操作过程，否则产品易碎，成型状态不好。

2. 加热形式与程度

豆腐干卤制的形式有三种,第一种是蒸汽直接加热的卤制方式,第二种是煤火燃气等的燃烧加热,第三种是蒸汽或导热油在夹层中加热的形式。

由于豆腐干坯子的表面没有形成比较坚韧的表皮,卤制的工艺要求是在料汤熬制好后放入坯子,煮开锅后 3～5 min 改用文火继续卤制,这种文火的表象是能够见到料汤的轻微翻滚,漂浮的坯子只是轻微抖动和移位,卤汤表面没有大的起伏。

普通豆腐干卤制的时间依据产品口味浓重程度控制,多口味、口味浓的产品卤制的时间要长一些,清淡口味、以咸味为主的产品卤制时间可短,用第二种或第三种加热方式进行卤制的产品,操作时间控制在 20～30 min。

在一些地方有很高知名度的卤制豆腐干产品,已经形成了传统的生产方式,其产品卤制和浸泡的时间能够达到两个小时以上。

3. 卤制效果

豆腐干卤制效果的鉴定有两个方面,一是产品的外观表象,二是口感口味的鉴定。卤制后的豆腐干块形上不能有明显改变,不糙不烂,不能有破碎或弯曲折叠不开的现象。口感上要有嚼劲,口味要符合产品标准要求,含水量适中,符合产品理化指标的要求。

二、炸卤制品

炸卤制品的工艺要求主要体现在对半成品坯子膨起程度、卤汤和坯子数量比例、卤制效果等的鉴定与判断。

1. 坯子膨起程度

半成品坯子在炸制过程中膨起的状态及老嫩程度决定汤卤过程控制质量的高低。坯子膨起的状态不好,内部组织中还有豆腐的存在,产品吸汤不够,满足不了口味和口感的要求。半成品炸制偏嫩,表皮还没有形成牢固的硬皮,在卤制过程中容易破碎裂口,产品块形不好,口感上也欠缺咀嚼上的韧劲。炸制得偏老时,产品的外皮板结,失去弹性和拉力,没有柔韧的口感,口味也受到影响。

2. 卤汤和坯子的比例

经过高温油炸制的半成品坯子在卤制的过程中,可一直采用中火的加热程度进行卤制。普通品种的卤制品与卤汤的比例为 1∶1.5,块形较大产品,卤汤与坯子的比例可对等,卤制过程结束后,卤汤剩余的数量不超过原数量的 2/5,超过这个比例时,卤制品吸汤的程度不够,产品口味会受到影响。

3. 卤制效果

卤制成品的质量控制主要表现在两个方面，一是产品外观，二是口感口味。

产品外观主要反映在卤制过程中加热温度的变化上，加热形式急造成卤汤上下对流快，对坯子冲击强度就大，容易造成坯子本身的撕裂，俗称"破肚"。加热形式慢，坯子表面有一层油炸的硬皮，吸汤效果会受到影响。在口感口味上，卤制程度不够，产品外皮的硬度还没有转变成有韧性的状态，同时产品的口味显现不出来。卤制过度使产品变形，失去产品的"筋骨"，口感上失去有咬劲、越嚼越香的特点。

炸卤制品的卤制通常控制在 30~40 min，出锅之前还需要关闭加热源再继续 10 min 左右的"焖捂"过程，才能最后完成加工程序。

学习单元 8　腐竹生产过程中的工艺

腐竹生产过程中前期制浆工序，在前面的单元已经讲过，这里主要针对浆液进入成型槽后豆浆的浓度、温度及腐竹成膜过程中水蒸气蒸发的速度三个方面进行讲述。

一、豆浆浓度的控制

由于豆浆薄膜的形成是变性的蛋白质分子聚合的结果，因而要求有一定的蛋白质浓度和这些蛋白质分子互相聚合所需要的聚合能。

如果豆浆浓度低，蛋白质含量少，蛋白质分子之间互相接触的机会相对减少，不易发生聚合反应。因此，豆浆中蛋白质浓度低，薄膜形成的速度慢。反之，形成的速度快。实践证明，豆浆煮沸（95~100℃）后，保温90℃的条件下，固形物浓度8%的豆浆形成1张完整的薄膜需要4 min；固形物浓度为4%的豆浆形成1张完整的薄膜需要8 min；固形物浓度为2%的豆浆则需要更长的时间，甚至不能形成1张完整的薄膜。

二、豆浆温度的控制

成膜前豆浆加热煮沸的目的是使蛋白质变性，所以，煮沸温度一定要在95℃以上，成膜时保温的目的是给蛋白质分子互相聚合提供聚合能，保温的效果直接影响腐竹质量及成膜的速度。

豆浆温度要求既不能太高，又要适当保持高温。85℃左右较为理想，如果温度太高，豆浆中的糖分因长时间高温易发生美拉德反应而使豆浆颜色变深，生产的腐竹（腐皮）色泽变差；温度太低，虽然也能成膜，但是速度缓慢，影响生产效率。

三、水蒸气蒸发的速度控制

在腐竹成膜过程中，只有表面的水分不断蒸发的情况下，豆浆表面的蛋白质浓度才能不断提高，才有利于成膜。通风会驱散豆浆表面的水蒸气，加速皮膜的形成。

学习单元 9 腐乳发酵过程中的工艺

一、前期发酵过程中的工艺要求

腐乳前期发酵，实质上是一个培菌过程。通过在豆腐坯上培养毛霉，使豆腐坯表面长满菌丝，形成细密而坚挺的皮膜。这时的细菌或霉菌繁殖生长的好坏直接影响成品的质量。如果接种均匀，温度、卫生条件适合，毛霉生长良好，豆腐坯表面菌丝丛生。覆盖严密，不黏不臭。这样的菌丝形成皮膜起到保护腐乳块外形的作用，同时还能分泌大量的酶，尤其是蛋白酶，可以把蛋白质分解成氨基酸，使最终的产品组织细腻、味道鲜美。如果毛霉发育不良，生长不均，轻者因酶的作用微弱，使产品发硬，鲜味、色泽不好，容易破碎。重者污染杂菌，使豆腐坯发黏腐败，造成废品。

1. 传统发酵的腐乳

传统自然发霉方法生产的腐乳前期发酵工艺是，将切成小方块的豆腐坯冷却后送入发酵房，房内温度应控制在 15～20℃，最适宜的温度为 17℃左右，由于此温度较低不适于细菌、酵母菌、曲霉菌的生长，而有利于毛霉的慢慢生长。但如果温度过低，发霉时间就会过长，会影响腐乳生产的效率。一般约 48 h 后，毛霉开始生长，此时应进行一次上下调温，使发酵品味均匀。大约 3 天后菌丝生长旺盛，然后进行第 2 次调温，5 天坯子全面布满菌丝。视毛霉顶端有着生淡黄色孢子时，开始开窗晾花，第 7 天即可搓毛腌制。

有的企业根据毛霉生长习性以及抑菌的原理对传统自然发酵腐乳的生产工艺进行了改进，将豆腐坯先用盐水腌渍片刻，淋干，蒸干后再发霉。有的企业采用醋酸与石膏并用的方法，使豆腐坯的pH值保持在5.0以下，这样不仅可以防止杂菌污染，促进毛霉生长，而且制作成的腐乳硬度较大。

2. 细菌型腐乳

利用微球菌、枯草芽孢杆菌等细菌发酵生产的腐乳的前期发酵工艺要求为：将按要求切成的豆腐坯送入培菌室后，摆在盘子里接种菌液。避光，室内温度保持28～30℃。刮下发酵好、风味正常的菌体菌液，用凉开水稀释后过滤备用。当品温升至36～38℃，发酵3～4天后，坯子上就会呈现黄色菌衣。倒垛一次以使微生物繁殖均匀。发酵7～8天后呈红黄色，菌衣厚而密即成熟。然后在50～60℃干燥12 h，软硬适当时即可装坛。一层坯子加一层汤料，装坛至离坛口10 cm。浸泡12 h后送入发酵室，再加一遍汤料，至离坛口5 cm。封严封口，进入后期发酵。

3. 霉菌型腐乳

利用毛霉菌种发酵生产的腐乳，前期发酵的工艺要求是，将划好的豆腐坯按木格摆块方法或多层培菌床摆块方法摆放，然后将配制好的菌液均匀地喷洒在豆腐坯上。毛霉菌生长繁殖需要以蛋白质和淀粉质为养料，并要求有水分、空气和温度。水分要求为71%～73%，生长室温为20～24℃，培养时间一般为48～60 h（夏天36 h左右），但一定要防止毛霉未老先衰的现象。

毛霉培养室温一般在20～24℃，豆腐坯接种后8～10 h便开始"发芽"，14 h开始生长，22 h左右生长旺盛，并产生大量发酵热。此时急需上下翻格一次，其目的是调节上下温差及补充空气，使毛霉菌正常繁殖生长。到28 h后已达生长繁殖最旺盛阶段，需要进行第2次翻格。36 h左右菌丝一大部分生长成熟，此时可以搭格养花。促使豆腐的水分挥发和降低品温，以防止菌体自溶，造成豆腐坯子表面黏滑，形不成菌膜皮。同时能延缓菌体老化，增加毛霉菌分泌蛋白酶的产酶量，提高酶活力。等毛霉长足，菌体趋于老化，毛霉呈浅黄色时，开始开窗晾花。晾花时间视菌种生长情况而定，一般36 h以后开始搓毛腌制。

二、后期发酵过程中的工艺要求

1. 腌坯

不同类型的腐乳后期发酵的工艺不同，对于细菌型腐乳，由于腌坯过程在前期发酵前完成，所以，后期发酵中需要适当控制发酵室的温度，一般保持在25～30℃。50～60天上下倒一次垛，再过30天后即可。对于自然发酵的腐乳和霉菌型腐乳,则需要腌坯。

(1) 腌坯的目的

1) 盐分渗透入坯子中,使豆腐坯析出水分,通过腌制后,坯子收缩、变硬,水分含量下降,由原来的70%左右下降到55%左右,这样可以使最终产品腐乳在一定时间内保持完整的块形。

2) 食盐能抑制酶系作用,使蛋白质水解缓慢,同时食盐还能起到防腐作用,防止因杂菌感染而引起腐乳的腐败,并能使腐乳达到适当的咸度。

3) 食盐在腐乳中还能起到助鲜作用,增加腐乳的鲜味。

(2) 腌坯过程中用盐量的控制

腌坯的用盐量有一定的标准,食盐用量过多,会使腌制时间变长,不但成品过咸,而且会延长后期发酵的时间。食盐量过少,腌制时间虽然可缩短,但容易引起腐败。

用盐量的多少,根据地区、季节、产品的种类等稍有不同。总体来说,北方要比南方用盐量大,夏季要比冬季用盐量大,红方腐乳的用盐量大于青方腐乳。根据豆腐坯的量来计算,生产红方腐乳,坯子 100 kg,用盐量冬季 16~20 kg,春秋季 17~22 kg,夏季 18~23 kg;生产青方腐乳,坯子 100 kg,用盐量冬季 15 kg,夏季 16 kg。

(3) 腌制时间控制

传统发酵性腐乳用缸腌制 10 天左右,去除盐水,放置过夜,使每块腐乳坯干燥收缩,然后进行配料。霉菌型腐乳一般腌期为 8 天左右,然后装坛。

根据季节和地区同一类产品腌制的时间也不同,夏季腌制时间短,冬季腌制时间长。南方腌制时间短,北方腌制时间长。

2. 装坛(瓶)

装坛或装瓶是后期发酵工序中的主要一关,它直接关系到腐乳的质量及成本。装坛或装瓶国内一般用手工。先取出腌坯,将盐水沥干,过数,装坛时将每块腌坯的各面沾上预先配好的汤卤。装坛既不能装得过紧,装得过紧会影响后期发酵,使发酵不完全,中心有夹心;又不能装得歪斜,装得歪斜,空隙大坛内的汤卤也用得多,增加了成本,也会影响外观。

3. 配料罐汤

(1) 配料中酒精含量的控制

1) 酒精的作用。配料中的主要成分酒(酒酿卤、黄酒及高粱酒),主要有三个方面的作用:第一,酒精能抑制微生物的生长繁殖和杂菌污染;第二,酒精对蛋白酶有抑制作用，防止蛋白质水解过快而发生腐烂，同时以利于其他酶的作用，从而形成腐乳的香气和滋味；第三，酒精是合成酯类等芳香物质的基础，能形成腐乳独特的风味。

2) 酒精含量的控制。装坛或装瓶时所用的汤卤中酒精含量应控制在 12% 左右。酒精含量高低对腐乳后期发酵有很大的关系，酒精含量越高，对蛋白酶的抑制作用也越大，使腐乳的成熟期延长；酒精含量过低，蛋白酶的活性高，加快蛋白质的水解，同时降低防腐能力，致使杂菌繁殖快，使腐乳容易发生腐败而不成块。

(2) 各种腐乳的汤卤配制及灌汤

1) 青方腐乳。青方腐乳装坛时不灌汤，每 100 kg 坯子加花椒 8 g，再灌入 7°Bé 盐水（用制豆腐坯的黄浆水加盐或以腌渍坯子时流出的咸汤）。灌卤至封口为止，每坛（350 块约 6 kg）加封面烧酒 50 g。

2) 红方腐乳。红方腐乳的红曲汤卤配制为：

每万块（4.1 cm×4.1 cm×1.6 cm）用酒量为 100 kg，酒精度为 15～16 度。面曲 2.8 kg，红曲 4.5 kg。一般每坛装 280 块，每万块可装 36 坛。

红方腐乳主要配料有黄酒、红曲酱和酱籽。红曲酱用红曲和黄酒按 1：1 混合调制而成，酱籽则是先用面粉制成面曲，再将面曲粉碎成小颗粒状。

一些传统红腐乳的灌汤是将红曲汤卤灌入装好坯子的坛内，至液面超出坯子约 1 cm。每坛（约 6 kg 坯子）加入面曲 150 g，封面加食盐 150 g，加封面土烧酒 150 g。

当前大多数厂家都已采用直装发酵，即将盐坯装入玻璃瓶或坛内，灌入配制好的汤料，直接封口进行后期发酵即好。

3) 油方腐乳。每 100 kg 坯子，用酒精度在 16 度左右的混合酒 37 kg，再用糖精 19 g（用热水溶化）混合于酒内。

油方腐乳的灌汤是将汤卤灌入装好坯子的坛内，至液面超出坯子约 1 cm。每坛（约 6 kg 坯子）加入砂糖 250 g，荷叶 1～2 张，封面加食盐 150 g、土烧酒 150 g。

4) 糟方腐乳。每 100 kg 坯子，用酒精度在 14 度左右的混合酒 35 kg，糟米折合糯米为 7.5 kg。每坛（约 6 kg 坯子）放 500 g 糟米。

糟方腐乳在坛内装一层腌坯加一小碗糟酒，每坛面上加封食盐 150 g，但不加封面酒。

5) 白方腐乳。毛坯直接在坛内腌 4 天，腌坯每坛（约 6 kg，350 块）用盐 600 g，灌汤卤与新鲜毛花卤加冷开水兑成 8～8.5°Bé 的卤液，灌至坛口为宜。每坛加封面黄酒 250 g。

4. 封口与储藏

坯子装坛后加入汤卤及辅料后，送入仓库封口。封口是最后一道工序，也是一道关键的工序，对后期发酵起着重要作用，故封口质量不能忽视。封口不当会造成漏气，在后发酵过程中，将导致酒精挥发，容易感染杂菌，使腐乳发霉变质。如果采用的封口水泥浆过薄，在封口时往往会使水泥浆中的水掉入坛内，也容易使腐乳发霉变质。

腐乳的后期发酵是一个生物化学反应过程，其发酵作用主要是在储藏过程中进行的。由于腐乳坯上生长的微生物与配料中的各种微生物及其酶系，在储藏期中所引起的复杂生物化学作用，促使腐乳成熟及形成特有的风味。

由于腐乳品种不同，配料各有差异，成熟也有快慢。以酒为主要汤卤的一般腐乳成熟期在 4 个月以上，特大块形太方腐乳的成熟期在 8 个月以上。小白方因水分大，氯化物含量低，无酒精成分，一般在 20 天以上才能成熟，青方成熟期一般为 1~2 个月。白方和青方成熟后应及时销售。

学习单元 10 豆浆粉生产过程中的工艺

一、原料清选

清选的目的是除去大豆原料中的杂质及霉烂豆、虫蛀豆等，提高产品质量，延长设备的使用寿命。特别强调要除去破损豆，否则会影响豆浆粉的口感。

大豆清选一般以干选为主，通常要经过筛选、风选、密度去石、磁选及人工拣选等几种清选手段的组合才能达到良好的清选效果。

二、干燥

目的是利于大豆脱皮。大豆水分应控制在 11%~12%，水分过高不利于脱皮，水分过低易引起蛋白质的变性，从而影响出浆率。

三、脱皮

脱皮率要求不低于 95%。大豆水分控制在 9.5%~10%，过高过低都影响脱皮效果。

四、灭酶

工业化生产前处理灭酶的方法有三种。

1. 湿热法灭酶

物料用 $NaHCO_3$ 溶液调整 pH 值至 7.5～8.0，温度控制在 80～85℃。在 pH 值正常条件下，如果温度低于 80℃将影响灭酶的效果；温度高于 85℃易引起褐变，影响豆浆粉的色泽和口感。温度正常条件下，pH 值过低，会影响灭酶效果。pH 值过高，会影响豆浆粉的风味。

2. 半湿热法灭酶

失活机中通入蒸汽（0.25～0.4 MPa），经脱皮、破瓣后的豆仁被送入螺旋搅拌推进器，与从蒸汽进管来的干热蒸汽混合并被加热 40 s，从而达到使大豆脂肪氧化酶失活的目的，并使大豆组织软化。

3. 高频电场灭酶

经脱皮的豆仁被送入高频电场中，进行一定时间的处理。此法较少应用。

五、磨浆

通过粗磨和细磨使豆糊细度高于 150 目，温度控制在 80～82℃，豆浆浓度一般要求在 8%～10%，也可加入少量 $NaHCO_3$ 稀溶液，以增加磨碎效果。

六、浆渣分离

一般豆渣含水量要求在 85%以下，豆渣含水率过大，则豆浆中蛋白质等固形物回收率低。

七、真空脱臭

豆浆的生产尽管在制浆工序采取了一系列灭酶方法，但制得的豆浆仍然不可避免地会含有一些异味成分，它们有的来自成熟大豆本身，有的是制浆工序产生的。真空脱臭的目的就是要最大限度地除去豆浆中的异味物质。

真空脱臭工序是分两步来完成的。首先利用高压蒸汽（0.6 MPa）将豆浆迅速加热到 140～150℃；然后将热浆体导入真空冷凝室，对过热的豆浆突然抽真空，豆浆温度骤降，体积膨胀，部分水分急剧蒸发，发生所谓的爆破现象，豆浆中的异味物质随着水蒸气迅速排出。从脱臭系统中出来的豆浆温度一般可降至 75～80℃。

八、调配

豆浆的调制即是按照产品配方和标准的要求，在调制缸中将豆浆、糖、营养强化剂、赋香剂和稳定剂等加在一起，充分搅拌均匀，并用水调整至规定浓度的过程。基料豆浆经调制可以生产出许多种豆浆。

为了解决速溶问题，在豆浆粉的原料中，糖占有很高的比例。目前一般均在豆浆中添加40％的砂糖和10％的饴糖（以干物质计）以解决豆浆粉的速溶问题。加糖的方式有以下三种。一是将白砂糖直接加到豆浆中一起加热杀菌；二是将白砂糖粉碎后于分装前与豆粉混合；三是先在豆浆中添加一部分白砂糖，杀菌、浓缩、干燥后，于包装前再混合其余的糖分。第一种方法因操作简便，污染较少而广泛应用。

添加脂肪或乳化稳定剂时，应先经胶体磨或均质机充分乳化后再添加。

九、均质

豆浆的均质效果主要受三个因素的影响，即均质压力、均质温度及均质次数。

1. 均质压力

实践证明，豆浆的均质压力越高效果越好。但由于综合设备性能与经济效益多方因素，一般豆浆生产中通常采用13~23 MPa的压力进行均质。

2. 均质温度

均质温度是指豆浆进入均质机时的温度。均质温度越高，均质效果越好。根据美国伊利诺伊大学食品科学系尼尔逊的研究结果，豆浆的均质温度控制在70~80℃之间比较适宜。但我国目前生产的均质机最高工作温度都在70℃以下。所以，在实际生产中，豆浆的均质温度还应根据均质机的性能而定。

3. 均质次数

增加均质次数也可以提高均质效果。但当均质次数超过两次以后，随均质次数的增加，均质效果的提高并不明显。因此，生产上普遍采用的是两次均质技术。

从豆浆生产工艺流程安排上来讲，均质可以放在杀菌之前，也可以放在杀菌之后，两种安排各有利弊。均质在杀菌前，杀菌后能在一定程度上破坏均质效果，易出现"油线"。但采用这个工艺由于杀菌后的污染机会减少了，储存的安全性较高。经过均质的豆浆再进入杀菌机不易结垢。若将均质放在杀菌之后，则情况刚好相反。

十、高温杀菌

高温杀菌的目的有两个：一是杀灭微生物；二是灭酶，破坏不良因子，特别是胰蛋白酶抑制物。预热杀菌可采用直接杀菌和间接杀菌法。直接杀菌法包括喷射式杀菌法和注入式杀菌法。间接杀菌法包括高温短时间（HTST）杀菌法和超高温瞬间（UHT）灭菌法。

直接杀菌法：豆浆先经板式换热器预热到85℃后，蒸汽喷射器将蒸汽与豆浆均匀混合，瞬时豆浆被加热到145℃左右，保温30 s后再喷入真空罐中。在真空泵作用下，真空罐内保持360 mmHg的压力，喷入的高温豆浆瞬时闪电式蒸发出水分，豆浆温度随即降到72℃左右。再泵入均质机进行均质，均质压力为15 MPa。

间接灭菌法：其中HTST用管式或板式杀菌机，在86~94℃、24 s的条件下杀菌。后者采用UHT杀菌机，在135~142℃、3~4 s的条件下杀菌。两种方法都可以减少蛋白质在高温条件下的变性，这有利于提高豆浆粉产品的溶解性能。

十一、真空浓缩

1. 浓缩工艺要求

真空浓缩也称为减压加热浓缩，利用真空蒸发的原理，去除食品中的水分，达到食品浓缩目的。真空浓缩在食品工业中应用十分广泛。在豆浆粉的加工生产中，豆浆粉混合原料在杀菌完成后，通常先进行真空条件下的浓缩，以脱除其中的部分水分，出料浓度控制在42%~48%，再经过二次均质以后，进行喷雾干燥。经浓缩后喷雾干燥的豆浆粉颗粒比较粗大，流动性、分散性、可湿性和冲调性良好，色泽也较好，并且由于采用真空浓缩工艺，豆浆粉颗粒内部的空气含量被大大降低了，产品的颗粒致密坚实，这既有利于保藏豆浆粉，又有利于产品的包装和储运。

2. 浓缩工艺的影响因子与工艺要求的关系

以RNJM03三效降膜式蒸发器为例，其浓缩设备主要工艺参数：杀菌温度86~92℃，杀菌时间16~30 s。各效蒸汽温度范围：一效65~72℃，二效58~62℃，三效46~50℃。干物42%~48%。纯豆浆粉基料干物14%~15%。

豆浆浓缩后的黏度是决定其浓缩程度和浓缩工艺及参数的关键。与浓缩后豆浆基料黏度相关的因素有许多，如制浆的方法及豆浆的浓度、调制后豆浆基料的组成及杀菌方式、浓缩时的温度与时间、浓缩后的基料浓度等。

(1) 浓缩后基料浓度与黏度的关系

对于纯豆浆粉基料，当固形物含量由5%浓缩至15%，相对黏度的增加缓慢，但当固形物含量浓缩超过15%以后，相对黏度即迅速上升，固形物含量达18%～20%时，浓缩物已成凝膏状，失去流动性。从生产实际出发，纯豆浆粉生产中，基料浓缩后的固形物含量一般应控制在14%～16%，可根据其组成适当调整，浓度过高，基料易成膏状，完全失去流动性，无法输送和雾化，不能正常生产。但加入糖粉后，固形物含量可达50%～60%。因此，加40%左右糖的豆浆粉浓缩后基料浓度可控制在47%～53%。

(2) 浓缩时加热温度、时间与黏度的关系

根据浓缩中大豆蛋白质热变性的原理，大豆蛋白质的加热温度越高，受热时间越长，变性度越高，反映在宏观上即豆浆黏度增大，以致胶凝。为了得到高浓度、低黏度的浓缩物，唯一的办法就是降低加热温度，缩短加热时间。这个要求在实际生产中是以真空浓缩的办法来实现的。即采取50～55℃、80～93 kPa的真空度进行浓缩。这样可以尽量避免长时间受热。

此处应该提及的是，豆浆基料的制备过程中，也应尽量避免高温和长时间加热，否则浓缩时即使采用很低的温度，浓缩物的黏度也会大大升高。豆浆基料加热浓缩达到目的后，应迅速送往下道工序，或迅速冷却降温，否则在较高的温度下长时间存放，无形中延长了蛋白质的受热时间。速冷后的浆料黏度虽然也会急剧增大，但这种增大是可逆的，即温度再度升高时，黏度几乎可以恢复如初。降温速度越快，可逆性越好。

(3) 豆浆制取方法对黏度的影响

在制取豆浆时为了防止豆浆腐败变质，有时采取先加热豆糊后除渣的方法，这样固然可以及时杀菌，但却会导致豆浆黏度升高，在生产豆浆粉时，这种方法是不足取的，它不但会给浓缩操作带来困难，而且豆浆粉的色泽及溶解性均会受到影响。

(4) 添加蔗糖对豆浆基料黏度的影响

在豆浆中加糖不但可以降低黏度，而且可以大大抑制黏度的增长速度。有分析认为，由于糖的加入，一方面，使蛋白质间的接触机会减少，不易通过疏水键及二硫键结合；另一方面，高浓度的糖液有很高的渗透压，可以夺取蛋白分子的结合水，从而提高浓缩豆浆的流动性。但糖的加入会使豆浆的沸点升高，因而需要提高浓缩温度，为了防止此类现象的发生，有必要提高蒸发室的真空度，或将杀菌后的浓糖液在浓缩接近结束时加入。为了提高豆浆粉的速溶性，一般均在豆浆粉中添加40%的砂糖和10%的饴糖（以干物质计）。

(5) 基料的pH值对浓缩物的黏度影响

基料的pH值对浓缩物的黏度影响很大。pH值在4.5左右时，浓缩物的黏度最大，提高浆料的pH值，可以降低黏度，但pH值调成碱性时，会使产品的色泽变得灰暗，口味也差，一般生产中调节pH值在6.5~7.0之间比较适宜。

另外，某些添加剂可有效降低豆浆黏度，如亚硫酸钠还原性强，价格便宜，无毒无害，生产适用性强，添加亚硫酸钠可以降低基料的黏度，而且可以防止蛋白质的褐变。在气温高时，生豆浆未加热之前，往往由于大豆中酶的作用，而发生蛋白质沉淀析出现象，加入Na_2SO_3，可以防止此现象的发生。亚硫酸钠的添加量一般为0.6 g/kg。

十二、喷雾干燥

1. 离心式喷雾干燥工艺流程（见图1—49）

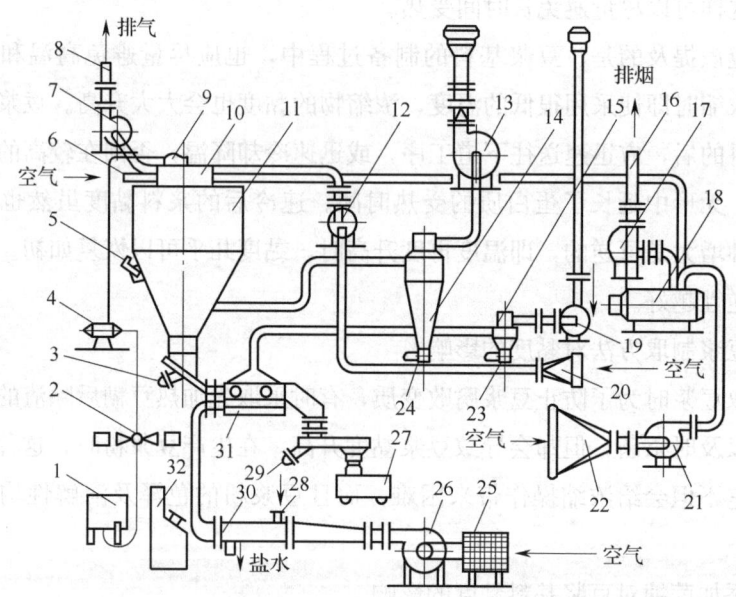

图1—49 离心式喷雾干燥工艺的生产装备流程

1—物料储存 2—五通阀双联过滤器 3—激振器 4—螺杆泵 5—振荡器 6—冷却风圈进风 7—冷却风圈排风机 8—冷却风圈排风管 9—离心喷雾机 10—蜗壳式进风盘 11—立式塔体 12，26—通风机 13—集粉箱 14—主旋风分离器 15—细粉回收旋风分离器 16—排烟管 17—燃油炉排风机 18—燃油热风炉 19—排风机 20，22，25—空气过滤器 21—燃油热风炉进风机 23，24—鼓形阀 27—集粉箱 28—冷盐水管 29—出粉振动装置 30—减湿冷却器 31—冷却沸腾床 32—仪表控制台

2. 离心喷雾干燥工艺要求

离心喷雾干燥工艺对料液处理量调节范围大，对料液黏度适应性广，既可处理低黏度物料，也可调转速，适用于处理高黏度物料。供料压力低，约 0.3 MPa，不需要高压泵，逆流与水平流均不适宜。干物质可浓缩到 50% 以上，仍能正常喷雾，不易发生堵塞。高速旋转设备，雾化器转速一般为 4 000~40 000 r/min，其设备要求加工精密，必须进行动平衡校验，对轴系和轴承有一定的要求。生产豆粉时，固形物含量宜在 42%~48%，浓缩豆浆温度在 50~55℃，离心盘转速为 5 000~20 000 r/min，进风温度控制在 150~160℃，排风温度为 80~90℃。对同一个离心转盘，可以在生产率±25%范围内改变，并能得到均匀喷雾。办法简单，只需调节进料量。颗粒较粗，大小分布范围大。一般说转速高溶解度高，粒子粗，密度大，只需调节转速及浓度，故能在较大范围内调节。产品堆积密度小，粒子中空呈球形，制品的溶解度较易控制。

3. 离心喷雾干燥工艺的影响因子与工艺要求的关系

就离心喷雾干燥而言，喷盘转速、喷孔直径、进风温度、排风温度等对粉体的密度和流散性影响较大。喷盘转速过高，喷孔小，喷头出来的液滴小，粉体团粒易包埋气体，粉体的密度小；喷盘转速过低，喷孔大，喷头出来的液滴大，粉体团粒包埋气体少，粉体密度大。但若喷头出来的液滴过大，轻者不能完全干燥，有湿心，重者挂壁、流浆。当然，粉体密度或者说团粒大小也是与浆料浓度及黏度密切相关的。在喷盘转速及喷孔直径一定的情况下，浆料浓度越高，黏度越大，喷头出来的液滴越大，粉体团粒也大，粉体密度及流放性就好。进风温度越高，豆浆粉的含水量越低，溶解性也越差，且色泽深。一般采用离心喷雾干燥时，浓缩豆浆的固形物含量宜在 42%~48%，浓缩豆浆温度在 50~55℃，离心盘转速为 5 000~20 000 r/min，进风温度控制在 150~160℃，排风温度为 80~90℃。

4. 压力式喷雾干燥工艺流程

压力式喷雾干燥工艺流程示意图如图 1—50 所示。

5. 压力喷雾干燥工艺要求

对料液处理量调节范围小，但处理量大。物料黏度过高，喷雾困难。需要用高压泵高压供料，供料压力在 1~20 MPa，并流、逆流与混合流均可以。对于需干燥物料，一般来说干物质浓度应小于 40%左右，否则易堵塞，物料内含有颗粒固形物也易堵塞，在喷大颗粒豆浆粉时，适当加大浓度，提高压力，增大喷孔直径，情况有好转。对于豆浆粉生产，浓缩豆浆的固形物含量宜在 38%~40%，浓缩豆浆温度在 50~55℃，高压泵压力为 7.5~8.0 MPa，喷孔直径在 3.1~3.4 mm，进风

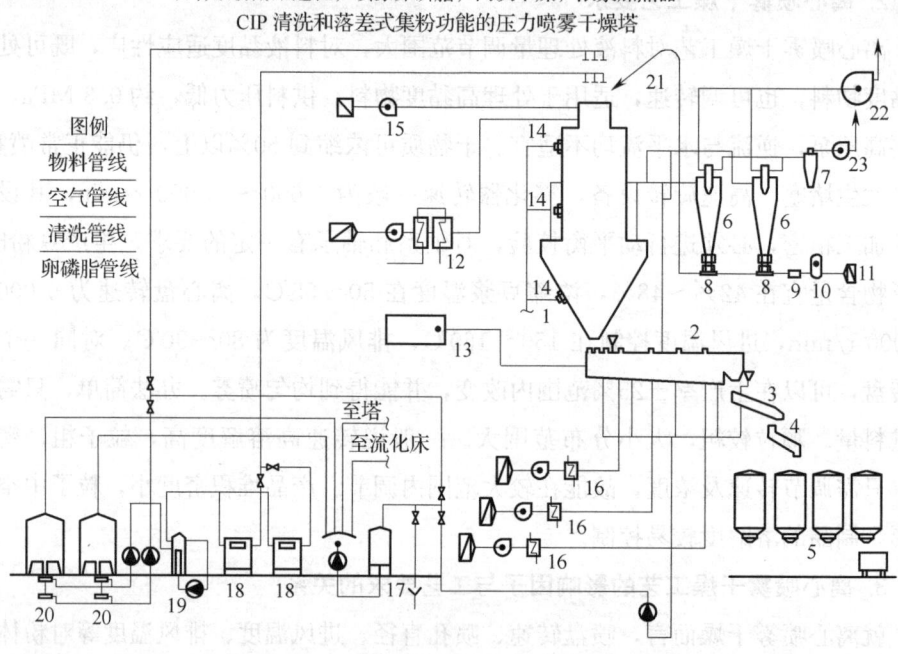

图 1—50 压力式喷雾干燥工艺流程示意图

1—干燥塔 2—流化冷却床 3—电振筛 4—振送器 5—落差式粉仓 6——级旋风
7—二级旋风 8—碎粉器、输送阀 9—加热器 10—风机 11—过滤器 12—空气加热器
13—卵磷脂喷涂装置 14—空气锤 15—冷风机 16—加热器、除湿机 17—CIP 清洗装置
18—高压泵 19—浓浆加热器 20—浓浆罐 21—细粉回塔管路 22—主排风机 23—副排风机

温度控制在 140～150℃，排风温度为 80～85℃，排风相对湿度为 10％～13％，干燥时负压 98～196 Pa，雾化角度 70°。生产率是以喷嘴截面积和压力来决定的，不能通过调节阀门来改变生产率，否则，压力很快降低影响分散度，可以调节喷嘴尺寸或增加喷嘴数。产品颗粒较细：分布范围小。产品堆积密度重。粒子中空的少。产品的密度较大。一般说压力高粒子粗，密度大，但压力式喷雾调节压力和浓度有一定限制，故可调节范围内密度较小。成品溶解度较难掌握。冲调不如离心喷雾方便，不易调匀，当生产大颗粒豆浆粉时，冲调性能有所改善。

6. 压力喷雾干燥工艺影响因子与工艺要求的关系

对于压力喷雾干燥来说，雾化状态的优劣取决于雾化器的结构、喷雾压力、浓缩豆浆的物理性质（如浓度、黏度、表面张力等）。当喷嘴孔径不圆或有豁口时，雾膜厚薄不均，喷距偏斜，则雾化不良。当喷嘴孔径和浓缩豆浆的物理性质不变时，喷雾压力提高，则雾化角度增大，雾滴粒度变小。反之，喷雾压力降低，则雾化角度减小，雾滴粒度变大。如果喷雾压力不稳定，雾化角度时大时小，则雾滴粒度大小不均。当喷嘴孔径和喷雾压力不变时，若浓缩豆浆浓度低、黏度小，则雾滴粒度小。反之，雾滴粒度大。雾滴的大小与均匀度，直接影响豆粉颗粒的大小和均匀程度。一般情况下雾滴的平均直径与浓缩豆浆表面张力、黏度及喷嘴孔径成正比，与流量成反比，而浓缩豆浆的流量则与喷雾压力成正比。

第 2 章
豆制品品质控制

第 1 节 品质控制基本概念

一、品质控制的演变

自从进入工业化以来，品质控制经历了以下几个阶段。

1. 操作者控制阶段

产品质量的优劣由操作者一个人负责控制。

2. 班组长控制阶段

由班组长负责整个班组的产品质量控制。

3. 检验员控制阶段

设置专职品质检验员，专门负责产品质量控制。

4. 统计控制阶段

采用统计方法控制产品质量，是品质控制技术的重大突破，开创了品质控制的全新局面。

5. 全面质量管理（TQC）

全过程的品质控制。

6. 全员品质管理（CWQC）

全员品质管理，全员参与。

二、品质检验方法

品质控制的核心内容就是品质检验,品质检验主要有以下几种。

1. 全数检验

将送检批的产品或物料全部加以检验而不遗漏的检验方法。适用于以下情形:

(1) 批量较小,检验简单且费用较低。

(2) 产品必须全部合格。

(3) 如果产品中如有少量的不合格,可能导致该产品产生致命性的影响。

2. 抽样检验

从一批产品的所有个体中抽取部分个体进行检验,并根据样本的检验结果来判断整批产品是否合格的活动,是一种典型的统计推断工作。

(1) 适用的情形

1) 对产品性能检验需进行破坏性试验。

2) 批量太大,无法进行全数检验。

3) 需较长的检验时间和较高的检验费用。

4) 允许有一定程度的不良品存在。

(2) 抽样检验中的有关术语

1) 检验批。同样产品集中在一起作为抽验对象,一般来说,一个生产批即为一个检验批。也可以将一个生产批分成若干检验批,但一个检验批不能包含多个生产批,也不能随意组合检验批。

2) 批量。是指批中所含单位数量。

3) 抽样数。从批中抽取的产品数量。

4) 不合格判定数(refuse,Re)。拒收。

5) 合格判定数(accept,Ac)。接收。

6) 合格质量水平(acceptable quality level,AQL)。通俗地讲即是可接收的不合格品率。

(3) 抽样方案的确定

抽样方案根据国家标准 GB/T 2828《计数抽样检验程序》系列标准来设计的。具体应用步骤如下:

1) 确定产品的质量判定标准。

2) 选择检查水平。一般检查水平分Ⅰ、Ⅱ、Ⅲ。

3) 选择合格质量水平(AQL)。是选择抽样方案的主要依据,应由生产方和使用方共同商定。

4）确定样本量字码，即抽样数。

5）选择抽样方案类型。如一次正常抽样方案，加严抽样方案，还是多次抽样方案。

6）查表确定合格判定数（AC）和不合格判定数（Re）。

三、检验作业控制

1. 进料（货）检验（incoming quality control，IQC）

进料（货）检验是工厂制止不合格物料进入生产环节的首要控制点。

（1）进料检验项目及方法

1）外观。一般用目视、手感、对比样品进行验证。

2）尺寸。一般用卡尺、千分尺等量具验证。

3）特性。如物理的、化学的、机械的特性，一般用检测仪器和特定方法来验证。

（2）进料检验方法

进料检验的方法有两种，即全检和抽检。

（3）检验结果的处理

检验结果的处理分为以下五种.

1）接收。

2）拒收（即退货）。

3）让步接收。

4）全检（挑出不合格品退货）。

5）返工后重检。

2. 生产线上产品品质控制

生产线上产品品质控制一般是指对原料投料后到成品入库前各生产阶段结束后对半产品（中间产品）的品质控制，英文为 final quality control（英文缩写 FQC）。生产线上产品品质控制也叫生产过程产品品质控制或半成品品质控制。

线上产品品质检验是针对产品完工后的品质验证以确定该批产品可否流入下道工序，属定点检验或验收检验。

生产线上产品品质控制内容包括：

（1）检验项目

检验项目包括外观、尺寸、理化特性等。

（2）检验方式

检验方式一般采用抽样检验。

(3) 不合格处理。

(4) 记录。

3. 最终产品品质控制

最终产品品质控制即成品出厂检验。

4. 品质异常的反馈及处理

(1) 自己可判定的，直接通知操作工或车间立即处理。

(2) 自己不能判定的，则持不良样板交主管确认，再通知纠正或处理。

(3) 应如实记录异常情况。

(4) 对纠正或改善措施进行确认，并追踪处理效果。

(5) 对半成品、成品的检验应标注明确的状态，并监督相关部门进行隔离存放。

5. 质量记录

为已完成的品质作业活动和结果提供客观的证据。必须填写质量抽查报告。报告填写必须做到准确、及时、字迹清晰、完整并加盖检验印章或签名。还要及时整理和归档并储存在适宜的环境中。

四、豆制品品质控制的特性和意义

品质控制的特性就是监察实际的生产活动以保证产品真正符合客户的要求。所以，品质控制用来监察生产或服务是否符合要求。

消费者的兴趣在于豆制品产品的营养及味道。所以，企业生产出来每个产品的外在和内在质量都要符合它的预期，才能得到消费者的青睐。品质控制是借助各种活动来组合一个程序，以使最大分量的产品能满足消费者的需求。因此，品质控制的意义在于满足消费者的需求。

第2节 豆制品原辅材料品质检验

 学习目标

➢ 能对原辅材料包装标志和密封性进行检查

➢ 能对原辅材料进行质量鉴别

要保证豆制品的质量，首先要把好原辅材料的进料关，就要做好原料、辅料及包装材料的品质管理，关键是做好来料检验，来料检验是制止不良物料进入工厂生产环节的首要控制点，是提高产品品质的基本前提。做好和加强进料检验的管理，就必须明确进料检验的项目和方法，熟悉进料检验流程，掌握进料检验基本方式。

一、基本概念

1. 进料检验流程

进料检验流程如图 2—1 所示。

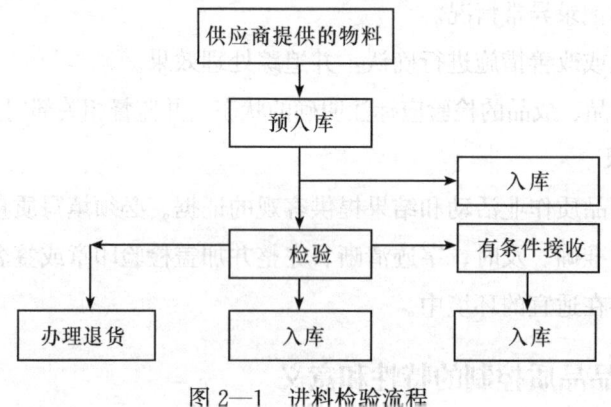

图 2—1 进料检验流程

2. 进料检验项目

一般进料检验包括外观检测、尺寸检测、机构检测、物理化学特性检测等。

3. 进料检验方式的选择

（1）全检方式

全检方式适用于来料数量少、价值高、不允许有不合格品物料或工厂指定进行全检的物料。

（2）免检方式

免检方式适用于大量低值的辅助性材料，或经认定的免检厂来料，以及生产急用而特批免检的物料。对于后者应在生产时跟踪品质状况。

（3）抽样检验方式

抽样检验方式适用于平均数量较多、经常性使用的物料。一般工厂均采用此种验货方式。

4. 检验结果的处理方式

（1）接收

经检验不合格品数量低于限定的量时,则判定为该批来货接收。应在验收单上签名,并盖上"检验合格"印章,并通知仓库收货。

(2) 拒收

经检验若大于限定的量时,则判定为该批来货拒收。应及时填制退货报告(见表2—1),经相关部门会签后交货仓、采购部办理退货事宜。同时在该批货品外箱的标签上盖上"退货"字样。

表2—1　　　　　　　　　　　　退货报告

供应商:		来货类别:		报告编号:	
产品名称:			编号:		
订单编号:			送货单号:		
来货数量:		来货日期:　年　月　日		验货日期:　年　月　日	
检验过程	一般检验	问题/缺陷描述	严重缺点	主要缺点	次要缺点
		抽样数	严重次品	轻微次品	次品累积	是否接收
						□是　□否
	特别检验	检验项目	问题/缺陷描述	抽查数	次品数	次品率
检验人员:			主管:		
相关部门	生产部				
	物控部				
	其他				
处理结果	□特采　　□供应商来厂加工/挑选　　□生产部加工/挑选 □退货　　□冻结　　□暂收				
品质部主管:			日期:		
工厂经理:			日期:		
说明:	第一联此栏由物控部盖章,其他联无须填写				
备注	如批准为特采、挑选或暂用,则不予付款,待货齐后应扣加工费				

(3) 特采

特采是指经进料检验,品质低于允许水准,虽然提出退货要求,但工厂由于生

产的原因,而做出的特别采用要求。特采有如下几种情况:

1) 偏差。经检验,该批物料全部不良,但只影响工厂生产速度,不会造成产品最终品质不合格。在此情况下,经特批,予以接受。此类货品,由生产部、品质部按实际生产情况,估算出耗费工时数,对供应商做扣款处理。

2) 全检。经检验,该批物料的不合格数量超过限定数量,经特批后,进行全数检验。选出其中的不合格品,退回供应商,合格品办理入库或投入生产。

3) 重工。经检验,该批物料全部不合格,但经过加工处理后,货品即可接受。在此情况下,公司抽调人力进行来货再处理后,对再处理的物料进行重检,对合格品接受,不合格品开出退货报告交相关部门办理退货。统计加工工时,对供应商做扣款处理。

二、对原辅材料的包装进行检查

根据原辅材料的包装要求,对原辅材料包装的外观、材质及标志进行检查。

1. 原辅材料包装的外观检查

使用前要对包装的完好性进行检查,目测整个包装没有破损、没有被外来物质污染和包装内物质不泄漏后方可使用。如果原材料要求密封包装,则要检查包装的密封性,包装密封性的检查方法如下:

(1) 用手按压是否漏气。

(2) 在水中进行密封性试验,观察是否有气泡。

2. 包装材质及标志检查

(1) 原料大豆应包装于透气的麻袋或尼龙丝袋中,包装袋上应印有牢固的产地、产品名称、批号、净重、生产日期等字样。

(2) 凝固剂包装检查

食用氯化镁应用内衬乙烯薄膜的纸箱、编织袋包装,封口严密。包装袋上注明产品名称、生产厂名、地址、执行标准编号。其小包装应采用符合卫生规定的材料包装,封口严密,包装袋上必须标注 GB 7718 规定的要素。

硫酸钙(使用石膏)应包装于食品级聚乙烯塑料袋中,外套麻袋。每批成品,都应附有质量证明书,内容应包括生产厂名称、产品名称、批号、产品净重、质量指标。外包装袋上应印有生产厂名称、产品名称、批号、净重、生产日期、执行的标准编号和"食品添加剂"字样。

葡萄糖酸-δ-内酯应使用密封的食品聚乙烯塑料袋包装。每批包装好的成品都应附有质量证明书,其内容包括生产厂名称、产品名称、质量指标、批号、生产日期。包装上应印有"食品添加剂"字样、生产厂名称、产品名称、批号、生产日期、出厂检验日期和执行的标准编号。

(3) 其他辅料

对于其他辅料的包装，先检查内外包装的外观是否整洁，是否有破损，对密封的包装要检查是否漏气等。然后检查标志是否规范，是否标有厂名厂址、产品名称、执行的质量标准、批号生产日期。对食品添加剂要检查是否标有"食品添加剂"字样，是否有备案号等。

三、原辅材料质量要求及鉴别检验方法

1. 大豆质量检验

(1) 抽样

1) 抽样工具。原料大豆一般以袋装的形式来货，抽样使用单管抽样器和抽样铲，抽样铲如图2—2所示。单管抽样器管长60～75 cm，槽口长50～55 cm，槽口宽1.0～1.8 cm。

2) 抽样的时间、地点

①在对方的仓库或者货运车、船、箱按批抽样。

②装卸货时实施抽样。

③加工过程中进行抽样。

3) 抽样方法和操作

①确定抽样的件数和抽样部位。

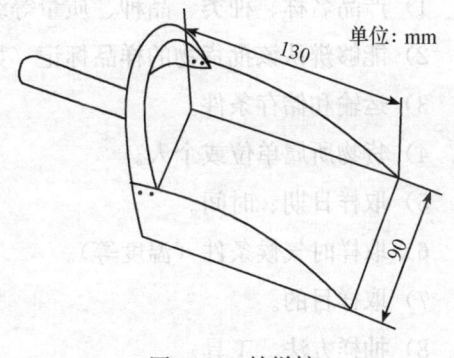

图2—2 抽样铲

a. 抽样件数。100袋以下任意抽取10件；100袋以上按一批货物总袋数的平方根数抽取。

b. 抽样部位。实施仓库内抽样时，在堆垛四周按正弦曲线从上、中、下层随机确定抽样点。实施装卸时，根据装卸速度和作批数量随机抽取。

②使用单管抽样器或抽样铲等工具抽取样品，直至完成一个原始样品的抽样工作。具体操作如下：

a. 单管抽样器。手握抽样器把柄，流样口朝下，从袋中或袋一角斜向插入袋内，旋转抽样器约180°，使流样口朝上，稍停片刻，使货物流入抽样器探管内，保持流样口朝上的方向拔出抽样器，从手柄端将样品倒入样品袋中，如上操作抽取各应抽包件直至应抽取的总件数，每件抽取的单株样品数量应基本一致，各单株样品混合后组成原始样品。使用单管抽样器抽样时，应从抽样包件中随机抽取5%，进

行倒包。若发现包间差明显或其他异常情况，应增加倒包件数，用抽样铲抽取样品。

b. 抽样铲。倒包抽样时将袋装大豆置于洁净的水泥台上，拆去缝线，慢慢放倒，双手握紧底部两角提起约50 cm高，拖到约1.5 m长，全部倒出，用抽样铲在相当于袋的中间和底部进行抽样，每包、每点的抽样数量应一致。拆线抽样时将缝线打开，用抽样铲在上部取出样品，每包数量应一致。

(2) 分样

将抽取的大豆样品均匀混合，混合样品按照GB 5491中四分法制备成送检样品，送检样品质量不小于2 kg。

(3) 送验样品的盛装和抽样报告

送验样品盛装的容器必须清洗干净，包装好，以防在运输过程中损坏和扩散，并且由抽样员（检验员）尽快送到检验机构，每个送验样品须有记号，并附有抽样报告。抽样报告应包括以下项目：

1) 产品名称、种类、品种、质量等级。
2) 能够辨认该批货物的样品标记（如包装种类、标志等）。
3) 运输和储存条件。
4) 货物所属单位或个人。
5) 取样日期、时间。
6) 取样时气候条件（温度等）。
7) 取样目的。
8) 抽样方法、工具。
9) 抽样样品数量及说明。
10) 实验室样品编号。
11) 取样人姓名及样品所属单位盖章或证明人签名。

(4) 大豆质量要求及检验方法

用于豆制品生产的主要原料大豆，需要从感官、理化及卫生要求进行控制，具体要求及检验方法如下：

1) 感官、理化要求及检验方法。大豆的感官、理化要求及检验方法见表2—2。
2) 食品安全要求及检验方法。豆制品加工用原料大豆的卫生要求包括污染物、农药残留及真菌毒素，具体要求及检验方法见表2—3。

表 2—2　　　　　　　大豆的感官、理化要求及检验方法

项目	要求	检测方法
色泽、气味	大豆表皮完整，黄色有光泽，无味变现象	GB 5492《粮食、油料检验　色泽、气味、口味鉴定法》
子叶变色率	小于等于5%	从平均样品中，经分样后随机采取完整大豆子粒（不包括破碎粒与明显的虫蚀粒）200粒平推于小盘内，置入烘箱在105℃条件下烘烤40 min，取出。用小刀沿子叶片缝切开，计数肉眼可见子叶变为浅红至褐色的子粒　子叶变色粒（%）＝子叶变色粒÷样品总粒数×100%
病斑粒与霉变粒	小于等于2%	GB 5494《粮食、油料检验　杂质、不完善粒检验法》
虫蚀粒和破碎粒合计	小于等于10%	GB 5494《粮食、油料检验　杂质、不完善粒检验法》
含杂率（杂质质量÷样品总质量）	小于等于1%	GB 5494《粮食、油料检验　杂质、不完善粒检验法》
水溶性蛋白质	大于等于30%（干基）	按照GB 5511《粮食、油料检验　粗蛋白质测定法》中附录A《大豆水溶性蛋白质测定法》
水分	小于等于13%	GB 5497《粮食、油料检验　水分测定法》

表 2—3　　　　　　　大豆的食品安全要求及检验方法

卫生要求项目	名称	要求	检测方法
污染物	铅	≤0.2 mg/kg	GB/T 5009.12《食品中铅的测定》
	镉	≤0.2 mg/kg	GB/T 5009.15《食品中镉的测定》
	砷	≤0.1 mg/kg	GB/T 5009.11《食品中总砷及无机砷的测定》
	铬	≤1.0 mg/kg	GB/T 5009.123《食品中铬的测定》
	硒	≤0.3 mg/kg	GB/T 5009.93《食品中硒的测定》
	氟	≤1.0 mg/kg	GB/T 5009.18《食品中氟的测定》
农药残留	三氟羧草醚	≤0.1 mg/kg	
	甲草胺	≤0.2 mg/kg	
	灭草松	≤0.05 mg/kg	SN 0292《进口粮谷中灭草松残留量的测定》
	甲萘威	≤1.0 mg/kg	GB/T 5009.21《粮、油、菜中甲萘威残留量的测定》
	多菌灵	≤0.2 mg/kg	GB/T 5009.38《蔬菜、水果卫生标准的分析方法》
	克百威	≤0.2 mg/kg	GB/T 5009.104《植物性食品中氨基甲酸酯农药残留量的测定》
	百菌清	≤0.2 mg/kg	GB/T 5009.105《黄瓜中百菌清残留量的测定》

续表

卫生要求项目	名称	要求	检测方法
农药残留	绿麦隆	≤0.1 mg/kg	GB/T 5009.133《粮食中绿麦隆残留量的测定》
	绿氰菊酯	≤0.05 mg/kg	GB/T 5009.110《植物性食品中绿氰菊酯、氰戊菊酯和溴氰菊酯农药残留量的测定》
	滴滴涕（DDT）	≤0.05 mg/kg	GB/T 5009.19《食品中六六六、滴滴涕农药残留量的测定》
	乐果	≤0.05 mg/kg	GB/T 5009.20《食品中有机磷农药残留量的测定》
	氰戊菊酯	≤0.1 mg/kg	GB/T 5009.110《植物性食品中绿氰菊酯、氰戊菊酯和溴氰菊酯农药残留量的测定》
	吡氟禾草灵	≤0.5 mg/kg	GB/T 5009.142《植物性食品中吡氟禾草灵、精吡氟禾草灵农药残留量的测定》
	精吡氟禾草灵	≤0.5 mg/kg	GB/T 5009.142《植物性食品中吡氟禾草灵、精吡氟禾草灵农药残留量的测定》
	氟磺胺草醚	≤0.1 mg/kg	GB/T 5009.130《大豆及谷物中氟磺胺草醚残留量的测定》
	吡氟甲禾灵	≤0.1 mg/kg	GB/T 5009.19《食品中六六六、滴滴涕农药残留量的测定》
	六六六	≤0.05 mg/kg	GB/T 5009.19《食品中六六六、滴滴涕农药残留量的测定》
	马拉硫磷	≤8 mg/kg	GB/T 5009.20《食品中有机磷农药残留量的测定》
	灭多威	≤0.2 mg/kg	SN 0582《出口粮油及油籽中灭多威残留量的检验方法》
	异丙甲草胺	≤0.5 mg/kg	GB/T 5009.174《大豆、花生、豆油、花生油中异丙甲草胺残留量的测定》
	抗蚜威	≤0.05 mg/kg	GB/T 5009.104《植物性食品中氨基甲酸酯农药残留量的测定》
	五绿硝基苯	≤0.01 mg/kg	GB/T 5009.136《植物性食品中五绿硝基苯残留量的测定》
	稀禾定	≤2 mg/kg	GB/T 5009.145《植物性食品中有机磷和氨基甲酸酯类多种农药残留量的测定》
	氟乐灵	≤0.05 mg/kg	GB/T 5009.136《植物性食品中五绿硝基苯残留量的测定》
真菌毒素	黄曲霉毒素 B_1	≤5 μg/kg	GB/T 5009.22《食品中黄曲霉毒素 B_1 的测定》

2. 水的质量检验

（1）水样的采集

豆制品加工中对生产用水要进行检验，水样的采集采用末梢水，水样采集方法及保存按照GB/T 5750.2《生活饮用水标准检验方法水样的采集与保存》方法进行。

（2）检验方法及要求

豆制品生产用水的水质常规检验方法按照GB/T 5750.3《生活饮用水标准检验方法水质分析质量控制》、GB/T 5750.4《生活饮用水标准检验方法感官性状和物理指标》、GB/T 5750.5《生活饮用水标准检验方法无机非金属指标》、GB/T 5750.6《生活饮用水标准检验方法金属指标》、GB/T 5750.7《生活饮用水标准检验方法有机物综合指标》、GB/T 5750.8《生活饮用水标准检验方法有机物指标》、GB/T 5750.9《生活饮用水标准检验方法农药指标》、GB/T 5750.10《生活饮用水标准检验方法消毒副产物指标》、GB/T 5750.11《生活饮用水标准检验方法消毒剂指标》、GB/T 5750.12《生活饮用水标准检验方法微生物指标》、GB/T 5750.13《生活饮用水标准检验方法放射性指标》进行检验。

水质的要求应符合GB 5749《生活饮用水卫生标准》，具体指标要求见表2—4。

表2—4　　　　　　　　　　水质常规指标及限值

指标	限值	检测方法
1. 微生物指标①		
总大肠菌群（MPN/100 mL 或 CFU/100 mL）	不得检出	GB/T 5750.12《生活饮用水标准检验方法微生物指标》
耐热大肠菌群（MPN/100 mL 或 CFU/100 mL）	不得检出	
大肠埃希氏菌（MPN/100 mL 或 CFU/100 mL）	不得检出	
菌落总数（CFU/mL）	100	
2. 毒理指标		
砷（mg/L）	0.01	GB/T 5750.3《生活饮用水标准检验方法水质分析质量控制》
镉（mg/L）	0.005	
铬（六价，mg/L）	0.05	
铅（mg/L）	0.01	
汞（mg/L）	0.001	
硒（mg/L）	0.01	

续表

指标	限值	检测方法
氰化物（mg/L）	0.05	GB/T 5750.5《生活饮用水标准检验方法无机非金属指标》
氟化物（mg/L）	1.0	
硝酸盐（以 N 计，mg/L）	10 地下水源限制时为 20	
三氯甲烷（mg/L）	0.06	GB/T 5750.10《生活饮用水标准检验方法消毒副产物指标》、GB/T 5750.11《生活饮用水标准检验方法消毒剂指标》
四氯化碳（mg/L）	0.002	
溴酸盐（使用臭氧时，mg/L）	0.01	
甲醛（使用臭氧时，mg/L）	0.9	
亚氯酸盐（使用二氧化氯消毒时，mg/L）	0.7	
氯酸盐（使用复合二氧化氯消毒时，mg/L）	0.7	

3. 感官性状和一般化学指标

指标	限值	检测方法
色度（铂钴色度单位）	15	GB/T 5750.4《生活饮用水标准检验方法感官性状和物理指标》
混浊度（NTU-散射浊度单位）	1 水源与净水技术条件限制时为 3	
臭和味	无异臭、异味	
肉眼可见物	无	
pH（pH 单位）	不小于 6.5 且不大于 8.5	GB/T 5750.3《生活饮用水标准检验方法水质分析质量控制》
铝（mg/L）	0.2	
铁（mg/L）	0.3	
锰（mg/L）	0.1	
铜（mg/L）	1.0	
锌（mg/L）	1.0	
氯化物（mg/L）	250	GB/T 5750.5《生活饮用水标准检验方法无机非金属指标》
硫酸盐（mg/L）	250	
溶解性总固体（mg/L）	1 000	
总硬度（以 $CaCO_3$ 计，mg/L）	450	
耗氧量（COD_{Mn} 法，以 O_2 计，mg/L）	3 水源限制，原水耗氧量＞6 mg/L 时为 5	GB/T 5750.7《生活饮用水标准检验方法有机物综合指标》
挥发酚类（以苯酚计，mg/L）	0.002	GB/T 5750.8《生活饮用水标准检验方法有机物指标》
阴离子合成洗涤剂（mg/L）	0.3	

续表

指标	限值	检测方法
4. 放射性指标[②]	指导值	
总 α 放射性（Bq/L）	0.5	GB/T 5750.13《生活饮用水标准检验方法 放射性指标》
总 β 放射性（Bq/L）	1	

[①]MPN 表示最可能数；CFU 表示菌落形成单位。当水样检出总大肠菌群时，应进一步检验大肠埃希氏菌或耐热大肠菌群；水样未检出总大肠菌群，不必检验大肠埃希氏菌或耐热大肠菌群
[②]放射性指标超过指导值，应进行核素分析和评价，判定能否饮用

3. 豆制品添加剂的质量要求及检验

豆制品生产过程中可使用的食品添加剂种类及品种较多，对添加剂的品质控制不能忽略，进货时一方面要严格核对标志是否符合国家的有关规定，另一方面应向供货方索要产品检验报告，并仔细核对检验报告中的各项指标是否符合企业及国家的有关规定，同时还要制定有关添加剂抽样检验的计划。豆制品中常用的部分添加剂质量要求如下：

(1) 凝固剂盐卤（氯化镁）的质量要求和检验方法

盐卤（氯化镁）的质量要求和检验方法见表2—5。

表2—5　　　　盐卤（氯化镁）的质量要求和检验方法

项目	要求	检验方法
色泽、气味、形状	白色、粒状或片状晶体	感官检验方法
溶解性	易溶，溶解后呈透明状	在备检样品中随机抽取20 g，加入100 mL蒸馏水中，15℃以上搅拌至全部溶解
pH值	中性	蘸取已溶的20%样品溶液于pH试纸上，对照色板，检测其pH示数范围
氯化镁（$MgCl_2$）	含量≥46%	根据氯化镁含量及碱金属氯化物而定
钙离子（以 Ca^{2+} 计）	≤0.1%	GB/T 13025.6《制盐工业通用试验方法 钙和镁离子的测定》
硫酸根（SO_4^{2-} 计）	≤0.8%	GB/T 13025.8《制盐工业通用试验方法 硫酸根离子的测定》
碱金属氯化物（以 Cl 计）	≤0.4%	氯化镁含量及碱金属氯化物测定
水不溶物	≤0.1%	GB/T 13025.4《制盐工业通用试验方法 水不溶物的测定》

续表

项目	要求	检验方法
色度	≤40	色度测定
铅（以 Pb 计）	≤3 mg/kg	GB/T 13025.9《制盐工业通用试验方法 铅离子的测定（光度法）》
砷（以 As 计）	≤0.5 mg/kg	GB/T 13025.13《制盐工业通用试验方法 砷离子的测定》
铵（以 NH_4^+ 计）	≤50 mg/kg	铵离子的测定

（2）凝固剂石膏（硫酸钙）质量要求及检验方法

石膏（硫酸钙）的质量标准要求及检验方法见表2—6。

表2—6　　　　石膏（硫酸钙）的质量标准要求及检验方法

项目	要求	检验方法
色泽、气味、形状	白色结晶性粉末，无臭，具涩味	感官检验方法
溶解性状	呈白色浊液，沉淀不结硬块，无杂质	在检样中取 20 g 硫酸钙加入 100 mL 蒸馏水中，搅拌 2 min，观察其溶解性状
水分含量	≤10%	GB 5009.3《食品中水分含量的测定第一法：直接干燥法》
硫酸钙（$CaSO_4$）含量	≥95%	硫酸钙含量的测定
重金属（以 Pb 计）	≤0.001%	重金属的测定
砷	≤0.002%	砷的测定
氟化物	≤0.005%	氟化物的测定

（3）葡萄糖酸-δ-内酯的质量要求及检验方法

葡萄糖酸-δ-内酯的质量要求及检验方法见表2—7。

表2—7　　　　葡萄糖酸-δ-内酯的质量要求及检验方法

项目	要求	检验方法
色泽、气味、形状	无色结晶或白色粉状结晶，无味	感官检验方法
葡萄糖酸内酯（$C_6H_ytical_6$）含量	≥99%	葡萄糖酸-δ-内酯含量的测定

续表

项目	要求	检验方法
砷（以 As 计）	≤0.000 3%	按照 GB/T 5009.76《食品添加剂中砷的测定方法》中规定的"砷斑法"进行 测定时称取 1 g 实验室样品，精确至 0.01 g，溶于 23 mL 水中制成样品液；量取 3.00 mL 砷（As）标准溶液（相当于 0.003 mg As）制备限量标准液
重金属（以 Pb 计）	≤0.002%	按照 GB/T 5009.74《食品添加剂中重金属限量试验方法》进行。测定时称取 1 g 实验室样品，精确至 0.01 g，溶于 25 mL 水中制成样品液；量取 2.00 mL 铅（Pb）标准溶液（相当于 0.02 mg Pb）制备限量标准液
铅（以 Pb 计）	≤0.001%	按照 GB/T 5009.75《食品添加剂中铅的测定方法》
还原性物质（D 葡萄糖）	≤0.5%	还原性物质含量的测定
硫酸盐（SO_4^{2-} 计）	≤0.03%	硫酸盐含量的测定
氯化物（以 Cl^- 计）	≤0.02%	根据 GB/T 9729《化学试剂氯化物测定通用方法》进行。测定时称取 0.5 g 试样，精确度 0.01 g，溶于 20 mL 水（必要时过滤）制成试液；标准是取 1 mL 氯化物（Cl）标准溶液，与试样同时同样处理

4. 消泡剂质量要求及检验方法

目前豆制品使用的消泡剂一般是复配的，主要成分为吐温、丙酸钙等，性状为乳状液或固体状。

（1）质量标准

1）乳状液。外观有两种，一种为乳白色，另一种为棕色。要求乳化性好，不能有分层现象。

2）固体。浅黄色粉状颗粒，色泽均匀。

3）消泡效率。85%～95%。

4）乳化性。较好。

（2）检验方法

1）外观。取样品 10～15 g，置于直径 20 cm、长 10 cm 的无色透明玻璃试管中，在自然光线中观察其外观。

2) 乳化性。取 10 mL 样品置于 50 mL 比色管中，加水 40 mL（水温保持 35℃左右），经充分振荡若均匀乳化为合格。

3) 消泡效率检测

①仪器。玻璃量筒：100 mL；注射器：5 mL；发泡器：直径 40 mm、长 700 mm 玻璃筒接玻璃砂芯漏斗，空气压缩机（小型），空气流量计（0～100 mL/min）。

②试液配制

a. 发泡液。25%（V/V）的糖蜜水溶液，用 NaOH 调至 pH=11。

b. 消泡剂。用 35℃左右温水配成 5%的乳液（按质量百分比）。

③测定步骤。在气流量 40 mL/min 的条件下，向发泡器加入 100 mL 25%糖蜜水溶液发泡，当泡沫高度（A）达到 450 mm 时加入 1 mL 5%的消泡剂乳液，观察消泡情况，至泡沫消到最低点时记下泡沫高度（B）和液面高度（C）。

计算公式

$$消泡效率\ \eta_1 = (A-B) \div (A-C) \times 100\%$$

式中　A——未加消泡剂时泡沫高度，mm。

　　　B——加消泡剂后泡沫高度，mm。

　　　C——液面高度，mm。

第3节　豆制品生产线上产品品质控制

学习目标

➢ 能进行豆浆生产线上产品的检验和判定

➢ 能进行豆腐生产线上产品的检验和判定

➢ 能进行豆腐干生产线上产品的检验和判定

➢ 能进行豆腐片（千张）生产线上产品的检验和判定

➢ 能进行油炸豆腐泡生产线上产品的检验和判定

➢ 能进行腐竹、腐皮生产线上产品的检验和判定

➢ 能进行腐乳生产线上产品的检验和判定
➢ 能进行豆浆粉生产线上产品的检验和判定

学习单元 1　豆制品生产线上产品品质控制概述

一、概念

豆制品生产过程中，完成一道或数道工序后要对产品进行质量控制检验，叫做生产线上产品检验。一般在生产过程中设置产品检验控制点，由生产部门或品质部门派人员对检验点的产品进行生产线上检验，以确保合格的产品进入下一道工序，叫生产线上产品品质控制。生产线上产品检验控制点的设置如图 2—3 所示。

①→②→③→①→④→②→⑤……
图中：○——制造工序　　▣——检验

图 2—3　生产线上检验示意图

二、设置品质控制检验点

设置检验点应考虑以下因素：
（1）对最终成品质量影响较大。
（2）工艺上有特殊要求，对下道工序的加工有重大影响。
（3）经常出现质量问题的薄弱环节。
（4）使用的生产设备不稳定。

三、设定检验的频率

要按工序逐次不间断地巡检，在生产高峰期应保持 1~1.5 h 巡检一次。

四、取样的方式

生产线上品质检验的取样方式采用随机性的取样方式。

五、检验内容

检验内容及检测方法根据要求包括:

(1) 产品色泽、气味、颗粒度、组织结构、口味等检验及感官方法检验。

(2) 浓度检验。糖度计或浓度计。

(3) 温度检验。温度计。

(4) 时间检验。计时器检验。

(5) 水分的检验。

(6) 蛋白质的检验。

(7) 产品规格[外形尺寸、质(重)量等]及运用量具测量。

(8) 微生物的检验。

(9) 包装密闭性检验及观测或按压检验。

(10) 包装成品净含量的检验。

六、检验记录

每次检验后,将检验结果如实记录在生产线上品质控制检验记录表上,见表2—8。

表2—8　　　　　　　　生产线上产品品质检验记录表

产品编号　　　　　　规格　　　　　　部门　　　　　　员工

日期	时间	名称	抽查数量	检验记录	是否合格	备注

七、品质异常的反馈预处理

根据不合格的程度，对不合格产品做出返工、重检、退料、挑选、报废等处理决定。对有些不可判定的情况，可请求上级主管予以判定。

 学习单元 2　豆浆生产线上的产品品质控制

一、豆浆生产线上产品品质控制检验点设置示意图

豆浆生产线上产品品质控制检验点设置如图 2—4 所示。

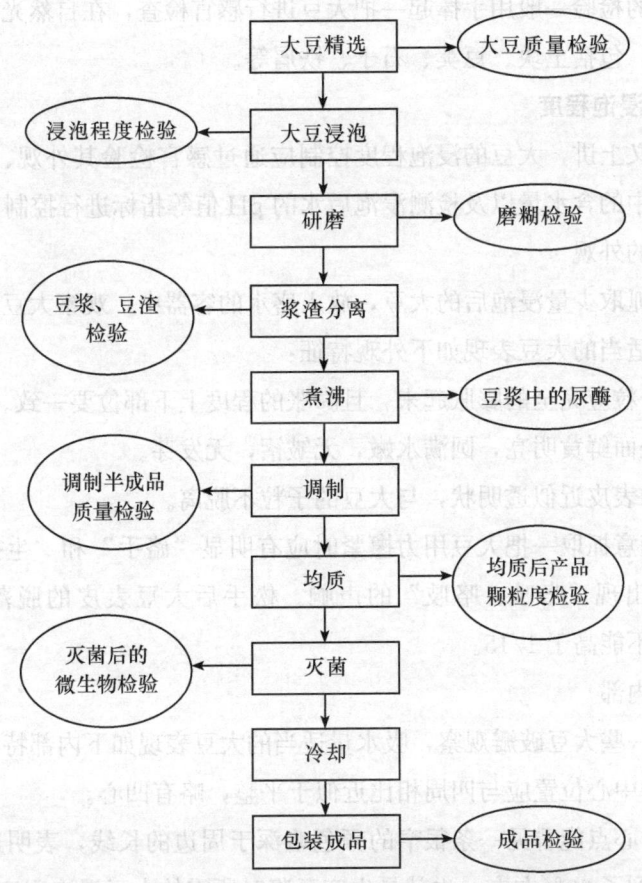

图 2—4　豆浆生产线上产品品质控制检验点设置示意图

二、豆浆生产线上的产品品质控制

根据豆浆生产线上的产品控制检验点的设置，豆浆生产线上的产品品质控制主要包括精选后大豆质量、浸泡后的大豆质量、磨糊、浆渣分离后的豆浆和豆渣、煮沸后的豆浆、调制后的豆浆半成品、均质后的豆浆、灭菌后的豆浆、成品豆浆。

1. 精选后的大豆

精选后大豆的品质控制主要检测大豆中的含杂率，含杂率是指大豆中杂质所占大豆总质量的百分比，含杂率的判断是通过抽检样品，计算样品中杂质的百分比［含杂率（％）＝样品中杂质质量/样品总质量］，经过精选后的大豆的含杂率应≤1％。

大豆中的杂质包括草屑、泥土、沙子、石块、玻璃碎屑、金属碎屑等，这些杂质不仅有碍于最终产品的质量，而且会影响机械设备的使用寿命，所以，必须清理干净。含杂率的检验一般用手捧起一把大豆进行感官检查，在自然光下目测并检出原料中的杂物，包括土块、豆荚、石子、铁屑等。

2. 大豆的浸泡程度

从严格意义上讲，大豆的浸泡程度控制应通过感官检验其外观、内部、气味，通过检测大豆中的含水量以及检测浸泡后水的 pH 值等指标进行控制。

（1）大豆的外观

用手随意抓取少量浸泡后的大豆，放入盛水的容器中，观察大豆的吸水量是否适当，吸水量适当的大豆表现如下外观特征：

1）大豆子粒应完全的膨胀起来，且膨胀的程度上下部位要一致。

2）子粒表面鲜黄明亮，圆满水嫩，无皱褶，无发芽。

3）大豆的表皮近似透明状，与大豆的子粒不脱离。

4）用手随意抓取一把大豆用力攥紧时应有明显"硌手"和"生挺"及反弹的感觉，并能够出现"咯吱、咯吱"的声响。松手后大豆表皮的脱落数量要小于 1/10，破瓣率不能高于 1/15。

（2）大豆内部

随意选取一些大豆破瓣观察，吸水量适当的大豆表现如下内部特征：

1）豆瓣的中心位置应与四周相比近似于平整，略有凹心。

2）豆瓣中心点能看见一条很窄的颜色略深于周边的长线，表明这时大豆吸水饱满度已经达到了 90％左右，也就是生产豆浆时所需的大豆浸泡程度。

3）用手折断豆瓣时会发出非常脆的声音，折断的端面平整，边缘整齐。

4) 用手搓捻大豆子粒检测，浸泡适度的大豆外皮比较容易脱落，而大豆整粒的破瓣分开要比外皮的脱落明显困难，而刻意用力才能将子粒的两瓣分开，同时也会伴有轻微的声响。

(3) 大豆的气味

大豆经过浸泡后，应该有很浓的"生性"味，这种"生性"味就是黄豆本身的豆腥味与略带有绿色植物所特有的"土青味"混合后产生的特有气味，不能有另外的"酸"味或"酸腐"味，这是浸泡后大豆品质控制的重点。

(4) 大豆的含水量

浸泡后的大豆含水量要求受大豆品种、产地、脂肪含量、生长周期、土壤条件等因素的不同而略有不同，一般要求在 59% 左右。大豆浸泡后膨胀系数要求在 1.8~2.2 倍之间。

(5) 浸泡水的 pH 值

浸泡水的 pH 检测值 ≥6.5，呈现弱酸性，水的颜色是微黄色或淡黄色。

如果出现以下状况说明大豆浸泡不够：大豆外部的表皮还有明显的皱褶，大豆表面不够鲜亮、圆满、水嫩。大豆子粒内部有 1/3 以上的深凹处，颜色和大豆浸泡前的一样，与周边浸泡过豆瓣的淡黄色对比鲜明，界限清晰；豆瓣不容易折断，只会出现一定程度的弯曲和变形；浸泡水的颜色还很清亮，只是略带点土黄的颜色。

如果出现以下状况说明大豆浸泡过度：泡料水近似黄褐色，有一种比较明显的酸味，还会出现局部的泡沫。用力攥紧一把大豆时有糟、软、滑、黏的感觉，没有弹性，没有大豆摩擦的声响，不"硌手"，松手时绝大部分的大豆表皮会轻而易举地脱落，大豆子粒也会跟随着分开。分瓣后的子粒平坦松垮，其颜色近似到一种以淡白色为主的清淡黄色，豆瓣的边缘好似被水泡泛了，颜色发白，很容易折断，但没有了脆的声响。

3. 磨糊（豆糊）

在豆浆生产过程中，对磨糊的控制主要是磨糊的颗粒度，颗粒度的粗细关系到后期产品的出品率及产品品质。磨糊颗粒太大不利于蛋白质溶出，浆渣分离时蛋白质随豆渣一起被滤掉，影响豆浆的出品率。磨糊太细，大豆中的纤维会随着蛋白质一起滤到豆浆里，影响产品的色泽和口感，而且会因纤维含量过多而堵塞筛孔，影响过滤效果。

对磨糊进行品质控制，一方面为了提高大豆蛋白质的出品率，另一方面为了最终产品的质量。

磨糊的要求：温度在 32℃ 以下，手感黏稠均匀、无明显颗粒感、无分层现象的粥样半流状液体。粉碎细度要求在120目，颗粒直径为12 μm左右。在实际生产过程中，对磨糊的检测一般采取以下两种感官检测的方法：

（1）触摸法

用食指、中指和拇指细搓捻磨糊，手指间应该摸不到有明显的颗粒状物质，只有很小又很薄的细片状物质，磨糊温度略高于自来水的温度，但要低于人的体温，所以，摸上去不能感觉到热。

（2）水漂法

用500 mL的烧杯装上清洁的自来水，取15～20 g的磨糊放进杯中观察磨糊变化：磨糊中的豆浆逐渐展开与水完全融合，磨糊中纤维状的大豆子皮等物质，由刚开始的半漂浮状态开始缓慢地下降到烧杯的底部。如果存在大量的细小颗粒很快地沉入到水底，说明研磨不够，颗粒度太大。

4. 浆渣分离后的豆渣

为了豆浆的口感细腻，用于浆渣分离的离心分离机的滤网目数一般大于100目，在100～120目较合适，而经过浆渣分离后的豆渣一般作为废渣，因此，对豆渣进行检测控制，有利于保证豆浆及产品的出品率。豆渣的检测项目主要是豆渣的粗细度、蛋白质含量及水分含量。豆渣中残存蛋白质含量应≤2.8%、水分含量应≤88%，豆渣应呈细绒状，放在手上搓握团不粘手，挤压无白色浆汁。

5. 豆浆浓度

根据产品的要求，应控制适合的豆浆浓度。豆浆浓度常用的检测方法是用糖度计（单位是Brix）检测，各种浓度豆浆的糖度值、固形物浓度及蛋白质浓度的对比见表2—9。

表2—9　　各种豆浆的糖度值、固形物浓度及蛋白质浓度的对比

豆水比例	豆浆浓度（Brix）	固形物浓度（%）	蛋白质浓度（%）
1∶5	12.5±	12±	6.0±
1∶6.5	11.0±	10±	4.8±
1∶7.5	9.9±	8.5±	4.2±
1∶8	9.2±	7.5±	4.0±
1∶9	8.8±	7.0±	3.5±
1∶10	8.5±	6.5±	3.0±
1∶12	7.7±	5.5±	2.5±
1∶15	7.0±	4.5±	1.8±

6. 煮沸后的豆浆中尿酶活性控制

豆浆生产中，通过加热煮沸消除豆浆中的尿酶活性是必需的环节，所以，煮浆过程有严格的温度和时间要求，如果采用连续煮浆的方式，要求煮浆温度分段控制，一般豆浆经过 55℃—65℃—75℃—85℃—95℃—105℃，完成煮浆过程，用时 6~8 min，如果用间断式敞口容器煮浆，温度达到 95℃ 以上，持续时间达到 3~5 min。煮沸后豆浆的尿酶活性控制，一方面通过温度测定和煮浆时间监测，另一方面也可通过仪器检测为阴性。

7. 调制后豆浆半成品的品质

如果是调制豆浆，加入配料后进入均质前，豆浆半成品质量要求主要为感官要求。

（1）色泽

将豆浆样品置于比色管中，在白色背景下借散射光线进行观察。对于无色素添加的调制豆浆，豆浆应呈均匀一致的乳白色或淡黄色，有光泽。在实际生产过程中，根据大豆品种的不同，豆浆颜色略有差别：如果大豆子粒的芽胚处外观颜色为白色或青白色的品种，分离出来的豆浆颜色会白一些；大豆子粒的芽胚外观颜色为黑色或黑褐色的品种，豆浆的颜色会暗一些；大豆子粒的表面颜色黄，豆浆的颜色就会带点黄色。品质差的豆浆颜色暗、发红，无光泽。对于有色素添加的调制豆浆，应呈现色素添加后该有的色泽。

（2）气味

取样品置于细颈容器中直接嗅闻，或者加热后再嗅其气味。对于无添加香精的豆浆应该有明显的豆香气，对于有香精添加的豆浆，应该呈现该有的香气，如果香气平淡，有焦煳味或酸味等不良气味，则为品质差。

（3）滋味

取样品直接品尝应该口感滑爽，味佳而纯正。如果有酸味、苦涩味等其他不良滋味则为品质差的豆浆。

（4）组织状态

豆浆的组织状态应该质地细腻，置于比色管中静待 1~2 h 后观察无分层或沉淀、无结块，呈均匀一致的混悬液型浆液。

8. 均质后产品质量

均质后产品的质量控制，通过控制均质机的参数，一般均质压力在 12~25 MPa，均质温度在 60~80℃比较适合。用温度计检测豆浆温度，目测观察均质机的压力表指示，根据产品要求调节到指定压力。

9. 灭菌后产品微生物的检验

在豆浆生产中，目前企业普遍采用两种不同的灭菌工艺，一种是采用120℃以下低温灭菌方式生产的低温灭菌豆浆，这种豆浆产品在低温（0～10℃）保存条件下，可保存7天左右。另一种是采用135℃以上5～20 s高温瞬时灭菌，然后进行无菌灌装，这种豆浆产品可在常温下保存一个月以上。灭菌后产品微生物的要求如下：

菌落总数：≤750 CFU/g。

大肠菌群：≤40 MPN/100 g。

致病菌（沙门氏菌、金黄色葡萄球菌、志贺氏菌）：不得检出。

10. 成品品质控制

成品的品质控制通过检验产品的包装、净含量及内容物。

（1）包装

豆浆主要有玻璃瓶、PET 瓶、百利（复合塑料材质）包、利乐包等包装形式。包装质量检查包括外观和密闭性。豆浆的包装外观应清洁干净，如果是 PET 瓶装或盒装，则不能有变形，包装标签上的图案、批号日期打印应该清晰完整，日期应该准确，用手挤压塑料袋包装观察不能有漏袋现象，采用倒立手挤的方式观察 PET 瓶装或盒装的密封性，不能有漏气，观察玻璃瓶装中央的安全扣不能有鼓起现象。

（2）净含量

所有包装食品的净含量的检验根据《定量包装商品净含量计量检验规则》判定，根据《定量包装商品计量监督管理办法》中规定的最大允许短缺量来判定，各种包装产品的最大允许短缺量见表2—10。

表2—10　　　　　　　　各种包装产品的允许短缺量

质量或体积定量包装商品的标注净含量（Q_n）（g 或 mL）	允许短缺量（T）（g 或 mL）	
	Q_n 的百分比（%）	g 或 mL
0～50	9	—
50～100	—	4.5
100～200	4.5	—
200～300	—	9
300～500	3	—
500～1 000	—	15
1 000～10 000	1.5	—
10 000～15 000	—	150
15 000～50 000	1	—

(3) 产品要求

产品要求包括感官质量要求、理化质量要求和食品安全要求。

1) 感官质量要求。豆浆类产品的感官要求见表2—11。

表2—11　　　　　　　　　　豆浆类产品的感官要求

项目	要求	
	纯豆浆	调制豆浆
外观色泽	乳白色或很淡的黄色	具有该调制豆浆特有的色泽
气味	具有豆香味，无酸味及其他异味	具有该调制豆浆特有的香味，无酸味及其他异味
组织形态	黏度适中，流动性好，无凝固沉淀现象，质地细腻，置于比色管中静待1~2 h后观察无分层或沉淀、无结块	黏度适中，流动性好，无凝固沉淀现象，质地细腻，置于比色管中静待1~2 h后观察无分层或沉淀、无结块
杂质	无肉眼可见外来杂质	无肉眼可见外来杂质

2) 理化质量要求。豆浆类产品的理化要求见表2—12。

表2—12　　　　　　　　　　豆浆类产品的理化要求

项目	要求	
	纯豆浆	调制豆浆
蛋白质	≥3%	≥2%
固形物	≥6%	≥6%

3) 食品安全要求。豆浆类产品的食品安全要求见表2—13。

表2—13　　　　　　　　　　豆浆类产品的食品安全指标要求

项目		要求	
		纯豆浆	调制豆浆
微生物	菌落总数（CFU/g）≤	750	
	大肠菌群（MPN/100 g）≤	40	
	致病菌	不得检出	
污染物		符合 GB 2762	
尿酶活性		阴性	
农药残留		符合 GB 2763	
添加剂		符合 GB 2760	

学习单元3 豆腐生产线上的产品品质控制

根据豆腐生产工艺不同,分为盒装豆腐和充填豆腐,其中盒装豆腐由于凝固剂的不同分为以盐卤为主的北豆腐和石膏为主的南豆腐。充填豆腐的凝固剂主要以内酯为主。在盒装豆腐的生产过程中不管采用什么凝固剂生产,其生产过程基本一样,品质控制点基本相同,只是具体控制的指标数值上有些差异,故我们把盒装豆腐归纳起来说明。把豆腐生产线上的品质控制分为盒装豆腐和充填豆腐两部分来阐述。

一、盒装豆腐(盐卤北豆腐、石膏南豆腐)

1. 盒装豆腐生产线上产品品质控制检验点设置

盒装豆腐生产线上产品品质控制检验点设置示意图如图2—5所示。

2. 盒装豆腐生产线上的产品品质控制

根据盒装豆腐生产线上的产品控制检验点的设置,盒装豆腐生产线上的产品品质控制主要包括精选后大豆质量、浸泡程度、磨糊、浆渣分离后的豆浆和豆渣、煮沸后豆浆的热变性程度、豆腐脑凝固质量(点脑温度、蹲脑时间、豆腐脑的状态、黄浆水状态)、破脑程度、压榨成型质量(硬度、弹性、断面组织结构)、切块质量(豆腐块形、重量)、包装后的成品。

(1)精选后的大豆质量

盒装豆腐(盐卤北豆腐、石膏南豆腐)生产过程中对精选后大豆的质量要求同豆浆生产线上产品品质控制一致。

(2)大豆浸泡程度

盒装豆腐(盐卤北豆腐、石膏南豆腐)生产过程中的大豆浸泡程度与豆浆生产线上产品品质控制一致。

(3)磨糊

盒装豆腐(盐卤北豆腐、石膏南豆腐)生产过程中研磨的磨糊细度要求与豆浆生产线上产品品质控制一致。

(4)浆渣分离后的豆渣

用于生产豆腐的浆渣分离的滤网目数一般大于80目,在80~100目,豆渣中

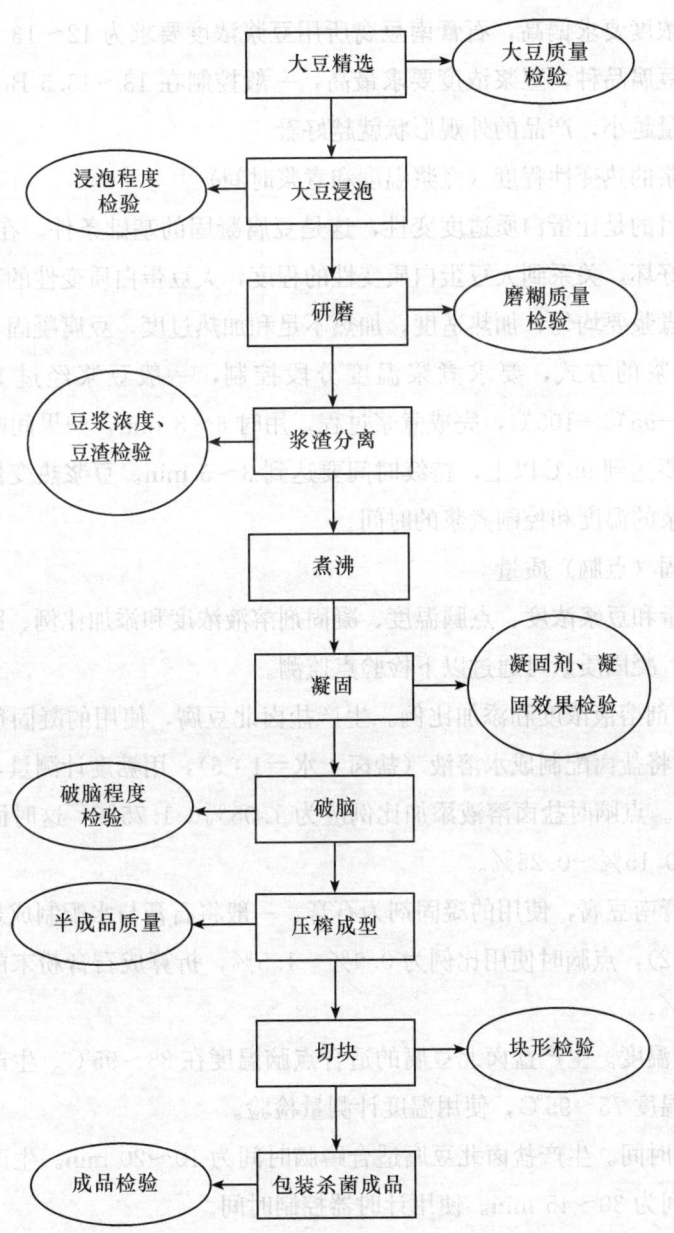

图 2—5　盒装豆腐生产线上产品品质控制检验点示意图

残存蛋白质含量≤2.8%、水分含量≤88%，豆渣呈细绒状，放在手上搓握团弄，不粘手，挤压无白色浆汁。

(5) 浆渣分离后的豆浆浓度

一般豆腐生产所用豆浆采用 2～3 次浆渣分离，盐卤北豆腐所用豆浆浓度要求在 8～9 Brix，石膏南豆腐的生产一般采用冲浆的方式来实现蛋白质的凝固，冲浆方式对豆浆浓度要求偏高，石膏南豆腐所用豆浆浓度要求为 12~13 Brix。生产手工包制的南豆腐品种，豆浆浓度要求最高，一般控制在 13~13.5 Brix，豆浆浓度越高，脱水量越小，产品的外观形状就越好看。

(6) 豆浆的热变性程度（煮浆温度和煮浆时间）

煮浆的目的是让蛋白质适度变性，这是豆腐凝固的基础条件。在豆腐加工中，煮浆的质量好坏，关系到大豆蛋白质变性的程度，大豆蛋白质变性的程度影响豆腐凝固质量。煮浆要均匀，加热适度，加热不足和加热过度，豆腐凝固不均匀。如果采用连续煮浆的方式，要求煮浆温度分段控制，一般豆浆经过 55℃—65℃—75℃—85℃—95℃—105℃，完成煮浆过程，用时 6~8 min，如果间断式敞口容器煮浆，温度要达到 95℃以上，持续时间要达到 3~5 min。豆浆热变性程度的控制通过检测豆浆的温度和控制煮浆的时间。

(7) 凝固（点脑）质量

凝固质量和豆浆浓度、点脑温度、凝固剂溶液浓度和添加比例、蹲脑时间等很多因素有关。凝固质量可通过以下检验点监测。

1) 凝固剂溶液浓度和添加比例。生产盐卤北豆腐，使用的凝固剂为盐卤（氯化镁），一般将盐卤配制成水溶液（盐卤：水＝1：6），用糖度计测量，糖度值应为 12 Brix 左右。点脑时盐卤溶液添加比例应为 1.05%~1.75%，这时固体盐卤占豆浆液比例为 0.15%~0.25%。

生产石膏南豆腐，使用的凝固剂为石膏，一般将石膏与水配制成悬浊溶液（石膏：水＝1：2），点脑时使用比例为 0.9%~1.5%，折算成石膏粉末的添加比例为 0.3%~0.5%。

2) 点脑温度。生产盐卤北豆腐的适合点脑温度在 85~95℃。生产石膏南豆腐的适合点脑温度 75~95℃，使用温度计测量检验。

3) 蹲脑时间。生产盐卤北豆腐适合蹲脑时间为 10~20 min。生产石膏南豆腐适合蹲脑时间为 30~45 min。使用计时器控制时间。

4) 豆腐脑状态。经过点浆和蹲脑静止后，容器中的豆浆凝固成为豆腐脑。

盐卤北豆腐的豆腐脑表面应为由絮状物凝结后形成的盖膜，用手轻轻触动时表面不破且有弹性。豆腐脑表面不能有明显的白浆冒出，也不能有黄浆水漫出来。用舀子或勺在靠近容器边缘的地方舀出一块 700 g 左右豆腐脑，断面要洁白细嫩、光滑整齐、有光泽；断面储水点明显露出但不集中；豆腐脑与容器的接触部分光洁无粘连，并有清亮的淡黄色黄浆水渗出。

石膏南豆腐的豆腐脑总体来说要比盐卤北豆腐硬，用手触动感觉弹性明显要比北豆腐的豆腐脑强,用碗在靠近容器边缘的地方舀出半碗豆腐脑时,豆腐脑的断面光亮、细嫩、水滑;断面见不到储水点;豆腐脑与容器的接触部分光滑洁净、无粘连,几乎没有黄浆水渗出;碗内的豆腐脑倒出后独立成型,不软不塌不碎,内部结构呈现膏脂状,不见储水窝点。

5) 黄浆水状态。蹲脑结束后,豆腐脑表面有淡黄色、清澈的黄浆水析出,说明点脑质量较好。在生产北豆腐的过程中,如果蹲脑结束后黄浆水呈现混浊泛白状态,则表明豆腐脑凝固不均匀或偏嫩,说明盐卤添加比例偏低或点脑时搅拌不均匀。生产南豆腐过程中,如果蹲脑静止结束后黄浆水呈现混浊泛白状态,则表明豆腐脑凝固不均匀或偏嫩,说明石膏添加比例不够或冲浆不到位。另外,盐卤北豆腐生产过程中,如果黄浆水明显偏多且颜色偏深,豆腐脑偏老,则说明盐卤添加比例偏高;石膏南豆腐生产过程中,如果黄浆水明显偏多且颜色偏深,豆腐脑偏老,则说明石膏比例偏高或冲浆冲过了。

(8) 破脑程度

根据产品硬度要求,盐卤北豆腐需要破脑,脑花团块在5~8 cm较好。可通过目测观察破脑团块大小。石膏南豆腐一般不需破脑,直接压制,或者轻微破脑。

(9) 压榨成型质量控制

豆腐压榨质量通过控制压力和压榨时间,盐卤北豆腐压榨压力一般控制在5~10 kPa,可通过观测设备上压力仪表的显示检测压力是否合适。如用重物压制,可用重物重量(kg)除以受力面积(cm^2),算出压榨压力($1\ kg/cm^2 \approx 100\ kPa$)。北豆腐压榨时间15~25 min。石膏南豆腐压榨压力较小,一般在1~3 kPa。南豆腐压榨时间20 min左右。用计时器检验压制时间是否符合。同时还应对如下指标评价压榨成型质量:

1) 感官。感官要求包括外观、色泽、味道和组织结构

北豆腐外观要求豆腐表面和四边没有黄浆水渗出,整体块形无断裂、不缺损,切面有均匀孔隙,没有明显瑕疵或可视杂质,豆包布纹理清晰可见。整体颜色呈均匀的乳白色或水白色,不能有脂肪黄斑。如果颜色发红发暗,用手触摸有滑和黏的感觉,说明产品不合要求。产品味道要求具有明显的豆香气味,入口后豆腐香味浓郁,没有明显的苦味和酸味。软硬适度有弹性和韧性、不糙不麻无汤心,北豆腐切面的储水窝点分布较均匀,每个窝点面积小,直径一般不超过5 mm。

南豆腐外观要求豆腐表面光亮水润,洁白细嫩,大块毛坯本身能够出现明显晃动而不瘫软,柔软而有韧性。豆腐各面平整,不能出现有可视的凹塌点,薄厚均匀。边角整齐有弹性,没有明显瑕疵或可视杂质,豆包布纹理清晰可见。色泽要求

呈水白色，冷却后不能有脂肪黄斑出现。石膏豆腐的味道要求气味清淡，入口后鲜、嫩、绵软，不能有苦、涩、酸等味道。南豆腐切面光滑，没有大的蜂窝孔隙和断裂。切制后静止15 min整体形态不发生扭曲变化，渗水不明显。如果用手指点压豆腐表面出现塌陷，并不能回复说明弹性较差。将整块豆腐放到手掌中左右晃动，豆腐会随着晃动而改变形态，晃动停止后，豆腐不能恢复到晃动之前的整体状态，说明韧性不好。

2）规格要求。压制厚度要均匀，达到该产品的规定厚度。

3）块形。切成块的豆腐要根据产品规格尺寸要求，用量具测量外形尺寸是否符合要求、豆腐块周边是否整齐，有无毛边或缺角现象等。

（10）成品品质控制

成品品质控制通过检验产品的包装、净含量及内容物产品。其中净含量的检验方法与判定依据与豆浆完全一致。

1）包装。盒装豆腐采用聚丙烯材料包装盒（PP），然后用封口机封口，包装的质量控制包括以下几个方面：

①观察包装盒外观是否干净。

②用手指按压，观察是否有漏水和气泡现象。

③用目测检查封口表面是否平整。

④封膜图案是否与盒准确对应没有歪斜。

⑤生产日期及批号的打印字迹是否清晰和准确。

2）产品要求。盐卤北豆腐、石膏南豆腐产品要求包括感官质量要求、理化质量要求和食品安全要求，具体如下：

①感官要求。盐卤北豆腐、石膏南豆腐的感官要求见表2—14。

表2—14　　　　　　　　盐卤北豆腐、石膏南豆腐的感官要求

项目	要求	
	盐卤北豆腐	石膏南豆腐
外观色泽	乳白色，或带有添加食品配料应具有的颜色（如黑豆豆腐等）	乳白色，或带有添加食品配料应具有的颜色（如黑豆豆腐等）
组织形态	不糟不碎，灌装水不混浊，切面平整，储水点均匀	不糟不碎，灌装水不混浊，切面平整，储水点均匀
气味	具有豆腐应有的味道，无酸味、苦味、霉味等异味	具有豆腐应有的味道，无酸味、苦味、霉味等异味
杂质	无肉眼可见外来杂质	无肉眼可见外来杂质

②理化要求。盐卤北豆腐、石膏南豆腐的理化要求见表2—15。

表2—15　　　　　　　盐卤北豆腐、石膏南豆腐的理化要求

项目	要求	
	盐卤北豆腐	石膏南豆腐
水分≤	85%	90%
蛋白质≥	6.0%	4.5%

③安全指标。盐卤北豆腐、石膏南豆腐的食品安全指标要求见表2—16。

表2—16　　　　　盐卤北豆腐、石膏南豆腐的食品安全指标要求

项目		要求	
		定型包装	散装
微生物	菌落总数（CFU/g）≤	750	100 000
	大肠菌群（MPN/100 g）≤	40	150
	致病菌	不得检出	
污染物		符合 GB 2762	
农药残留		符合 GB 2763	
添加剂		符合 GB 2760	

二、内酯充填豆腐

1. 内酯充填豆腐生产线上产品品质控制检验点设置

内酯充填豆腐生产线上产品品质控制检验点设置示意图如图2—6所示。

2. 内酯充填豆腐生产线上产品品质控制

根据内酯充填豆腐生产线上的产品控制检验点的设置，内酯充填豆腐生产线上的产品品质控制主要包括精选后大豆质量、大豆浸泡程度、磨糊、浆渣分离后的豆渣和豆浆浓度、煮沸后的豆浆、冷却后的豆浆温度、凝固剂添加量、加热水浴温度、成品等。

（1）精选后大豆质量

内酯充填豆腐生产过程中的大豆精选质量要求同豆浆生产线上产品品质控制一致。

（2）大豆浸泡程度

内酯充填豆腐生产过程中的大豆浸泡程度与豆浆生产线上产品品质控制一致。

（3）磨糊

内酯充填豆腐生产过程中研磨的磨糊要求与豆浆生产线上产品品质控制一致。

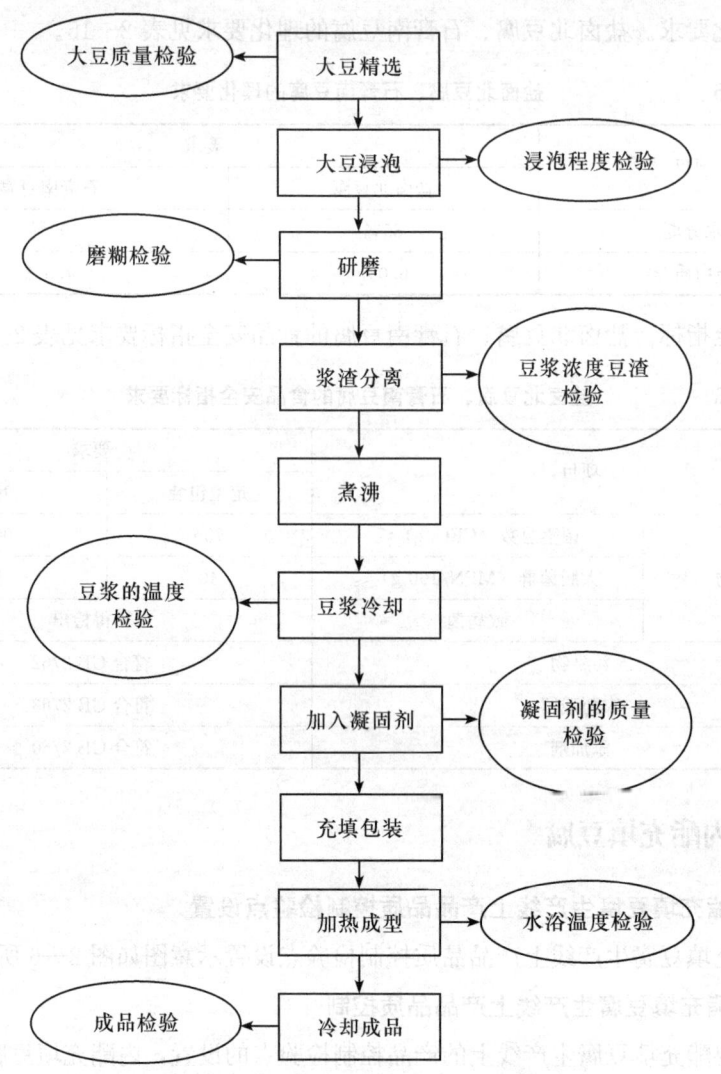

图 2—6　内酯充填豆腐生产线上检验点设置示意图

（4）浆渣分离后的豆渣

内酯充填豆腐生产过程中浆渣分离后的豆渣要求与石膏南豆腐生产线上的产品品质控制一致。

（5）豆浆浓度

充填豆腐的生产过程中也采用 2～3 次浆渣分离，内酯做凝固剂的充填豆腐所用的豆浆浓度一般控制在 11.5～13 Brix。如果浓度低，豆腐软且容易出水。

（6）煮沸后的豆浆

煮沸后豆浆的热变性要求与前面讲的盐卤北豆腐和石膏南豆腐的要求一致。

(7) 豆浆冷却温度

用内酯做凝固剂的充填豆腐，豆浆经过加热煮沸后需要降温冷却到 18～25℃。可以用温度计控制温度。

(8) 凝固剂添加

凝固剂内酯在调配时先要加入适量凉水溶解，内酯用量一般为豆浆的 0.2%～0.3%，在凉豆浆内加入内酯后迅速搅拌均匀，才能开始充填灌装，添加内酯后的豆浆必须在 15～20 min 内灌装完成，因此，每次与内酯混合的豆浆量不要太多。根据包装的速度搭配适合的量。

(9) 水浴温度

加热成型同时也起到灭菌效果。加热温度通过控制水浴的温度在 85～95℃，加热时间在 25～35 min。加热凝固后需要对豆腐进行水浴冷却。水浴的温度控制在 10℃，冷却时间 20～30 min，然后放入冷库储藏。

(10) 成品品质控制

成品的品质控制通过检验产品的包装、净含量及内容物。其中净含量的检验方法与判定依据与豆浆完全一致。

1) 包装。内酯充填豆腐也采用聚丙烯塑料包装盒（PP），包装要求密封性好、充填饱满、表面没有气泡。具体质量要求如下：

①观察包装盒外观是否干净。

②用手指按压，观察内容物与覆膜接触是否紧密，是否有漏水和气泡现象。

③用目测检测封口表面是否平整。

④封膜图案是否与盒准确对应没有歪斜。

⑤生产日期及批号的打印字迹是否清晰和准确。

2) 产品质量。内酯充填豆腐产品要求包括感官质量要求、理化质量要求和食品安全要求，具体要求如下。

①感官要求。内酯充填豆腐的感官要求见表 2—17。

表 2—17　　　　　　　　　　内酯充填豆腐的感官要求

项目	要求
外观色泽	乳白色，有光泽
组织形态	形态完整，切面平整光洁，无储水点
气味	具有豆腐的香甜味，无酸味等
杂质	无肉眼可见外来杂质

②理化要求。内酯充填豆腐的理化要求见表2—18。

表2—18　　　　　　　　　内酯充填豆腐的理化要求

项目	要求
水分≤	90%
蛋白质≥	4%

③安全指标。内酯充填豆腐的食品安全指标要求见表2—19。

表2—19　　　　　　　　内酯充填豆腐的食品安全指标要求

项目		要求
微生物	菌落总数（CFU/g）≤	750
	大肠菌群（MPN/100 g）≤	40
	致病菌	不得检出
污染物		符合 GB 2762
农药残留		符合 GB 2763
添加剂		符合 GB 2760

学习单元4　豆腐干生产线上的产品品质控制

一、豆腐干生产线上产品检验点设置示意图

我国地域辽阔，豆腐干品种很多，各种产品之间的差别主要表现在调味工序的汤卤上。豆腐干线上产品品质控制检验点设置示意图如图2—7所示。

二、豆腐干生产线上品质控制

根据豆腐干生产线上的产品控制检验点的设置，在豆腐干生产过程中线上产品的品质控制包括精选后的大豆、浸泡后的大豆、研磨后的磨糊、浆渣分离后的浆液和豆渣、豆腐脑、破脑程度（脑块）、豆腐白干，卤制调味后的豆腐干（豆腐干最终半成品）、成品检验。

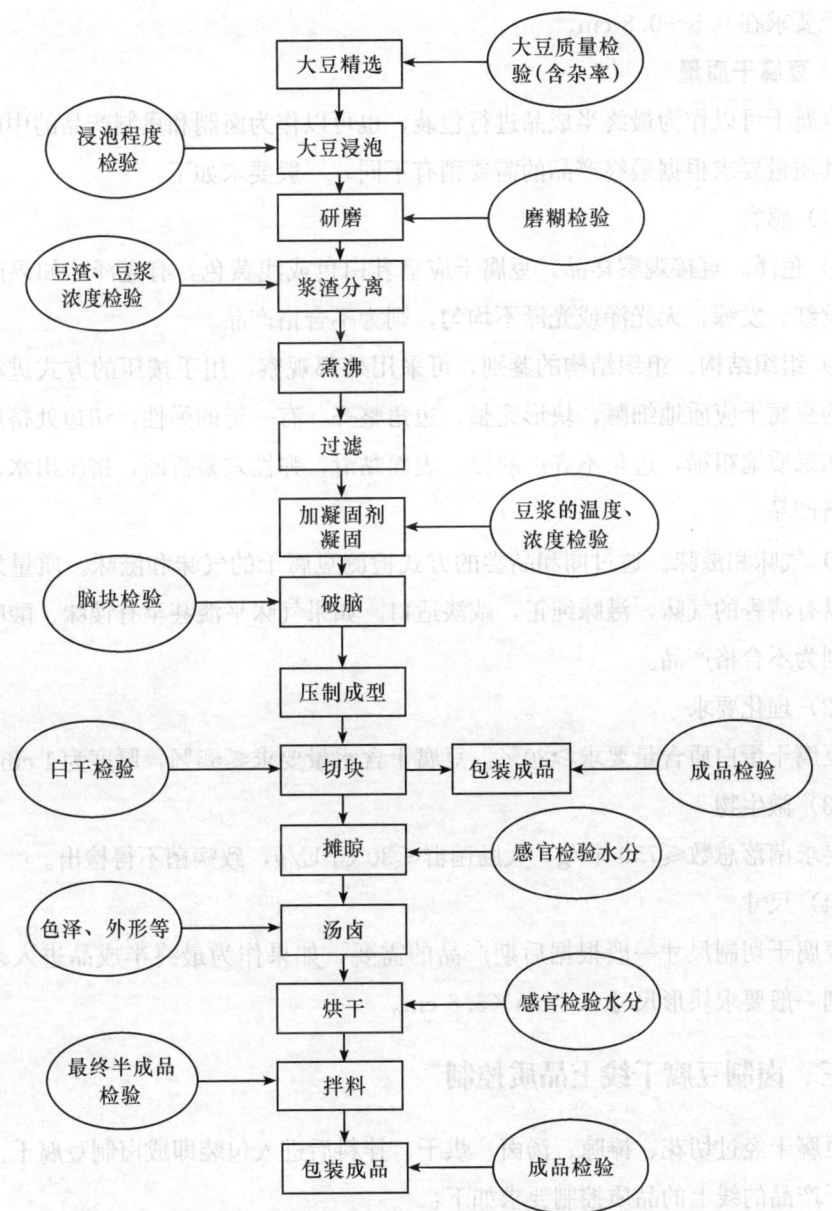

图 2—7　豆腐干生产线上的产品检验点设置示意图

在豆腐干生产过程中，前部分大豆精选到点脑的工艺及品质控制要求和盐卤北豆腐的生产要求一致，这里只对豆腐干生产后部分的产品品质控制进行阐述。

1. 破脑后的脑块要求

与盐卤北豆腐相比豆腐干要求水分含量小，所以，破脑程度要稍大一些。一般来讲，豆腐干水分含量越低，要求破脑的程度越大，对普通豆腐干的生产，脑块大小直径要求在 0.5~0.8 cm。

2. 豆腐干质量

豆腐干可以作为最终半成品进行包装，也可以作为卤制和熏制产品的中间半成品，其质量要求根据最终产品的需要稍有不同，一般要求如下：

（1）感官

1）色泽。直接观察样品，豆腐干应呈乳白色或浅黄色，有光泽。如果颜色深黄或发红、发绿，无光泽或光泽不均匀，则为不合格产品。

2）组织结构。组织结构的鉴别，可采用外部观察、用手按压的方式进行。质量好的豆腐干应质地细腻，块形完整，边角整齐，有一定的弹性，切边处挤压不出水。如果质地粗糙，边角不齐或缺损，表面黏滑，弹性差易折断，挤压出水，则为不合格产品。

3）气味和滋味。通过闻和品尝的方式检测豆腐干的气味和滋味。质量好的豆腐干具有清香的气味，滋味纯正，咸淡适口。如果气味平淡甚至有馊味、酸味或苦味，则为不合格产品。

（2）理化要求

豆腐干蛋白质含量要求≥20%，豆腐干含水量要求≤65%，厚度为 1 cm 左右。

（3）微生物

要求菌落总数≤750 个/g，大肠菌群≤30 CFU/g，致病菌不得检出。

（4）尺寸

豆腐干切制尺寸一般根据后期产品的需要，如果作为最终半成品进入杀菌包装，则一般要求块形尺寸 5.6 cm×5.6 cm。

三、卤制豆腐干线上品质控制

豆腐干经过切花、摊晾、汤卤、烘干、拌料后进入包装即成卤制豆腐干，卤制豆腐干产品的线上的品质控制要求如下：

1. 产品块形的要求

对汤卤坯料的块形没有严格的要求，形状可以根据企业销售的要求。表 2—20 所示为目前典型汤卤制品的块形，可作参考。

2. 摊晾后坯料的水分含量要求

坯料在入汤进行卤制之前，为了能使坯料入味，需要对坯料进行适当干燥，干燥的程度根据企业的需要而定，但总的原则是坯料表面颜色加深，看不见水的光泽。

表2—20　　　　　　　几种典型汤卤制品坯料的切制尺寸　　　　　　　单位：cm

品种	形状	长度	宽度	长对角	短对角	厚度
香干	正方	5.6	5.6	—	—	1
花干	长方	8.4	5.6	—	—	1
干尖	菱形	—	—	—	—	0.4
辣块	菱形	—	—	3.6	2	1
鸡汁干	正方	3.3	3.3	4.2	1.7	0.7
采石矶茶干	正方	6.0	6.0	—	—	1

3. 汤卤后最终半成品的要求

由于我国地域辽阔，带有地方特色的卤制豆腐干的品种繁多，下面针对几个有名的特色卤制豆腐干阐述其最终半成品的品质要求。

(1) 卤汁干

1) 感官。块形完整，色泽绛红，有光泽，质地有弹性。入口具有软、鲜、甜、香的特点，无异味。

2) 理化成分。水分35%~40%，蛋白质15%~17%，总糖17%~21%，食盐2.4%~3%。

(2) 五香豆腐干

1) 感官。块形完整，色泽棕色，有光泽，质地密实，有韧性，弹性较强。放在手中对折不断裂，松开手时即恢复原状。

2) 理化成分。水分40%左右，蛋白质20%左右，总糖8%左右，食盐2.4%~3%。

(3) 鸡汁豆腐干

1) 感官。块形完整，色泽深棕色，用温水浸泡后切成片像猪肝，切成条像鸡丝。味道鲜美，越嚼越香。

2) 理化成分。水分40%左右，蛋白质25%左右，总糖8%左右，食盐2.4%~3%。

(4) 安徽采石矶五香茶干

1) 感官。块形完整，呈绛红，色泽均匀，组织柔韧，对折不断，酱香味浓郁。

2) 理化成分。水分42%左右，蛋白质25%左右，脂肪9%左右，还原糖8%左右，氯化钠3%左右，氨基酸态氮0.08%左右。

(5) 南溪豆腐干

1) 感官。块形完整，形状均匀，呈茶褐色，色泽均匀，有光泽，质地密实，有弹性，无杂质，咸淡适口，无异味。

2) 理化成分。水分55%左右，蛋白质22%左右，氯化钠3%左右。

4. 卤制豆腐干成品品质控制

卤制豆腐干成品品质控制通过检验产品的包装、净含量及内容物。其中净含量的检验方法与判定依据与豆浆完全一致。

(1) 包装

卤制豆腐干的包装目前一般采用内部小包装外部套大包装的方法。小包装采用真空包装技术，包装质量要求为表面干净整洁，封口表面平整，四周密封性好没有漏气现象，图案和文字清晰没有歪斜，生产日期及批号的打印字迹清晰、准确。外部大包装采用加脱氧剂包装技术，包装质量要求为表面干净整洁，封口表面平整，四周密封性好，没有开袋现象，图案和文字清晰没有歪斜，生产日期及批号的打印字迹清晰、准确。

(2) 产品

产品要求包括感官质量要求、理化质量要求和食品安全要求。

1) 感官要求。卤制豆腐干的感官要求为色泽均匀，块形完整，质地密实，有弹性，咸淡适中，无异味。

2) 理化要求。卤制豆腐干的理化要求为水分≤60%，蛋白质≥15%，食盐（以氯化钠计）≤3%。

3) 食品安全指标。卤制豆腐干的食品安全指标见表2—21。

表2—21　　　　卤制豆腐干的食品安全指标

项目		要求	
		定型包装	散装
微生物	菌落总数（CFU/g）≤	750	100 000
	大肠菌群（MPN/100 g）≤	40	150
	致病菌	不得检出	
污染物		符合 GB 2762	
农药残留		符合 GB 2763	
添加剂		符合 GB 2760	

学习单元 5　豆腐片（千张）的生产线上产品品质控制

一、豆腐片（千张）生产线上产品检验点设置示意图

豆腐片（千张）生产线上产品检验点设置示意图如图 2—8 所示。

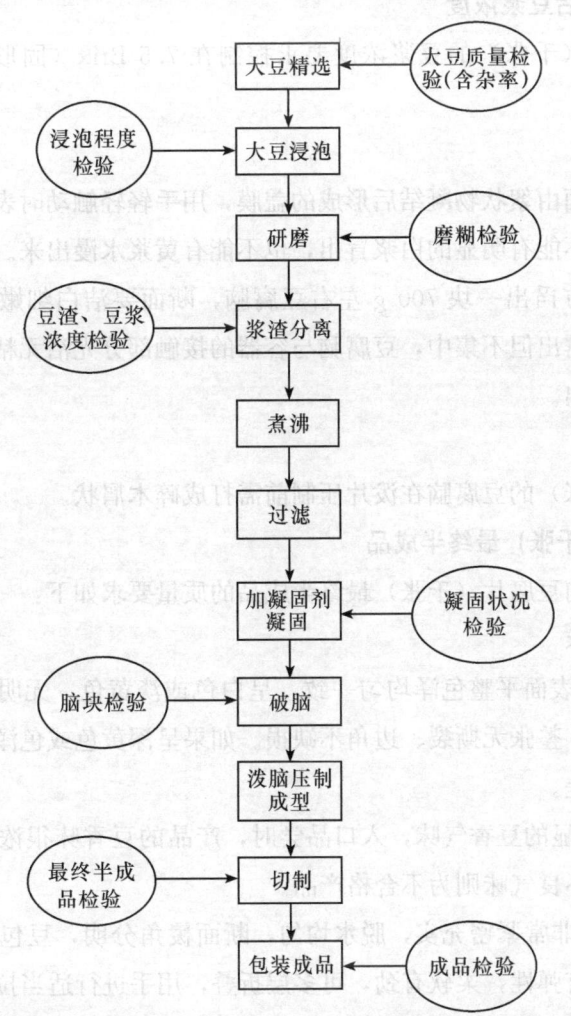

图 2—8　豆腐片（千张）生产线上产品检验点设置示意图

二、豆腐片（千张）的生产线上产品品质控制

根据豆腐片（千张）的生产线上产品控制检验点的设置，豆腐片（千张）的生产过程中线上产品品质控制包括精选后的大豆、浸泡后的大豆、研磨后的磨糊、浆渣分离后的浆液和豆渣、豆腐脑、破脑程度、豆腐片（千张）、切制调味后的豆腐片（最终半成品）、成品。

豆腐片（千张）生产过程中，前部分制浆工艺及产品品质控制要求和盐卤北豆腐的生产要求一致，下面对后部分的产品品质控制进行阐述。

1. 浆渣分离后豆浆浓度

生产豆腐片（千张）的豆浆浓度要求控制在 7.5 Brix（固形物浓度 6.5％左右）。

2. 豆腐脑

豆腐脑的表面由絮状物凝结后形成的盖膜，用手轻轻触动时表面不破且有些弹性。豆腐脑表面不能有明显的白浆冒出，也不能有黄浆水漫出来。用舀子或勺在靠近容器边缘的地方舀出一块 700 g 左右豆腐脑，断面要洁白细嫩、光滑整齐有光泽，储水点明显露出但不集中，豆腐脑与容器的接触部分光洁无粘连，并有清亮的淡黄色黄浆水漫出。

3. 破脑程度

豆腐片（千张）的豆腐脑在泼片压制前需打成碎木屑状。

4. 豆腐片（千张）最终半成品

进行包装之前豆腐片（千张）最终半成品的质量要求如下：

(1) 感官要求

1) 外观要求表面平整色泽均匀一致，呈白色或淡黄色，无明显瑕疵及可视杂质，无糟边糟心、整张无撕裂、边角不缺损。如果呈深黄色或色泽暗淡发青，无光泽，则产品质量差。

2) 有比较明显的豆香气味，入口品尝时，产品的豆香味很浓郁。如果有酸臭味、馊味及其他不良气味则为不合格产品。

3) 组织结构非常紧密充实，脱水均匀，断面棱角分明，豆包布经纬线的纹理清晰。薄厚均匀有弹性，柔软有劲，可多层折叠，用手进行适当拉伸不断裂。如果组织结构杂乱，无韧性，表面发黏，则为不合格产品。

(2) 尺寸要求

豆腐片（千张）厚度要求≤2.0 mm。北方对产品要求厚一些，南方要求越薄

越好,甚至能做到攥成一个团后,能够很快地自行打开摊平,并能够隔着千张看清楚千张后面报纸上面的三号字体。一般在 0.8 mm 左右。

(3) 理化要求

豆腐片(千张)半成品具体的理化要求见表 2—22。

表 2—22　　　　　　　豆腐片(千张)半成品理化要求

项目	要求	
	豆腐片	千张
水分≤	65%	62%
蛋白质≥	20%	23%

5. 豆腐片(千张)成品控制

豆腐片(千张)成品的品质控制通过检验产品的包装、净含量及内容物。其中净含量的检验方法与判定依据与豆浆完全一致。

(1) 包装质量

豆腐片(千张)产品一般采用真空包装技术,包装质量要求为表面干净整洁,封口表面平整,四周密封性好没有漏气现象,图案和文字清晰没有歪斜,生产日期及批号的打印字迹清晰、准确。

(2) 内容物产品

产品要求包括感官质量要求、理化质量要求和食品安全要求。其中感官要求和理化要求同最终半成品要求一致,食品安全要求见表 2—23。

表 2—23　　　　　　　豆腐片(千张)食品安全要求

项目		指标	
		散装	定型包装
微生物	菌落总数 CFU/g	100 000	750
	大肠菌群 MPN/100 g	150	40
	致病菌	不得检出	
污染物		符合 GB 2762	
农药残留		符合 GB 2763	
添加剂		符合 GB 2760	

学习单元6　油炸豆腐泡的生产线上产品品质控制

一、油炸豆腐泡生产线上产品检验点设置

油炸豆腐泡生产线上产品检验点设置示意图如图2—9所示。

二、油炸豆腐泡生产线上品质控制

根据油炸豆腐泡生产线上产品检验点设置，油炸豆腐泡生产过程中线上产品品质控制包括精选后的大豆、浸泡后的大豆、磨糊、浆渣分离后的浆液和豆渣、加冷水后的豆浆、凝固效果（豆腐脑）、破脑程度（脑块）、豆腐坯、最终半成品、成品等。

油炸豆腐泡生产过程中，精选后的大豆、浸泡后的大豆、磨糊品质控制与盐卤北豆腐基本一致。

1. 浆渣分离后豆浆

在油炸豆腐泡的豆腐坯料制作过程中，浆渣分离后豆浆浓度要求为糖度值9～10 Brix（固形物浓度8%左右）。

2. 加入冷水后豆浆的浓度、温度要求

油炸豆腐泡的豆腐坯料要求点浆温度稍低，所以点浆前需要加入冷水，添加冷水后的豆浆浓度要求下降到糖度值8～9 Brix（固形物浓度7%），这个浓度正好是制作豆腐泡坯料所需要的豆浆浓度。点浆时豆浆的温度要求70～75℃。

3. 豆腐脑

与盐卤北豆腐形成的豆腐脑相比，在生产炸豆腐泡的过程中，豆腐脑凝固效果要求表面的成型状态较软，形不成一个完整的盖膜，没有脂肪斑显示，会出现少量的黄浆水聚集在豆腐脑表面，或在表面形成一个个小水窝。如果舀一勺豆腐脑，勺内会出现一半脑、一半黄浆水的现象。

4. 破脑程度

破脑程度要求轻，脑花要求8～10 cm大小。

5. 豆腐坯料的要求

豆腐坯料要求含水量在80%～85%。切制规格25 mm×25 mm×25 mm的立

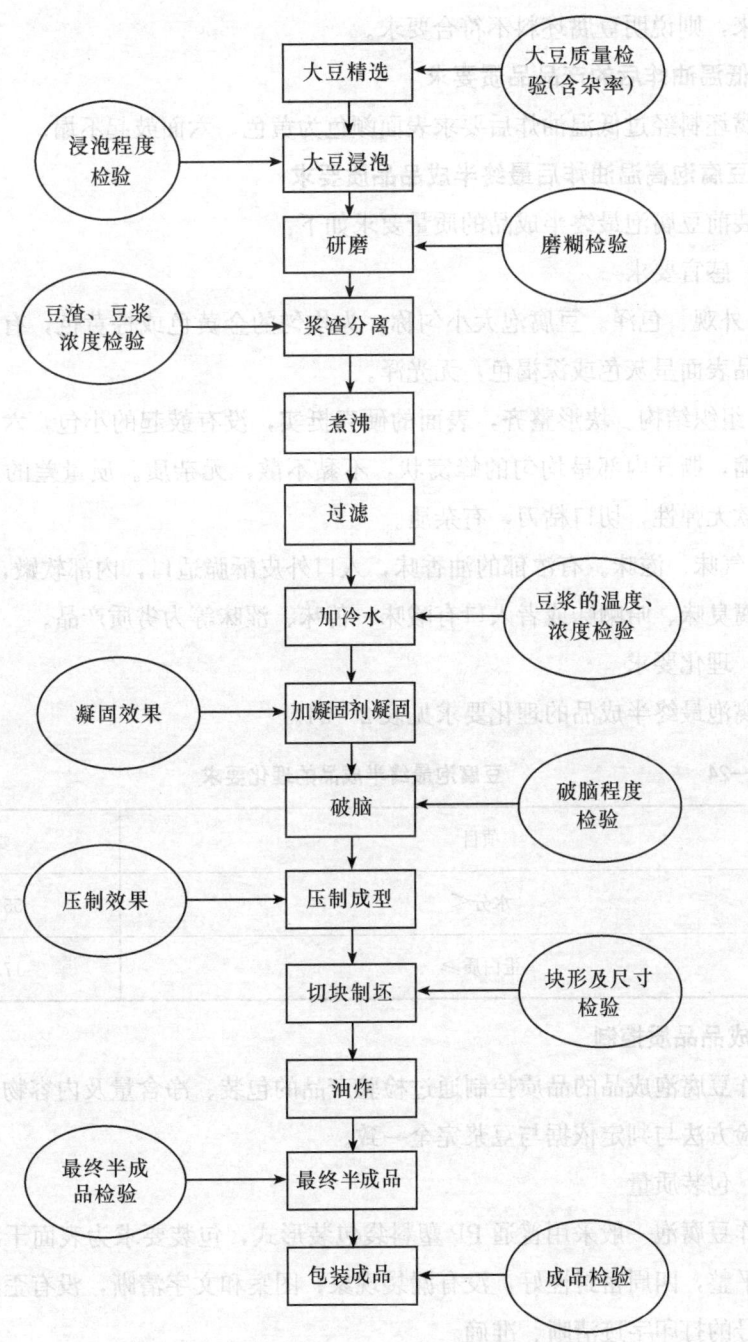

图 2—9 油炸豆腐泡生产线上检验点设置示意图

方体，切制成型后半成品坯子要达到不塌、不砭、不粘连的要求。如果组织结构显得太松散，切面四周的储水窝点很密，体积也大于 5 mm，或者将坯料放在拇指和食指中间轻轻挤压，观察豆腐坯子的断面，能够看到有较多的水从豆腐的组织中慢慢渗出来，则说明豆腐坯料不符合要求。

6. 低温油炸后的产品品质要求

豆腐坯料经过低温油炸后要求表面颜色为黄色，六面鼓起不塌。

7. 豆腐泡高温油炸后最终半成品品质要求

包装前豆腐泡最终半成品的质量要求如下：

(1) 感官要求

1) 外观、色泽。豆腐泡大小匀称，为均匀的金黄色或棕黄色，有光泽。质量差的产品表面呈灰色或深褐色，无光泽。

2) 组织结构。块形整齐，表面的硬壳挺实，没有鼓起的小包，六面鼓起，遇冷不回缩，撕开内部呈均匀的蜂窝状，不黏不散，无杂质。质量差的产品块形不整，皮软无弹性，切口粘刀，有杂质。

3) 气味、滋味。有浓郁的油香味，入口外皮酥脆适口，内部软嫩，咸香适度。如果有腐臭味、哈喇味或者入口有酸味、苦味、涩味等为劣质产品。

(2) 理化要求

豆腐泡最终半成品的理化要求见表 2—24。

表 2—24　　　　　　　豆腐泡最终半成品的理化要求

项目	要求
水分≤	55.0%
蛋白质≥	17.0%

8. 成品品质控制

油炸豆腐泡成品的品质控制通过检验产品的包装、净含量及内容物。其中净含量的检验方法与判定依据与豆浆完全一致。

(1) 包装质量

油炸豆腐泡一般采用普通 PP 塑料袋包装形式，包装要求为表面干净整洁；封口表面平整，四周密封性好，没有漏袋现象；图案和文字清晰，没有歪斜；生产日期及批号的打印字迹清晰、准确。

(2) 内容物产品

产品要求包括感官质量要求、理化质量要求和食品安全要求。其中感官要求和理化要求同最终半成品要求一致，食品安全要求见表 2—25。

表 2—25　　　　　　　　　　油炸豆腐泡食品安全要求

项目		要求	
		包装产品	散装产品
微生物	菌落总数 CFU/g≤	750	100 000
	大肠菌群 MPN/100 g≤	40	150
	致病菌	不得检出	
污染物		符合 GB 2762	
农药残留		符合 GB 2763	
添加剂		符合 GB 2760	

学习单元 7　腐竹、腐皮生产线上的产品品质控制

一、腐竹、腐皮生产线上产品检验点设置

腐竹、腐皮生产线上产品品质控制检验点设置示意图如图 2—10 所示。

二、腐竹、腐皮生产线上产品品质控制

根据腐竹、腐皮生产线上产品品质控制检验点设置，腐竹、腐皮生产线上的品质控制点包括精选后的大豆质量、大豆浸泡程度、磨糊、浆渣分离后的豆浆和豆渣、过滤后的豆浆、最终半成品、成品质量等。

腐竹、腐皮生产线上的品质控制中对大豆的精选、浸泡、研磨、浆渣分离的要求基本与盐卤北豆腐一致。

1. 浆渣分离后浆液的浓度要求

腐竹生产过程中浆渣分离后豆浆浓度应控制在 7.5～8.5 Brix（固形物浓度 6.5%～7.5%，蛋白质浓度 2%～3%）的范围内。

2. 煮浆过滤后浆液的颗粒度要求

腐竹生产对浆液的过滤要求较高，过滤后浆液的颗粒度要求小于 110 目。

3. 揭起的豆浆薄膜要求

根据产品的要求，如果后续产品要求为腐皮则揭皮后需要豆浆薄膜平挂在竹竿

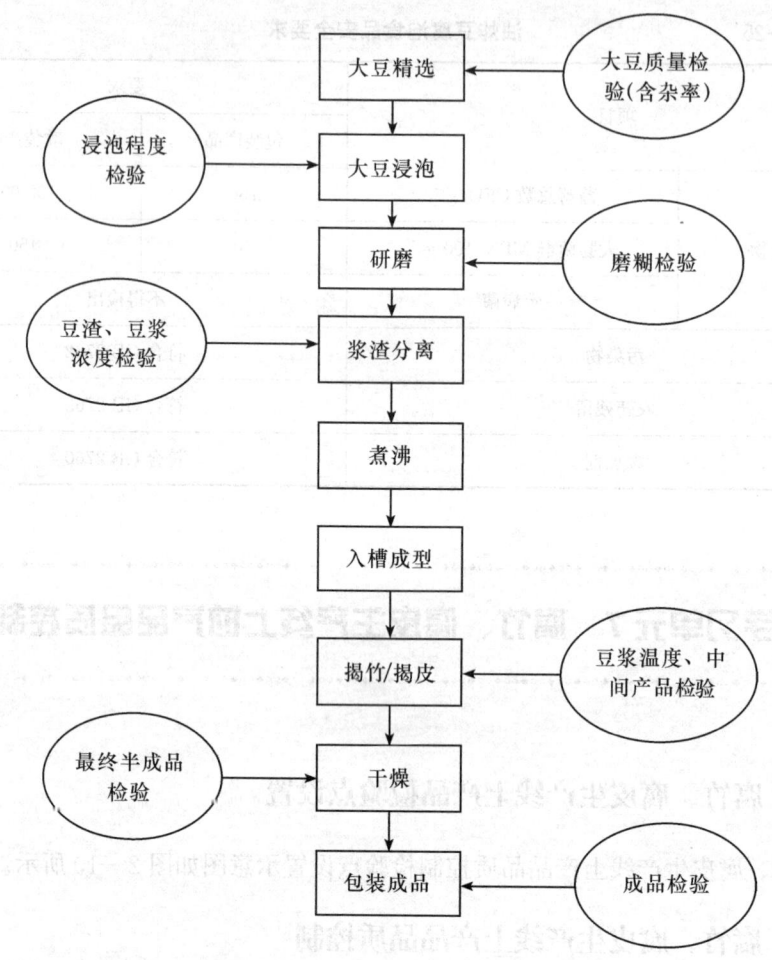

图 2—10　腐竹、腐皮生产线上的产品品质控制检验点示意图

上,要求形状完整,色泽淡黄,无可见杂质,厚薄均匀透明,豆香气味浓郁。如果颜色发红发深甚至变为褐色,则不符合要求。如果后续产品要求为腐竹则揭皮后需要卷成卷,要求薄膜匀称,中空,色泽淡黄,无外来可见杂质,豆香气味浓郁。这时成型槽内豆浆的温度要求控制在 85℃左右。

4. 最终半成品的质量要求

干燥后进入包装之前腐竹类最终半成品的质量要求如下:

(1) 感官要求

1) 外观、色泽。腐竹(腐皮)应呈淡黄色,有光泽,腐竹外观应为枝条状,腐皮外观应为片叶状。如果呈灰黄色、深黄色或暗黄色,色泽暗淡无光泽,或有霉斑杂质,则为劣质腐竹(腐皮)。

2) 组织结构。腐竹的组织结构为枝条完整,粗细均匀,质脆易折,折断有空心。腐皮为片状完整，厚薄均匀，用手拉伸有韧性。腐皮产品不应出现较多的碎片，腐竹产品不应出现较多断条，或有较多实心条。

3）气味、滋味。产品闻起来具有腐竹（腐皮）特有的油香味，不应有霉味、酸臭味。用开水泡开品尝，滋味鲜香，不应有苦味、涩味和酸味等不良滋味。

(2) 理化要求

理化要求见表2—26。

表2—26 进入包装前腐竹类产品的理化要求

项目	要求	
	腐竹	腐皮
水分≤	10%	20%
蛋白质≥	36%	32%

(3) 成品品质控制

腐竹成品的品质控制通过检验产品的包装、净含量及内容物。其中净含量的检验方法与判定依据与豆浆完全一致。

1）包装质量。腐竹（腐皮）目前普遍采用PP塑料袋包装，包装质量要求为表面干净整洁；封口表面平整，四周密封性好，没有漏气现象；图案和文字清晰，没有歪斜；生产日期及批号的打印字迹清晰、准确。

2）内容物产品。产品要求包括感官质量要求理化质量要求和食品安全要求。其中感官要求和理化要求同最终半成品要求一致，产品安全要求见表2—27。

表2—27 腐竹产品安全要求

项目	要求
过氧化值（以脂肪计），g/100 g≤	0.25
酸价（以脂肪计），≤	5
黄曲霉毒素 B_1，μg/kg≤	5
甲醛	不得检出
着色剂	不得检出
二氧化硫（以 SO_2 计），g/kg≤	0.03
污染物	符合GB 2762
农药残留	符合GB 2763
添加剂	符合GB 2760

学习单元 8　腐乳生产线上的品质控制

一、腐乳生产线上的产品检验点设置

腐乳的生产过程中白坯的制作和豆腐干一样，白坯制作的生产线上产品品质控制可参照豆腐干的要求。从豆腐白坯到腐乳成品的生产线上产品品质控制检验点设置示意图如图 2—11 所示。

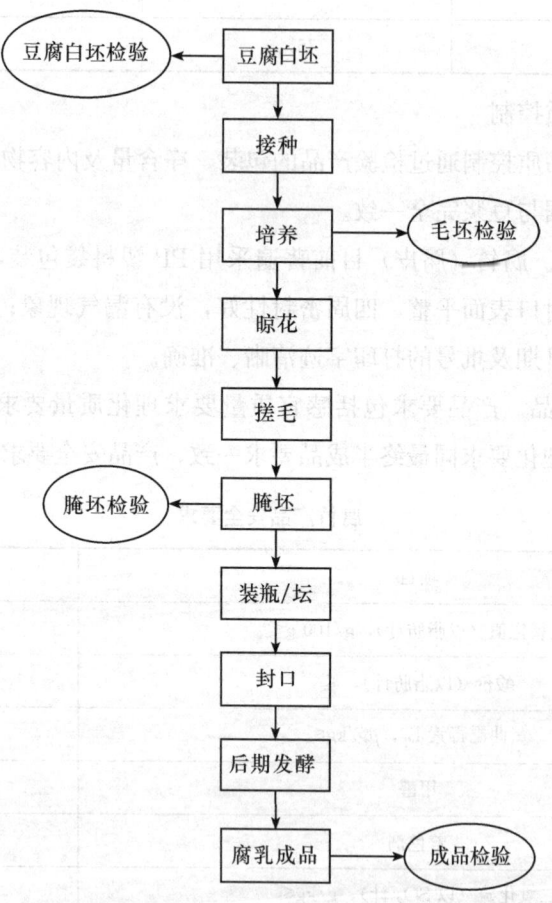

图 2—11　腐乳生产线上检验点设置示意图

二、腐乳生产线上产品品质控制

根据腐乳生产线上产品品质控制检验点设置，制坯后腐乳生产线上产品品质控制包括腐乳白坯质量、毛坯质量、腌坯质量、成品质量等。

1. 腐乳白坯

(1) 尺寸要求

规格：块形不掉角、不歪斜，薄厚一致。不同产品规格各异。

(2) 感官要求

无异味，颜色正，弹性良好，不软、麻、泡，无蜂窝。

(3) 理化要求

当前，豆腐白坯理化指标只有一项，为水分含量。不同产品的要求不同。一般酱豆腐白坯水分为66%～73%，臭豆腐白坯水分为66%～69%，小白方水分控制在76%～78%。各种腐乳的品种规格和水分要求见表2—28。

表2—28　　　　　　　各种腐乳的品种规格和水分要求

品名	规格（mm×mm×mm）	水分（%）
红方	31×31×18	66～73
臭腐乳	25×25×24	66～69
小红方	25×25×16	66～73
小白方	25×25×12	76～78

2. 毛坯

毛坯要求八面长满菌丝，形成柔软、细密而坚韧的皮膜，覆盖严密，不黏不臭。色泽为白色或微黄。

3. 盐坯

(1) 感官要求

1) 颜色要求。随着腌制时间的延长，毛坯的颜色逐渐变深，稍有点发褐发暗，而且与所用盐的种类和质量关系密切。

2) 触感。随着腌制时间的延长和水分的析出，盐坯由松软逐渐变实。用手触摸，感觉不黏、不软。

3) 气味。在腌制过程中，基本无异常气味的产生。

4) 形态。随着腌制时间的延长，坯子水分逐渐析出，坯体有一定程度的收缩，并仍保持块形的完整性。

(2) 理化要求

毛坯经过几天腌制（一般5～7天）后，一般主要通过检测盐坯的盐分来判断其腌制程度，不同的产品要求的盐坯盐分不同，如臭豆腐盐坯盐分要求一般控制在10%～14%，红腐乳一般控制在14%～18%，白腐乳一般控制在10%～14%。

4. 成品要求

成品要求包括包装、净含量检验及内容物产品等，净含量的测定方法和判定依据与前面讲述的豆浆净含量的要求一致。

（1）包装质量

腐乳主要有玻璃瓶、陶罐等包装形式。包装质量要求为包装瓶或罐外表应清洁干净；玻璃瓶盖中间的安全钮不应鼓起；标签上的图案要清晰完整；批号日期打印应清晰准确。

（2）内容物产品要求

产品要求包括感官质量要求、理化质量要求和食品安全要求。

1）感官要求。感官要求见表2—29。

表2—29　　　　　　　　腐乳类产品的感官要求

项目		要求
外观色泽	红腐乳	表面红色或更红色，菌丝附着平滑，内部呈杏黄色
	白腐乳	表面和内部呈乳黄色，菌丝附着平滑
	青腐乳	豆青色或者青褐色，菌丝附着平滑
气味		具有腐乳特有的香气，滋味鲜美，咸淡可口，无异味
组织形态		块形完整，质地细腻
杂质		无肉眼可见外来杂质

2）理化要求。腐乳类产品的理化要求见表2—30。

表2—30　　　　　　　　腐乳类产品的理化要求

项目	要求（%）		
	红腐乳	白腐乳	青腐乳
水分≤	65.00	65.00	70.00
总酸（以乳酸计）≤	1.3	1.3	1.3
氨基酸态氮（以氮计）≥	0.5	0.6	0.7
食盐（以氯化钠计）≥	8.00	8.00	12.00
还原糖（以葡萄糖计）≥	2.00	0.3	—
水溶性无盐固形物≥	10.00	7.00	8.00
蛋白质≥	12.00	11.00	11.00

3) 食品安全要求。腐乳类产品的食品安全要求见表 2—31。

表 2—31　　　　　　　　腐乳类产品的安全指标要求

项目	要求
大肠菌群（MPN/100 g）≤	30
致病菌	不得检出
黄曲霉毒素 B_1 ≤	5
污染物	符合 GB 2762
农药残留	符合 GB 2763
添加剂	符合 GB 2760

学习单元 9　豆浆粉生产线上的品质控制

一、豆浆粉生产线上产品检验点设置

豆浆粉生产线上的品质控制检验点设置示意图如图 2—12 所示。

二、豆浆粉生产线上产品品质控制

根据豆浆粉生产线上的产品品质控制检验点设置，豆浆粉生产线上产品品质控制包括精选后的大豆、干燥后的大豆、脱皮后的大豆、磨糊、浆渣分离后的豆浆（生浆）、脱臭后的豆浆、灭菌后的豆浆、浓缩后的豆浆、最终半成品、成品等。

1. 原料精选

原料精选要求请参照豆浆生产。

2. 干燥

干燥的目的是利于大豆脱皮。大豆水分应控制在 11%～12%，水分过高不利于脱皮，水分过低易引起蛋白质的变性，从而影响出浆率。

3. 脱皮

大豆水分过高或过低都影响脱皮效果。脱皮率不低于 90%，损失率低于 5%。

4. 研磨

粗磨后的豆糊细度为 90 目，精磨后的豆糊细度要求≥150 目。

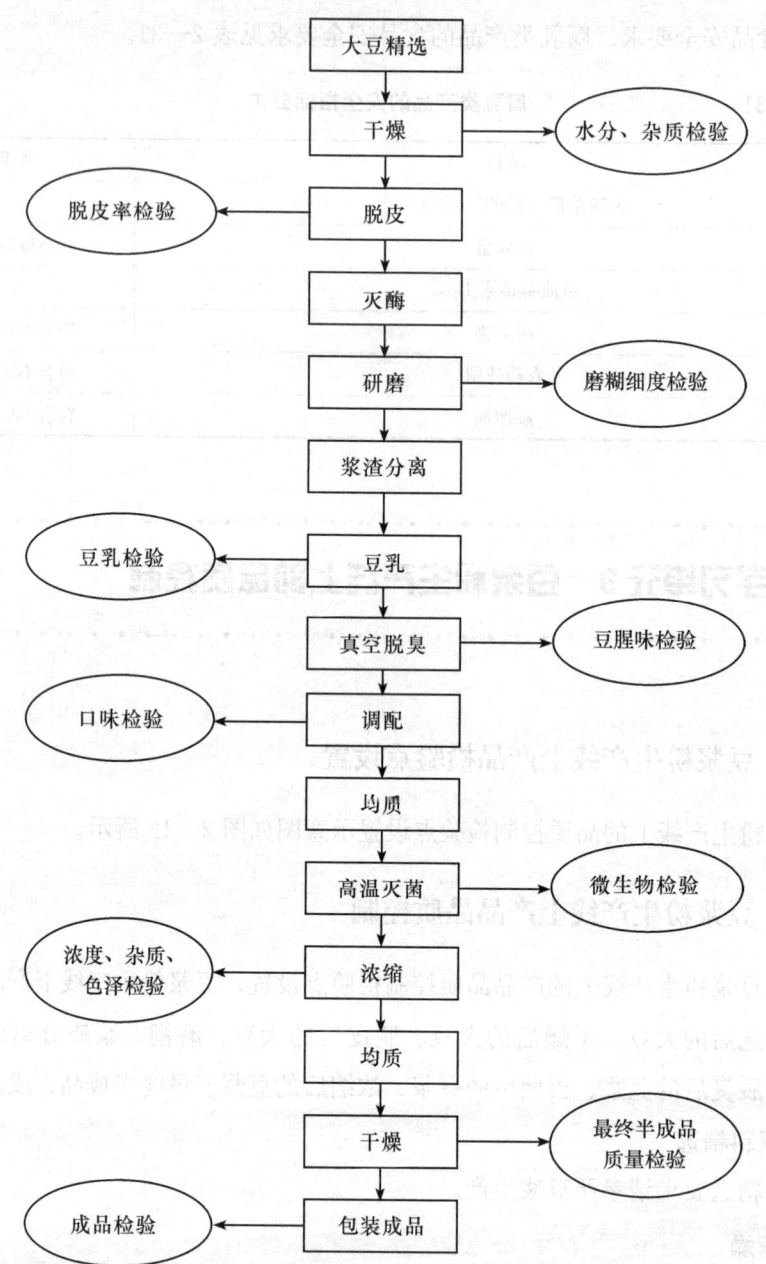

图 2—12　豆浆粉生产线上的产品品质控制检验点设置示意图

5. 生浆要求

(1) 色泽

淡黄色或乳白色，其他型产品应符合添加辅料后该产品应有的色泽。

(2) 外观

良好的液体状，无浮皮、凝块。

(3) 气味和滋味

具有大豆豆浆特有的香味及该品种应有的风味，口味纯正，无异味。

(4) 杂质

无正常视力可见外来杂质。

(5) 生浆 pH 值

生浆 pH 值为 6.5～7.0。

(6) 生浆浓度

生浆浓度为 5%～8%。

(7) 豆渣颗粒度

豆渣颗粒度≤1 mm。

6. 真空脱臭

真空脱臭后的浆液应闻不出豆腥味。

7. 高温杀菌

高温杀菌后的浆液要求控制耐热芽孢菌总数≤100 个/mL，菌落总数≤10 000 个/mL，大肠菌群≤90 CFU/mL，胰蛋白酶钝化率要达到 70% 以上，不含任何致病菌，尿酶活性呈阴性。

8. 浓缩豆乳

(1) 色泽

淡黄色或乳白色，其他型产品应符合添加辅料后该产品应有的色泽。

(2) 外观

良好的液体状，无大颗粒、浮皮、凝块、糊皮等。

(3) 气味和滋味

具有豆浆特有的浓香味及该品种应有的风味，口味纯正，无焦煳等异味。

(4) 杂质

无正常视力可见外来杂质。

(5) 浓度

纯豆浆粉基料 14%～15%，加糖豆浆粉基料 42%～48%。

9. 包装前最终半成品质量要求

进入包装前豆浆粉最终半成品的质量要求如下：

(1) 感官要求

1) 色泽。淡黄色或乳白色，其他型产品应符合添加辅料后该产品应有的色泽。

2) 外观。粉状或微粒状，无结块。

3) 气味和滋味。具有大豆特有的香味及该品种应有的风味，口味纯正，无异味。

4) 冲调性。润湿下沉快，冲调后易分解，允许有极少盘团块。

5) 杂质。无正常视力可见外来杂质。

(2) 理化要求

理化要求见表2—32。

表2—32　　　　　豆浆粉最终半成品的理化要求

项目	要求				
	普通型	高蛋白型	低糖型	低糖高蛋白型	其他型
水分（%）≤	4.0	4.0	4.0	5.0	4.0
蛋白质（%）≥	18.0	22.0	18.0	32.0	18.0
脂肪（%）≥	8.0	6.0	8.0	12.0	8.0
总糖（以蔗糖计）（%）≤	60.0	50.0	45.0	20.0	55.0
灰分（%）≤	3.0	3.0	5.0	6.5	5.0
溶解度（g/100 g）≥	97.0	92.0	92.0	90.0	92.0
总酸（以乳酸计）（g/kg）≤	10.0				

10. 成品品质控制

豆浆粉的成品品质控制，包括包装、净含量及内容物产品的控制，净含量的测定方法和判定依据与前面讲述的豆浆净含量的要求一致。

(1) 包装

豆浆粉普遍采用PP塑料充气包装，包装质量要求为表面干净整洁；封口表面平整，四周密封性好，没有漏气现象；图案和文字清晰，没有歪斜；生产日期及批号的打印字迹清晰、准确。

(2) 内容物产品

产品检验包括感官要求、理化要求及食品安全要求。

豆浆粉成品的感官要求和理化要求与最终半成品的一致。食品安全要求见表2—33。

表 2—33　　　　　　　　　　豆浆粉产品安全要求

项目		要求
微生物	菌落总数 CFU/g≤	30 000
	大肠菌群（MPN/100 g）≤	50
	致病菌（沙门氏菌、志贺氏菌、金黄色葡萄球菌）	不得检出
	霉菌 CFU/g≤	100
尿酶活性	定性法	阴性
	定量法≤	0.02
污染物		符合 GB 2762
农药残留		符合 GB 2763
添加剂		符合 GB 2760

第4节　豆制品出厂产品品质控制

学习目标

➢ 能进行豆制品产品出厂检验和判定
➢ 能进行豆制品产品出厂检验不合格判定
➢ 能进行豆制品产品出厂检验不合格处理

豆制品成品出厂品质控制也是企业对产品的最终控制。
产品在完成全部生产过程，符合标准规格和技术条件，并已验收入库，可以按照合同规定的条件送交订货单位，或可以作为商品对外销售。出厂品质控制是产品出厂前的一种检验，也是企业对产品质量进行监控的最后一道关口，因此，出厂品质控制是企业产品品质控制中最重要的环节之一。

一、出厂品质控制流程

出厂品质控制流程如图 2—13 所示。

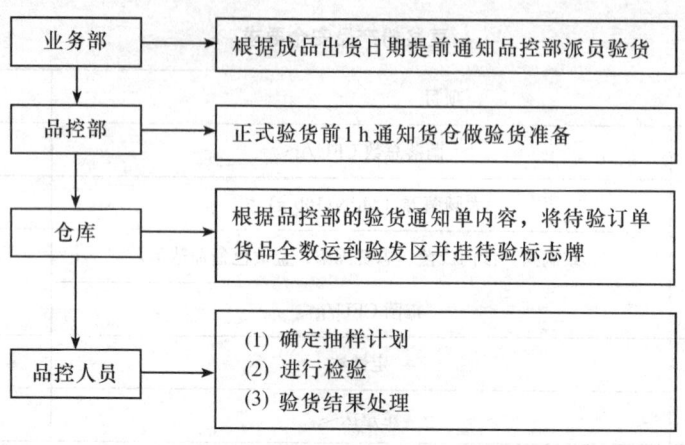

图 2—13 出厂品质控制流程图

二、检验内容

出厂检验主要有以下几方面内容：

1. 包装和标志检验

（1）检查外包装上的标志纸的粘贴位置是否规范，标志纸的书写内容填写是否与产品一致。

（2）纸箱外包装是否有品检合格印章。

（3）所装的产品规格、数量是否符合要求，是否有混装。

（4）检查内包装是否整洁、完好，日期、标志是否准确。

2. 产品感官

豆制品含水量较多，在环境不洁和温度较高的情况下最容易引起杂菌的产生与繁殖，如果微生物检测存在滞后性，则不能及时反映豆制品的产品质量，所以，豆制品产品的成品检验很大程度上依赖于成品感官的检验。感官检验是必需的出厂检验项目。

产品感官检验主要是气味、色泽、组织形态上判断产品是否符合质量要求。对于刚刚生产出来的产品，主要检查产品的新鲜度，判断气味、色泽是否符合该产品的特性，韧性、柔软度等各方面是否达到要求。对于在库房中存放一段时间的产品，如果时间长了会发生腐败变质，如有气味难闻、色泽异常、味道酸臭、表面发黏等现象，这样的产品不能销售。油炸产品由于脂肪的水解和氧化，使油脂带有特殊的气味，即所谓的"油腻"气味。

豆制品各类产品的感官检验及感官要求，可以参照各类产品的成品感官要求。

3. 产品理化指标

豆制品理化指标主要包括蛋白质、水分、温度的检测，油炸产品还需定期测定产品的过氧化值和酸价。出厂检验的理化指标一般只有前两项，水分、蛋白质项目的检验每个品种每月至少检测一次，以验证产品达到要求。对于鲜货类豆制品，每次出厂前必须对产品进行检测，确保产品中心温度已经降到冷库温度。

豆制品各类产品的理化要求，可以参照各类产品的成品理化要求。

4. 净含量

净含量指标为必检项目，净含量的要求要符合《定量包装商品计量监督管理办法》的规定。其中对净含量的标注要注意法定计量单位、字符高度，要求分别见表2—34和表2—35。在实际操作中要注意允许短缺量：单件定量包装商品的实际含量应当准确反映其标注净含量，标注净含量与实际含量之差不得大于表2—36规定的允许短缺量；批量定量包装商品的平均实际含量应当大于或者等于其标注净含量。

表2—34　　　　　　　　　　　法定计量单位的选择

	标注净含量（Q_n）的量限	计量单位
质量	$Q_n < 1\,000$ g	g（克）
	$Q_n \geqslant 1\,000$ g	kg（千克）
体积	$Q_n < 1\,000$ mL	mL（毫升）
	$Q_n \geqslant 1\,000$ mL	L（升）
长度	$Q_n < 100$ cm	mm（毫米）或者cm（厘米）
	$Q_n \geqslant 100$ cm	m（米）
面积	$Q_n < 100$ cm^2	mm^2（平方毫米）或者cm^2（平方厘米）
	1 cm$^2 \leqslant Q_n < 100$ dm^2	dm^2（平方分米）
	$Q_n \geqslant 1$ m^2	m^2（平方米）

表2—35　　　　　　　　　　　标注字符高度

标注净含量（Q_n）	字符的最小高度（mm）
$Q_n \leqslant 50$ g $Q_n \leqslant 50$ mL	2
50 g $< Q_n \leqslant 200$ g 50 mL $< Q_n \leqslant 200$ mL	3
200 g $< Q_n \leqslant 1\,000$ g 200 mL $< Q_n \leqslant 1\,000$ mL	4

续表

标注净含量（Q_n）	字符的最小高度（mm）
$Q_n>1$ kg $Q_n>1$ L	6
以长度、面积、计数单位标注	2

表 2—36　　允许短缺量

质量或体积定量包装商品的标注净含量 （Q_n）（g 或 mL）	允许短缺量（T）（g 或 mL）	
	Q_n 的百分比（%）	g 或 mL
0～50	9	—
50～100	—	4.5
100～200	4.5	—
200～300	—	9
300～500	3	—
500～1 000	—	15
1 000～10 000	1.5	—
10 000～15 000	—	150
15 000～50 000	1	—

长度定量包装商品的标注净含量（Q_n）	允许短缺量（T）（m）
$Q_n\leqslant 5$ m	不允许出现短缺量
$Q_n>5$ m	$Q_n\times 2\%$

面积定量包装商品的标注净含量（Q_n）	允许短缺量（T）
全部 Q_n	$Q_n\times 3\%$

计数定量包装商品的标注净含量（Q_n）	允许短缺量（T）
$Q_n\leqslant 50$	不允许出现短缺量
$Q_n>50$	$Q_n\times 1\%$

5. 产品安全指标

豆制品的产品安全指标包括微生物指标、真菌毒素、污染物指标、农药残留指标及添加剂指标。

微生物指标主要包括菌落总数、大肠菌群、致病菌（如沙门氏菌、金黄色葡萄球菌、志贺氏菌等），指标的限量要求参照 GB 2711《非发酵性豆制品及面筋卫生标准》和 GB 2712《发酵性豆制品卫生标准》两项标准执行。

污染物指标主要包括总砷、铅等。豆制品中污染物的限量按照 GB 2711《非发酵性豆制品及面筋卫生标准》、GB 2712《发酵性豆制品卫生标准》和 GB 2762《食品中污染物限量》执行。

食品添加剂及农药残留根据不同的产品参照 GB 2760《食品添加剂使用卫生标准》和 GB 2763《食品中农药最大残留限量》执行。

食品安全指标中微生物指标菌落总数、大肠菌群为出厂必检项目，其余指标为型式检验项目。2009 年 3 月国家推行新的菌落总数、大肠菌群等微生物检验标准，新标准所用的培养基更加灵敏，培养时间也有所增加，这就对企业的微生物检验提出了更高的要求。

出厂检验中的微生物检验并出结果一般需要 2~3 天，在豆制品企业中，大部分产品（如豆腐等）是鲜货产品，由于保质期很短，冷藏情况下一般为 3 天，所以，这类产品的出厂检验中微生物检验结果不能作为出厂依据，只能作为企业产品在市场上一旦出现质量问题而进行追溯备案。

豆制品各类产品的食品安全指标及检验内容，可以参照各类产品的成品安全指标要求。

三、不合格品的判定

品控检验人员根据产品品质标准判定抽检中出现的不合格品数量，若出现无法判定的产品，可填写品质抽查报告（见表 2—37），连同不合格样品，交主管判定，检验人员根据最终仲裁结果确定不合格品处理意见。

表 2—37　　　　　　　　品质抽查报告

产品名称：	抽查日期：
生产部门：	生产班级：
产品批号：	生产数量：
抽查件数：	不合格率：
执行标准：	

续表

序号	主要检验指标															
	实际值	标准值	实际值	标准值	实际值	标准值	实际值	标准值	实际值	标准值	实际值	标准值	实际值	标准值	实际值	标准值
01																
02																
03																
04																
05																
06																
07																

抽查结果描述：

结果判定：　　　　　　　　　　　　检验人员：

生产部建议：　　　　　　生产部经办人：　　　　　生产部主管：

检验部复检情况：

检验人员：　　　　　　　　　　　　检验主管：

复检结果：

四、验货结果的判定与标志

品质检验人员根据不合格品的确认结果，判定该批产品是否允收。

1. 对允收产品

对允收的批次产品则在其外箱逐一盖检验合格印章，并通知货仓部出库。

2. 对拒收产品

对拒收批次产品品质检验人员要标上待处理的标志，货仓不得擅自移动此类产品。

五、产品的补数和返工、报废

对于拒收的产品，品质检验部门根据检验结果确定送检产品的拒收情况，并书面通知生产部进行补数返工直至报废。

1. 补数

检验人员确认该批次产品中有少量不合格产品，需要生产部门按查验出来的不合格品数量进行补数。

2. 返工

返工是经确认的不合格品率已超过品质允收标准 AQL 时品质检验部填发产品返工通知，要求生产部及时返工，返工过程的品质控制由现场品质控制人员负责，返工完成后生产部须通知品质检验人员到场重检直到合格为止，并在外箱逐一盖检验合格印章。

3. 报废

品质检验人员对存在的严重不合格产品，应及时填制报废申请单，申请报废。对批准后的报废品由货仓部运到废品区进行处理。

六、出厂检验记录

1. 品控检验人员验货

在完成所有验货后及时填制成品出厂检验报告（见表 2—38），交主管签批并将此期间产生的所有表单一起交品控部存档。

表 2—38　　　　　　　　成品出厂检验报告

　　　　　　　　　　　　　　　　　　　　　　　　年　　月　　日

产品名称		客户	
规格		数量	
日期批号			
序号	检验项目	检验情况	备注

检验判定

□准予出货　　　　　□请详细检验　　　　　□退厂处理

2. 客户验货

如有客户验货时由品控部派员陪同，验货程序同品控检验验货一样，但要使用客户验货记录单，验货完成后由陪同的品控检验人员将客户验货记录单（一式两份）交品控检验主管签名。一份由品控部自行保存，另一份交客户。

第3章

豆制品新产品开发

第1节 新产品开发的基本概念

 学习目标

➤ 能对企业新产品开发定位

一、新产品的概念

对企业来讲，现有产品之外的产品都可以叫新产品，新产品可分为以下几种：

1. 创新产品

创新产品是指利用新材料、新工艺、新技术、新设备等生产的在一定区域内从未试制生产过的，并具有一定新品质的产品。按国际惯例，创新产品必须符合以下几个条件：

（1）在结构、性能、材质、配方、工艺及技术特征等方面或几方面比老产品有显著改进和提高，或具有独创性。

（2）在一个国家或地区范围内是第一次试制成功的产品。

（3）具有先进性、实用性，能提高经济效益，并有广泛的市场前景。

（4）新开发的食品必须符合有关的国际或国家质量标准和卫生标准，并安全可靠。

（5）经过有关部门的鉴定，确认为创新产品。

2. 改良新产品

改良新产品是指产品的结构、性能等方面没有改变，只是在花色品种、外观形状、表面装饰、包装及装潢等方面进行改进。改良新产品不属于创新产品，属于老产品的改进或改良。

很多地方都有很好的老品牌产品，这些老品牌产品深受广大消费者的喜爱，为了将这些老品牌产品保留并发展，在结构、性能不改变的情况下，企业或科研机构改善这些老品牌产品外观形状，增加花色品种，改进表面装饰和包装等，以适应市场发展的需求，比如豆制品企业原来只生产原味豆浆，在口味上增加巧克力口味、麦香口味、草莓味等系列新产品，在包装上由原来的袋装增加了PET瓶装的新产品，这些都叫改良新产品。

3. 仿制新产品

企业根据某一些名牌、优质、特色等产品的结构、性能、花色品种、外观形状、表面装饰、包装等方面的特征，模仿试制出来的新产品，称为仿制新产品。

本章所讲的新产品包括以上创新产品、改良新产品、仿制新产品等新开发出来的产品。

二、新产品开发意义

对企业而言，开发新产品具有十分重要的战略意义，它是企业生存与发展的重要支柱。

1. 新产品开发是企业生存和发展的基础

对企业来说，任何一个产品都有导入期、成长期、成熟期和衰退期，因此，没有长盛不衰的产品，企业要发展，就要适应这种产品周期的变化，不断开发新产品，否则就会停滞不前，最终被市场淘汰。

2. 新产品开发有利于适应不断变化的市场需求，维护企业的竞争优势和竞争地位

当今市场需求和消费热点的变化日新月异，企业只有不断开发适应市场需求潮流的产品，才能满足市场的需要，实现企业的利润目标，保持长期的竞争优势。

3. 新产品开发有利于充分利用企业的生产和经营能力，提高企业的经济效益

因为在总的固定成本不变的情况下，开发新产品能提高企业的资源利用率，由此产品的成本随着降低。

4. 新产品开发有利于提高企业的形象

任何一个消费者喜爱的新产品在市场投放都会引起消费者对企业的关注，从而

提高企业在消费者心中的形象。

三、豆制品新产品开发原则

1. 坚持发扬传统特色

我国是豆制品的发源地,豆制品生产在我国有几千年的历史,豆制品消费已经成为我国老百姓的一种习惯。因此,新产品开发必须发扬我国的传统特色、地方特色,开发出具有传统特色的豆制品。

2. 充分利用先进的设备和技术

随着现代豆制品加工技术的发展,出现许多新技术、新工艺、新设备。新产品开发要充分利用这些新技术、新工艺、新设备,开发出符合现代人需求的产品。

3. 传统与现代结合

豆制品的生产具有两千多年的悠久历史,传统的豆制品加工技术不可弃之,要合理科学地传承,并利用现代的技术和传统的加工工艺进行有机结合,开发出被市场接受和消费者喜爱的新产品。

4. 模仿创新

豆制品品种繁多,很多产品具有地方性特色,这些地方特色的产品长期以来一直深受消费者的喜爱,并且成为地方特产。另外,近年来随着国际上对大豆营养价值的认同,世界各地的企业科研人员也开发出一些深受人们喜爱的新型豆制品,对于这些好的产品,企业可以进行模仿研制开发,但同时千万注意这些产品的知识产权问题,防止在开发新产品的过程中发生知识产权纠纷,影响企业的发展。

5. 根据市场需求

企业的产品开发要以市场需求为导向,新产品必须是市场认同和接受的,这样才会产生经济效益,否则只是形式上的新产品。

四、新产品开发的方式

新产品的开发一般有以下几种方式:

1. 独立研制

独立研制是指企业在基础理论和应用技术研究成果的基础上自己研制的、具有自主知识产权的新产品。

独立研制要求企业有较雄厚的人力资源和财力资源,具有独立研制开发能力的工程技术人员,这些工程技术人员不仅要懂得新产品开发的程序和方法,而且要懂得配方设计、工艺设计以及所开发新产品的质量标准和检验方法等知识。

2. 技术引进

企业在自力更生的前提下,利用国内、国外或其他地区现有的成熟技术从事新产品的开发,这一过程叫技术引进。

技术引进的特点是企业投资少,并可较快掌握新产品的制造工艺和配方等技术,争取时间把新产品生产出来,并投放市场产生经济效益,从而达到投入时间短、资金少、见效快的目的。

3. 自行开发与技术引进相结合

这种方式是指某种新产品开发过程中的一部分技术是自主研制的,而另一部分技术是引进的。这种方式有以下几个特点:

(1) 它建立在发挥本企业自主开发能力基础上,引进的某些技术只是补充自主研发的不足。

(2) 投资少,见效快,容易掌握,与全技术引进相比,新产品具有自己的特点和特征。

(3) 通过部分技术引进,能提高企业新产品开发技术水平,为自主创新打下良好的基础。

4. 模仿研制

模仿研制就是模仿别人优秀的、先进的产品,开发生产出新产品,但一定要注意被模仿产品是否有知识产权问题,如被模仿产品有知识产权问题,要避免因雷同而引起知识产权的纠纷,影响企业的生存和正常发展。

五、新产品开发的途径

新产品开发一般有以下几个途径:

1. 传统豆制品的开发

(1) 概念的升级

通过对产品工艺、原料、产品特性进行充分挖掘找出产品的特点,赋予产品一个好的概念,从而让原来的产品凸显新的个性,实现产品对消费者利益新的价值体现,如有机豆腐干、有机豆浆、有机豆腐就是利用消费者对有机食品和健康概念的提升来达到传统豆制品新产品开发的途径。

(2) 功能的提升

豆制品作为老百姓喜爱的普通日常消费品,具有适用人群面广和营养丰富的特性,豆制品本身就是一种功能性食品,如果再通过加入不同的功能性物质,如添加钙、维生素等实现产品的功能提升,不仅实现了产品的差异化和品项的增加,同时也避开了产品的同质化竞争，而且实现了新品开发。

（3）开发和利用产品生产的新原料和新资源

企业要开发出优质的新产品，做好食品加工原料的开发工作非常重要，没有优质的原辅料，不可能开发出优质的新产品。我国物产丰富，至今还有很多优质资源未加以利用，只有搞好这些资源的开发工作才能为食品工业开发出新材料，从而为开发新产品打下坚实的基础。

豆制品行业的原辅料开发也已经不断发展。如在传统使用黄豆作为原料生产豆浆和豆腐的基础上，开发出了绿豆、红豆、黑豆豆浆及黑豆豆腐。在使用盐卤、石膏作为凝固剂的基础上开发出薪草提取物、谷氨酰胺转氨酶等新型稳定剂和凝固剂，还有采用果汁添加多种凝固剂混合点浆生产出颜色丰富多彩的果蔬汁豆腐。在传统采用散装产品的基础上对豆制品包装日趋多样化。在包装材料上，既要保证基本的食品安全，又发展到延长保质期的材质包装；在包装形式上，有的采用真空包装，有的采用充气包装等；在包装封面设计上，大小、色彩也都是多种多样。

没有豆制品基础原辅料的开发和利用，新产品的质量就没有最基本的保证。没有食品添加剂的开发和利用，就没有现代新食品的产生。没有包装材料的开发和利用，就没有漂亮的包装。因此，开发和利用食品生产的新原料和新资源非常重要。

（4）改进生产工艺和设备

食品的生产技术和使用的生产设备对食品的质量有重大影响，要开发出优质的产品，就要改进生产工艺和生产设备，开发出食品生产的新工艺和新设备。

没有先进的机械设备就无法提高产品的质量。没有先进的包装机械和包装材料，豆制品就无法提高档次。

1）豆浆生产工艺和设备。传统的豆浆生产只是进行简单的杀菌和包装，一般只能现做现卖，品质得不到保障。由于豆浆成分和牛奶的成分有很多的相似之处，所以，现在的豆浆生产工艺和设备在前期采用浸泡、磨浆后基本和牛奶相似，如配料、均质、UHT杀菌、无菌包装等，有的厂家不惜成本引进了先进的利乐生产设备，使豆浆的保质期延长到三个月甚至更长的时间。在配料上，一些稳定剂和乳化剂也用于豆浆的生产中，对提高豆浆的稳定性和口感起到了很大的作用。

2）豆腐生产工艺和设备。近年来，豆腐的生产工艺和设备得到了飞速发展，有的可以实现全自动生产。盒装豆腐在点浆后即可包装，而后通过加热成型再冷却成成品。加热成型过程除了使豆腐凝固外，还起到杀菌作用，这无疑给豆腐的质量卫生提供了保障，也大大延长了豆腐的保质期。在配方上，添加谷氨酰胺转氨酶可以提高豆腐的韧性。老豆腐生产设备采用连续压榨，实现了自动化生产，大大节约了劳动力，同时为老豆腐的品质提供了保证。

3) 豆腐片（千张）生产工艺和设备。薄豆腐片（千张）已经实现了机械化生产，通过一定长度的流水线让水分析出，后经过折叠、压榨、揭布，大大提高了生产力。厚豆腐片（千张）目前以手工浇制为主。

(5) 消化引进技术和设备

豆制品起源于中国，不过豆制品设备的发展国外步伐很快，特别是日本，如绢豆腐生产线、木棉豆腐生产线、油炸豆腐生产线等，都实现了全自动生产。对这些先进的生产技术和设备可以引进、消化和吸收，利用他们的先进经验发展我国的豆制品产业。

连续煮浆设备的消化引进和利用，为我国开发的连续煮浆机起到了非常重要的作用。连续煮浆设备的引进、消化和利用，可以保证煮浆质量，避免产生假沸现象，同时提高了煮浆效率。

消化引进技术和设备的有效途径是模仿研制，但模仿研制时要注意知识产权的保护问题，避免引起侵权纠纷。

(6) 包装的整合和改进

食品包装的作用主要有两个，一是为了保护所包装的销售食品，二是为了销售所保护的包装食品。对新产品包装的改进也是新产品开发的一个重要方向，特别是食品，要求包装能保护食品，方便储藏，便于食用，符合卫生，美观大方等。

近年来，我国食品包装的发展非常迅速，出现了一大批优质的食品包装材料和包装袋，产品通过包装的更换不仅形成了产品的差异化，开辟了市场，有效避免了竞争，为企业开发新产品提供了有效途径，而且美观大方，安全实用。通过包装的变化和更换来开发豆制品新产品的途径多种多样，如用于豆浆开发的百乐包、利乐砖、利乐枕、铁罐、PET瓶等包装。塑料包装在食品包装中占据非常重要的地位，塑料包装制品可以延长食品的保质期，降低包装物的质（重）量，便于新产品的包装设计等。对食品的塑料包装物，我国实现了强制的QS（质量安全）认证制度，确保了食品包装的质量安全。对这些包装材料除了必须符合国家标准，还要无异味，除了符合食品安全要求外，还要求印刷着色牢固、无脱墨现象、防潮性能好、重量轻等。如用于熟食豆制品的真空包装、充氮气包装等，都有利于豆制品的储藏和使用，因而塑料包装的发展非常快，其需求量也与日俱增。

新产品开发的包装设计与应用，还必须严格执行 GB 7718—2011《预包装食品标签通则》。

(7) 辅料的添加和口味的延伸

通过对产品添加不同的辅料，并使辅料与原有产品进行口味、营养等的有机结合，来催生一个新产品，是豆制品生产企业在新品开发上的另一个途径，其广泛用于豆浆、豆浆粉、休闲豆腐干等产品的开发中，如在豆浆中加入各种果汁、果粒、牛奶、香精等，开发出果汁豆浆、双蛋白豆浆、草莓味豆浆、巧克力味豆浆、麦香味豆浆等新产品。在豆浆粉中加入花生、核桃、奶粉等，开发出花生豆浆粉、核桃豆浆粉、豆奶粉等产品。在豆腐干中加入虾仁、火腿等，开发出海鲜豆腐干、火腿豆腐干等。通过调制各种卤料在卤制豆腐干的基础上开发出五香味、麻辣味、烧烤味、牛汁味、海鲜味的产品。

(8) 人群定位的发掘

根据消费人群的特殊需要，进行对产品的重新设计，成为传统豆制品新品开发的一个新方向，如根据爱美女士的消费需求，开发出特别添加异黄酮的女人豆浆，根据有些婴儿乳糖不耐症的特点而开发的专门代替婴儿奶粉的婴儿配方粉等，都是在针对人群定位基础上达到新品开发的目的。

2. 对副产品进行综合利用，研究和开发新产品

综合利用的研究和开发是开发新产品另一个有效的途径。

(1) 利用黄浆水开发新产品

豆制品生产过程中的废水——黄浆水含有丰富的大豆皂苷、植物甾醇、异黄酮等功能性物质，如何利用现代技术，对豆腐黄浆水进行综合开发，研制出富有营养、口感美味的功能性饮品，将是豆制品企业通过三废综合利用开发新品的一个途径。

(2) 利用豆渣开发新产品

豆渣作为豆制品企业的主要副产物还没有得到充分利用，仍然作为廉价的下脚料或废弃物。如何利用现代技术对豆渣等副产品进行综合利用，开发出高附加值的新产品，也是目前豆制品企业新产品开发的途径。比如，利用先进的技术，在尽量节约能源和成本的基础上，将豆渣中的水分除去制成高膳食纤维的豆渣粉、豆渣饼干、豆渣面包等新产品。

3. 其他新兴大豆制品的开发

(1) 仿肉素食品的开发

利用挤压膨化工艺将大豆粉、豆粕粉、大豆蛋白粉等制成具有类似肉类组织状态的产品，然后进行调味及形态的加工，制成类似羊肉、牛肉、鸡肉、鱼肉、香肠等的产品。

(2) 利用发酵技术开发新产品

利用现代发酵技术也是目前新型豆制品开发的有效途径。如利用现代生物技术开发酸豆浆，利用纳豆菌发酵开发纳豆新产品，利用传统发酵工艺生产豆腐冰激凌等。

(3) 利用生物提取技术开发新产品

利用生物提取技术提取大豆中的大豆蛋白、卵磷脂、异黄酮、低聚糖、膳食纤维等成分，制成带有各种保健功能的产品，如大豆蛋白粉、大豆膳食纤维、大豆卵磷脂、大豆异黄酮、大豆低聚糖等。

六、新产品开发的程序

豆制品新产品开发是一项系统工作，新产品开发应经过科学的管理工作程序。豆制品新产品开发的程序因开发方式不同而不同，以企业独立研究自主开发最复杂，也最具代表性，它反映豆制品新产品开发的全过程，图3—1所示为豆制品新产品开发的一般程序。

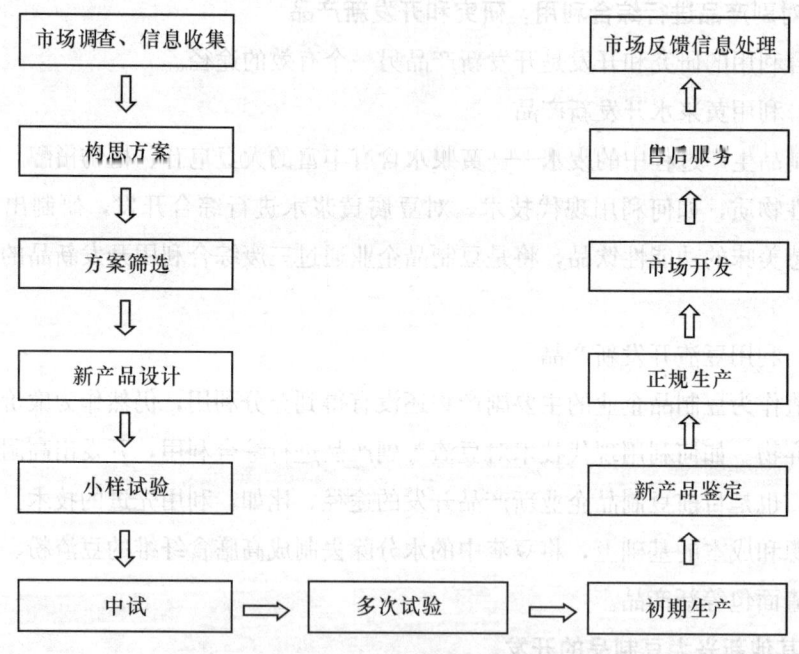

图3—1 豆制品新产品开发的一般程序

新产品开发分三个阶段：设计阶段（1.编制设计任务书，2.配方设计，3.工艺设计，4.质量设计，5.试验设计，6.包装设计，7.设计评审）→评审阶段（新产品商品化决策评价）→市场阶段（1.试销，2.促销，3.市场评价）。

第2节 市场调查

 学习目标

➢ 能收集国内外豆制品技术信息、判断豆制品生产技术发展动态
➢ 能识读市场调查报告

随着经济的发展,市场调查与企业产品的开发活动密切相关,已经成为企业进行产品开发、市场定位、营销决策活动的重要依据和重要组成部分。企业应该对市场调查认真对待和重视。

一、市场调查基本概念

市场调查是市场学的核心内容,是一门专门的学科,国外的市场调查公司已发展到相当高的水平,著名的调查公司早已开始跨国经营。有关市场调查的论著也很丰富。市场调查的方法及技巧很多。对于市场调查工作,发达国家的企业生产者、商品经营者非常重视。

1. 市场调查概念及功能

市场调查又叫市场调研、市场研究等。对于市场调研的定义各不相同,并没有统一的说法。直观地讲,市场调查就是企业为解决产品的决策,了解市场为市场预测提供客观而具体的资料依据而进行的调查活动。指对消费者的调查,了解购买、消费等各种事实、动机和偏好。

2. 特点

市场调查工作的特点可概括为系统性、客观性、目的性、不确定性、时效性等。

(1) 系统性

市场调查包括调研立题、调研设计、信息收集、信息分析、调查报告等阶段,每个阶段都环环相扣形成系统性。

(2) 客观性

一般市场调查方案设计时要先提出一定的假设,然后在以后的资料收集、资料分析中进一步验证假设,不受感情因素的影响,克服个人偏见和主观影响。

(3) 目的性

市场调查是一项目的非常明确的工作，必须做到有组织、有计划、有步骤。它的任务是收集商业情报和市场信息。因此，每次市场调查都要事先定好调查的范围和所要达到的目标。总的来说，市场调查的目的是要为本企业的产品提供市场信息服务，为企业不断改进生产技术、提高业务水平和经营管理水平提供咨询服务，为企业的发展和获得最佳经济效益提供市场依据。

(4) 实践性

实践性是指市场调查是一项离不开实践的工作，调查工作人员必须深入实践才能收集到全面、具体和时效性强的调查资料。调查研究人员通过对调查资料的分析，从中得出富有行动意义的结论，为企业管理部门进行决策提供依据，并指导企业的实践。

(5) 相关性

市场调查一般均以某种产品的营销活动为中心展开具体的调查工作，因此，与产品的营销业务直接有关，这是市场调查的相关性。它为产品的营销提供各种有关市场和市场环境的信息，并预测消费者的需求变化和潜在市场的变化趋势，直接指导企业的生产和经营活动。

(6) 不确定性

市场在不断变化，政策、竞争力量、供应条件的改变等多种因素的影响使市场调查的结果具有不确定性。豆制品作为日用消费品在调研过程中有时会表现得很明显。

(7) 时效性

市场调查需要在一定的时间范围内进行，反映的只是某一时间内的信息和情况，在一定时期内调查结果是有效的。随着新情况和新问题的出现，以前调研结果就会滞后于形势的发展，变为无效的。企业要根据实际情况确定是否进行市场调查并适时地舍弃过去的结论。

3. 作用

市场调查的作用可以简单总结为通过提供有用、及时、准确的信息来改进产品决策。具体体现为：

(1) 为企业管理部门和有关负责人提供决策依据

任何一个企业都只有在对市场情况有实际了解的情况下，才能有针对性地制定研发适销对路的产品发展策略。

(2) 有助于更好地吸收国内外先进经验和最新技术，改进企业产品的工艺和生产技术，提高管理水平。

当今世界，科技发展迅速，新发明、新创造、新技术和新产品层出不穷，日新月异。这种技术的进步自然会在商品市场上以产品的形式反映出来。通过市场调查，可以得到有助于我们及时了解市场经济动态和科技信息的资料信息，为企业提供最新的市场情报和技术生产情报，以便更好地学习和吸取同行业的先进经验和最新技术，改进企业的生产技术，提高人员的技术水平和企业的管理水平，从而提高产品的质量，加速产品的更新换代，增强产品和企业的竞争力，保障企业的生存和发展。

（3）增强企业的竞争力和生存能力

由于现代化社会大生产的发展和技术水平的进步，市场竞争变得日益激烈。市场情况在不断发生变化，而促使市场发生变化的原因，不外乎产品、价格、分销、广告、推销等市场因素和政治、经济、文化、地理条件等市场环境因素。这两种因素往往相互联系和相互影响，而且不断发生变化。因此，企业为适应这种变化，就只有通过广泛的市场调查，及时了解各种市场因素和市场环境因素的变化，从而有针对性地采取措施。不仅如此，通过市场调查所获得的资料，除了可供了解目前市场的情况之外，还可以预测市场变化趋势，从而提前对企业的产品应变作出计划和安排。

4. 分类

市场调查按照调查对象的不同，可分为普查、抽样调查、个案调查、典型调查、重点调查、专家调查等。

普查即全面调查，对研究对象全体所作的无一遗漏的逐个调查，对市场进行一次性全面调查，调查结果全面、真实、可靠；由于这种调查量大、面广，所以费用高、周期长、难度大。

抽样调查，据此推断整个总体的状况。比如经销一种小学生食品，完全可选一两个学校的一两个班级小学生进行调查，从而推断小学生群体对该种产品的市场需求情况。

典型调查，即从调查对象的总体中挑选一些典型个体进行调查分析，据此推算出总体的一般情况。如对竞争对手的调查，可以从众多竞争对手中选出一两个典型代表，深入研究了解，剖析它的内在运行机制和经营管理优越点，价格水平和经营方式，而不必对所有竞争对手都进行调查，这样难度大，时间长。

二、信息资料收集、筛选

1. 市场调查一般步骤

市场调查的过程由收集和分析市场数据的一系列步骤组成。各个步骤之间相互影响,某一步骤所做的任何修改都可能影响其他后续步骤,往往也意味着其他步骤也可能需要修改。市场调查的步骤一般按如下程序进行:确定问题与假设→确定所需资料→确定收集资料的方式→抽样设计→数据收集→数据分析→调查报告。

(1) 确定问题与假设

良好的开端是成功的一半,调查的第一步要求决策人员和调查人员认真确定和研究商定的目标,可根据市场调查的目的确定具体的调查内容。按照企业的不同需要,市场调查的目标有所不同,企业在实施经营战略时,必须调查宏观市场环境的发展变化趋势,尤其要调查所处行业未来的发展状况;企业在确定产品定位时,要调查消费者的偏好和消费人群;企业制定市场营销策略时,要调查市场需求状况、市场竞争状况、消费者购买行为和营销要素情况;当企业在经营中遇到问题,这时应针对存在的问题和产生的原因进行市场调查,收集与分析资料,以帮助企业更好地作出决策,以减少决策失误。在任何一个问题上都存在许多可以调查的事情,如果对该问题不做出清晰的定义,收集信息的成本可能会超过调查提出的结果价值。做出假设、给出研究目标的主要原因是为了限定调查的范围,并从将来调查所得出的资料来检验所做的假设是否成立,写出调查报告。如调查消费者行为时,可按消费者购买、使用、使用后评价三个方面列出调查的具体内容项目。调查内容要全面、具体、条理清晰、简练,避免面面俱到,内容过多,过于烦琐,避免把与调查目的无关的内容列入其中。

(2) 确定所需资料

确定问题和假设之后,根据调查目标来确定下一步要收集哪些资料。例如要调查消费者满意度,可以调查消费者对本公司产品及其品牌的态度,对价格的看法等。

(3) 确定收集资料的方式

制定一个收集所需信息最有效的方式,它需要确定的有数据来源、调查方法、调查工具、抽样计划及接触方法。

(4) 抽样设计

在调查设计阶段就应决定抽样对象是谁,这就提出抽样设计问题。其一,究竟是概率抽样还是非概率抽样,这具体要视该调查所要求的准确程度而定。概率抽样的估计准确性较高,且可估计抽样误差,从统计效率来说,自然以概率抽样为好。不过从经济观点来看,非概率抽样设计简单,可节省时间与费用。其二,一个必须决定的问题是样本数目,而这又必须考虑统计与经济、效率问题。

(5) 数据收集

数据收集必须通过调查员来完成,调查员素质会影响调查结果的正确性。调查员以市场学、心理学或社会学专业的大学生最理想,因为,他们已受过调查技术与理论的训练,可降低调查误差。

(6) 数据分析

资料收集后,应检查所有答案,不完整的答案应考虑剔除,或者再询问该应答者,以求填补资料空缺。

(7) 调查报告

市场调查的最后一步是编写一份书面报告。一般而言,书面调查报告可分两类,即专门性报告和通俗性报告。专门性报告的读者是对整个调查设计、分析方法、研究结果以及各类统计表感兴趣者,他们对市场调查的技术已有所了解。而通俗性报告的读者主要兴趣在于听取市场调查专家的建议,如一些企业的最高决策者等。

2. 市场调查资料的收集

市场调查资料根据其来源一般分为现成资料(二手资料)和原始资料(第一手资料),根据所需资料的性质来确定选用哪种方式。

(1) 二手资料的收集

二手资料是相对于一手资料(也称原始资料)而言的,是指市场调研者收集的其他调研机构或个人提供的现成资料。

二手资料具有独特的优点。首先,二手资料比较容易获得,相对来说收集成本比较低,收集效率比较高。其次,有些资料的获得必须靠收集二手数据,例如由国家统计局普查结果所提供的数据,是不可能由任何一个调查公司按原始数据去收集的。另外,尽管二手数据不可能提供我们特定调研问题所需的全部答案,但二手数据在许多方面都是很有用的。例如,二手数据可以帮助我们对调查问题有更明确的认识,更好地定义问题,还可从中寻找处理问题的途径;可以构造适当的设计方案(例如帮助确定关键变量,提供有关总体的一些信息);可以回答一些调查问答题,检验某些假设,更深刻地解释原始数据。因此,考察研究可能得到的二手数据是收集原始数据的先决条件。一般应从二手数据开始分析。只有当二手数据的来源已经全部用完或者有一定的盈余以后,才能考虑进行调研收集原始数据。

二手数据有一定的局限性和缺点，对当前问题的帮助有缺陷，资料的相关性和准确性都不够。收集二手数据的目的、性质和方法不一定适合当前的情况，而且二手数据也可能缺乏准确性，或者有些过时。所以，调研者使用二手数据时应当谨慎，使用二手数据之前，有必要先对二手数据进行评价。

（2）原始资料的收集

原始资料是市场调研人员通过实地调查获取的第一手资料，具有直观、具体、零碎等特点，是直接感受和接触的现象。原始资料的收集是市场调研中一项复杂、辛苦的工作，但又影响调查结果。一般来说，它包括访问法、观察法、定性研究技术和实验法等几类资料收集方法。

1）访问法。访问法是通过询问方式向被调查者了解市场情况、获取原始资料的一种方法。采用访问法进行调查，对所要调查了解的问题，一般事先陈列在调查表中，按照调查表的要求询问，又称调查表法。根据调查人员与被调查者接触方式的不同，可以将访问法分为人员访问、电话访问、邮寄访问和网上访问等。

2）观察法。观察法是指调查者凭借自己的眼睛或摄像录音器材，在调查现场进行实地考察，记录正在发生的市场行为或状况，以获取各种原始资料的一种非介入或调查方法。这种方法的主要特点是，调查者同被调查者不直接接触，而是由调查者从侧面直接或间接借助仪器把被调查者的活动按实际情况记录下来，避免让被调查者感觉正在被调查，从而提高调查结果的真实性和可靠性，使取得的资料更加贴近实际。在现代市场调查中，观察法常用于消费者购买行为的调查以及对商品的花色、品种、规格、质量、技术服务等方面的调查。

观察法是现代市场调查中一种基本的调查方法，同其他方法相比，一个最为明显、突出的优点就是通过观察法调查，可以获得更加真实、客观的原始资料。缺点是观察法仅是取得表面性资料，无法深入探究其原因、态度和动机等问题。另外由于受时空等条件的限制，观察法只能观察到正在发生的行为和现象，而对已知发生的或将要发生的事情却无法得知。观察法要求较高的调研费用和较长的观察时间。因此最好同其他调查方法结合起来使用。

3）定性研究技术。定性研究方法是对研究对象质的规定性进行科学抽象和理论分析的方法，这种方法是选定较小的样本对象进行深度、非正规性的访谈，以进一步弄清问题，发掘内涵，为随后的正规调查作准备。目前国内常用的定性研究方法主要包括焦点小组座谈会、深度访谈法、案例研究、投影法等。在实践中无论运用哪种方法都要尽量将定性分析与定量分析结合起来，以便得出尽可能客观的结论。由于定性研究方法所调查的样本容量小，研究结果并不一定能代表所要研究的目标总体。因此，定性研究方法只能用于对所研究的问题，进行深入了解以及形成进一步研究假设等方面，而不足以支持决策。

4）实验法。实验法是指从影响调查问题的许多因素中选出一两个因素，将它们置于一定条件下进行小规模实验，然后对实验结果做出分析的调查方法。如某种商品在改变品种、包装、设计、价格、广告、陈列方法等因素时，观察因变量引起的效果。

三、市场调查报告

1. 市场调查报告

调查报告是指通过将调查中收集到的材料加以系统整理，分析研究，把调查分析结果、重要的建议、结论和其他重要信息以书面形式向组织和领导汇报调查情况的一种文书。

一份市场调查报告一般包括基本情况、分析与结论、措施与建议三个基本要素。

基本情况主要是对用文字、图表、数字调查结果的描述与解释说明，介绍内容要详尽而准确，为下一步做分析、下结论提供依据。分析与结论是对上述情况数据进行科学的分析，找出原因及各方面因素的影响，透过现象看本质，得出对调查对象的明确结论的过程。措施与建议是在基本情况描述和分析的基础上总结的，即通过对调查资料的分析研究，得出对市场情况的明晰认识；针对市场供求矛盾和调查发现的问题，提出建议和看法，供领导决策参考。

2. 市场调查报告特点

（1）写实性

调查报告是在占有大量实践和调查资料的基础上，用叙述性的语言实事求是地反映市场或产品信息，充分了解实情和全面掌握真实可靠的素材是写好调查报告的基础。

（2）针对性

调查报告一般有比较明确的意向，相关的调查取证都是针对和围绕主题和阅读对象展开的。在选题上必须强调针对性，要有明确的目的来围绕主题展开论述。另外，要明确阅读对象，针对不同的阅读对象来注重论述问题的侧重点。所以，调查报告反映的问题集中且有深度。

（3）逻辑性

调查报告离不开确凿的事实，但又不是材料的机械堆砌，不能只是局限在单纯报告市场客观情况的水平上，而应是对核实无误的数据和事实进行严密的逻辑论证分析，探明发展变化的原因，预测发展变化的趋势，总结市场发展变化规律，提出科学的结论、合理的意见以供参考。

（4）时效性

市场调查的时效性决定了市场调查报告的时效性，所以，做完市场调查要及时进行分析数据得出市场报告。从而能使决策者根据市场调查报告内容及时了解市场信息及产品动态。

四、市场预测

1. 市场预测

市场调查的目的在于通过调查工作研究曾经发生过的各种变化趋势和市场目前状况，以便了解和掌握在今后一定时期内（几个月或几年）市场可能发生的变化情况。这就是市场预测的基本内容。市场预测是一项技术性很强的工作，无论怎样预测，都不可能绝对准确，最多只能在一定的范围内合理估计未来可能发生的变化。并且任何预测都应该以充分的客观事实为依据，具有充分的"合理性"和"准确度"，否则，只能是一种猜测。

2. 分类

预测工作一般从三个方面进行，即根据过去变化趋势进行推测、间接预测和市场对比预测。

（1）根据过去的变化趋势进行推测

这种方法是预测工作中的主要方法。它要求将过去曾经发生过的某种趋势，如消费情况变化等，用图表形式显示出来，然后以此为基础，根据图表中曲线所表示的曾经发生过的某种变化趋势，结合其他事实和数据去设想，或者推测它未来变化的趋向。市场调查人员还必须对构成某种重要变化趋势的各种因素进行深入分析，对它们今后可能发生的变化方向和影响作出合理的评估。这些因素包括新技术的出现、新产品和新企业进入市场、当地经济情况出现某种变化和出现政府政策变化与干预等。

（2）间接预测

间接预测就是其他有经验的专业人士和市场观察员对有关问题的分析和判断。这类预测通常见之于各种报章杂志，如市场分析、工业前景预测和社会经济发展评估等。了解这些对做好预测工作也是极为重要的，它可以克服预测的片面性，吸取众家之长。

(3) 市场对比预测

用准备进行市场预测的产品同其他国家的同类产品以往在市场上出现的情况进行对比,来分析要预测的产品。

第3节 豆制品新产品开发

学习目标

➢ 能根据实验方案试制样品
➢ 能根据实验结果提出产品改进建议

一、样品试制方案分析

1. 准备工作

一般在开发新产品之前要经过严谨的市场调查和分析,对于复杂的、投资较大的还需要请专门机构进行可行性评估。对豆制品来说,一般的产品开发设计只是改变产品的配方、变更工艺参数等,投资较小,风险不是很大,所以,不需要请专门的机构参与,但是,在开发豆制品新产品之前还必须做好以下准备工作:

(1) 新产品的构思——开发什么样的产品

任何一种新产品不可能凭空诞生,也不可能通过想象就能实现。所以,在开发新产品之前对新产品进行构思,比如为什么要开发这种新产品、该产品"新"在哪里、该产品的消费对象是不是针对特定的人群,将来的消费市场如何等问题要做到心中有数。

(2) 现有的工艺、设备评估——开发产品是否可行

对新产品构思好后还需要考虑开发成本的问题,这就需要首先考虑新产品开发所需的工艺与现有的工艺会有怎样的区别以及是否需要增添设备、这些会带来多大的成本等问题,只有这些问题都解决了或者是可行的,才能去搞开发。

(3) 收集相关与产品有关的要求——开发的产品需要达到什么要求

任何一种新产品的诞生要先符合国家法律法规的要求,如《非发酵性豆制品及面筋卫生标准》《发酵性豆制品卫生标准》《食品安全国家标准食品添加剂使用标准》《食品安全国家标准预包装食品标签通则》等。其次有些产品要符合顾客的要

求或者企业自己的规定要求。有些企业在新品开发之前可能考虑了顾客的要求或者企业自己的规定要求，但不太会花过多的精力去收集法律法规，比如设计的新产品标志标签没有符合规定的要求，政府部门开始检查时再改就要花很大的财力和物力。所以，在产品开发之前就做好此项工作，就不会带来后患。

2. 试验设计

为了推动豆制品的发展，常常要进行科学研究。例如原料资源的开发，新产品开发、新的加工工艺的研究、豆制品货架寿命以及卫生标准的制定等。这些研究都离不开科学试验。合理的试验设计对研究有着非常重要的作用。有时候，由于调查或试验设计不合理，以致无法从所获得的数据中提取有用的信息，造成人力、物力和时间的浪费。如果试验设计方法好，则用较少的人力、物力和时间即可收集到必要且有代表性的资料，从中获得可靠的结论，达到试验的预期目的，收到事半功倍之效。豆制品试验研究中常用的试验设计方法有安全随机设计、正交设计、均匀设计、回归正交设计和混料设计等。

3. 原辅料的分析和选择

(1) 原料大豆的选择

大豆制品大部分利用的是大豆的蛋白质，所以，挑选大豆原料的基本条件首先是高蛋白质。一般说，子粒饱满而皮薄的，产品得率高，产品质量好，生产成本低。另外，还要注意大豆的成色，一般选用新大豆作原料，新豆内蛋白质没有变性，制成的产品不仅持水性好，而且有弹性，出品率也比较高。陈大豆因为存放时间比较长，生命活动消耗了其本身的一部分蛋白质，特别是经过高温季节，在高温的作用下，大豆蛋白质发生变性而凝固，破坏了脂肪与蛋白质共存的乳化状态，使脂肪呈游离状态，而呈现出浸油现象，其中的色素物质逐渐沉积，引起子叶变红。用这样的大豆做出的产品，持水性差，且无光泽，无弹性，质地粗糙，口味不佳。

企业可以根据产品的不同要求选择不同的大豆，如黄豆、绿豆、红豆、黑豆等都可以用来做豆制品，不过品种不同，蛋白质、脂肪含量也有一定的差异，营养成分也不一样。如红豆含有较多的膳食纤维，具有润肠通便、降血压等作用。同时红豆含有的叶酸，是产妇、乳母催乳的好食物。绿豆含有大量B族维生素及钙、磷、铁等矿物质，有很好的清热解毒作用，是夏季最受欢迎的解暑佳品。黑豆素有豆中之王的美称，除含有丰富的蛋白质、卵磷脂、脂肪及维生素外，还含烟酸及铁元素。根据大豆的用途，可以开发相应的产品，目前市场上有一些绿豆豆浆、红豆豆浆、黑豆豆腐等，对不同豆类制品的开发也存在很大的发展空间。

(2) 凝固剂的选择

大豆中的植物蛋白仅靠加热是不会凝固的，做豆腐时就需使用凝固剂来使蛋白质凝固。凝固剂就是使呈溶胶状的蛋白质凝集成凝胶状蛋白质的物质。凝固剂分为盐类和酸类两大类，这两类凝固剂凝固的原理是不一样的。盐类凝固剂主要是利用游离的金属离子与蛋白质分子相结合，使蛋白质分子无法继续保持溶解状态而产生聚合反应，最终形成豆腐；酸类凝固剂主要是利用酸类物质使豆浆 pH 值下降，逐步接近大豆蛋白的等电点。

1) 盐类凝固剂。主要是二价盐，有钙盐和镁盐。一般常用的有硫酸钙（$CaSO_4 \cdot 2H_2O$）、氯化镁（$MgCl_2 \cdot 6H_2O$），此外有氯化钙、硫酸镁等。

在开发南豆腐时可选用硫酸钙，它又名石膏，溶解度低，在水中一点一点溶解，凝固反应也逐步进行，所以，属于迟效凝固剂。它的特征主要是难溶于水、与豆浆反应迟缓、富于持水性（口感滑润）、添加量的允许浮动范围大（添加量变化造成豆腐硬度变化小，GB 2760—2011 中规定，按生产需要适量使用）、不改变大豆原有的味道。基于以上特征，采用硫酸钙的悬浊液作凝固剂的豆腐持水性好、有弹性、质地柔软细嫩。

氯化镁多用于开发豆干、老豆腐等产品，国内常把固体盐卤叫做氯化镁，由于天然盐卤没有经过加工，海水的污染和农田的水污染，很不卫生，所以，不能作为食品添加剂。豆制品生产及产品开发所用的是食品级的氯化镁。氯化镁的纯度表示有含结晶水和不含结晶水两种，我国现在执行的卫生标准是行业标准 QB 2604—2003《食用氯化镁》，其中氯化镁的纯度是以不含结晶水的纯度计算的，还包括对铅、砷、铵等的含量限制。氯化镁的特点是潮解性强，容易吸收空气中的水分，所以，在开发过程中要注意氯化镁的实际波美度（可用波美计测）。与硫酸钙相比，氯化镁溶解性较高，与豆浆中的蛋白质分子的结合很快，而溶解后放置一段时间，反应速度会变得缓慢，更容易操作。有时候生产上还会用到乳化盐卤，就是由于氯化镁反应速度太快，而把氯化镁溶液用特殊的乳化剂乳化后，再用高速搅拌机解乳化，这样，乳化盐卤加到豆浆中后徐徐释放，再进行凝固，可以延缓反应时间。

2) 酸类凝固剂。现在用的此类凝固剂多为葡萄糖酸-δ-内酯（$C_6H_{10}O_6$），以前也有用豆腐废水（又叫黄泔水）的，不过后者微生物不易控制，所以，逐步被淘汰。

在开发原浆袋装、盒装豆腐中可以选用葡萄糖酸-δ-内酯（GDL）。GDL 为白色结晶物，易溶于水，在水溶液中缓慢水解形成葡萄糖酸及其 δ 内酯和 γ 内酯的平衡状态，温度越高，水解速度越快。所以，在 GDL 与低温的豆浆混合时并不显示出酸的性质，不会立即引起凝固，这样就可以与豆浆均匀地混合。在新产品开发过程中也要特别注意该特性,如果溶解温度过高、水溶液存放时间过长就容易出现加入 GDL 后浆就变花了的现象。

3) 新型凝固剂。随着科学的发展,越来越多的新型凝固剂也逐渐发展壮大。如薪草提取物、可得然胶、谷氨酰胺转氨酶(简称 TG)等,不过这些新型凝固剂一般都是和传统的凝固剂共同作用时才能发挥出凝固的功效。TG 能对豆浆中的大豆蛋白质(球蛋白)显示出非常高的反应,使分子内及分子间的谷氨酰胺残基和赖氨酸残基之间形成强有力的共价键(G-L)。由于在原来的凝固基础上组合了强有力的共价键,所以,制作的豆腐更加滑嫩且不易松散。

(3) 防腐剂的选择

防腐剂是为了抑制豆制品中微生物的生长繁殖,防止产品腐败变质,延长保存时间而使用的一种添加剂。使用防腐剂时,必须严格按照 GB 2760《食品安全国家标准食品添加剂使用标准》规定的品种及使用量。

1) 三梨酸及其钾盐。三梨酸及三梨酸钾由于毒性低,是目前使用非常普遍的防腐剂。它对霉菌、酵母菌、好气性细菌的生长发育起抑制作用,而对嫌气性芽孢形成菌及嗜酸乳酸杆菌几乎无效。三梨酸及其钾盐为酸性防腐剂,随着 pH 值增大,防腐效果减小,三梨酸、三梨酸钾适宜在 pH 值 5~6 以下的范围内使用。

2) 乳酸链球菌素(Nlsin)。又叫尼辛,目前有 50 多个国家和地区批准可作为一种纯天然食品防腐剂使用,主要用于蛋白质含量高的食品的防腐剂,如肉类、豆类制品。乳酸链球菌素的抗菌谱比较窄,它只能杀死或抑制革兰阳性菌。如肉毒杆菌、金黄色葡萄球菌及李斯特菌的生长和繁殖,尤其对产生孢子的革兰阳性菌和枯草芽孢菌及嗜热脂肪芽孢杆菌等有很强的抑制作用。

(4) 乳化剂的选择

在豆浆研制中,有时会发现分层和水分析出等不稳定现象。引起不稳定的因素很多,如蛋白质形成的胶体溶液、脂肪形成的乳浊液等,由于这些溶液与豆浆液体间存在较大的密度差,所以,容易发生分层、沉淀现象。此时,常用的是乳化剂。乳化剂是一类表面活性剂。它的作用是当它分散在分散质的表面时,形成薄膜或双电层,可使分散相带有电荷,这样就能阻止分散相的小液滴互相凝结,使形成的乳浊液比较稳定。乳化剂从来源上可分为天然物和人工合成品两大类。而按其在两相中所形成乳化体系性质又可分为水包油(O/W)型和油包水(W/O)型两类。衡量乳化性能最常用的指标是亲水亲油平衡值(HLB 值)。HLB 值低表示乳化剂的亲油性强,易形成油包水(W/O)型体系;HLB 值高则表示乳化剂亲水性强,易形成水包油(O/W)型体系。因此,HLB 值有一定的加和性,利用这一特性,可制备出不同 HLB 值系列的乳液。常用的有甘油酯、司盘等。现在市场上多数为复合乳化稳定剂，其中还有稳定剂的成分，如 CMC、黄原胶等。在试验中可根据不同需要使用不同的乳化剂。

（5）香料的选择

香料是指能够使豆制品增香的物质。它不但能增进食欲，有利于消化吸收，而且对增加豆制品花色品种和提高食品质量具有很重要的作用。食品香精按其来源和制造方法分为天然香精、天然等同香料和人造香料三类。在传统的豆制品生产中，一般为增香使用的香辛料包括花椒、大料、小茴香、大茴香、胡椒、肉桂、陈皮、甘草、沙头、豆蔻、良姜、八角、公母丁等。

（6）酒类的选择

生产腐乳的酒以黄酒为主，黄酒根据含糖量分为甜酒、半甜酒和干酒，使用不同的黄酒生产的腐乳口味也不同。白酒主要用做黄酒的替代品，但像糟方腐乳就必须使用酒精含量在 50% 左右的白酒。用酒酿或酒酿糟生产的腐乳香气浓、糖分高，是生产糟方腐乳必不可少的原料。除此之外生产腐乳的原料酒还可以使用米酒或混合酒，总之，使用不同的酒生产的腐乳风味不同。

4. 新产品配方和工艺

（1）豆浆配方和工艺设计

随着人们对大豆营养价值的重视，近年来，豆浆消费量得到飞速提高，豆浆新产品的开发也越来越受到企业的重视。

豆浆按其功能及蛋白质含量分为纯豆浆、调制豆浆和豆浆饮料三大类，其中调制豆浆和豆浆饮料是新产品开发的重点。

豆浆包装形式一般为袋装，由于豆浆和牛奶有相似之处，为了延长豆浆保质期，也可采用现有的牛奶包装材料和设备。

除了延长保质期外，为了不断改进豆浆口味，添加各种原料来增加豆浆的营养价值和风味；添加一些香精等添加剂，来丰富产品的口味；在豆浆口味的研究中，对豆浆腥味研究也是一个重点，有些厂家有专门的脱腥工艺，脱腥方法也很多，去除豆腥味的豆浆更容易被顾客接受。

1）全豆豆浆。全豆豆浆就是把脱皮后的大豆全部加工成豆浆，加工时不必除渣，因而省去了滤渣工艺和设备，也节省了处理豆渣的麻烦，同时提高豆浆的得率，增加豆浆的营养。

生产工艺流程为：原料大豆→酸性浸泡→碱性浸泡→脱皮→研磨→均质→灭菌→包装→成品。

先将大豆放入 80℃以上温度的酸性液中，加热 20～40 min，抑制大豆中脂肪氧化酶的活性，直至失去活性。酸性液为有机酸或无机酸，pH 值为 3～6。然后添加碳酸氢钠或氢氧化钠、氢氧化钾和磷酸盐等，将 pH 值调整到 7～8，继续加热 40～80 min，促使大豆软化。软化后的大豆经脱皮后加水磨碎后得到粗豆浆糊，在 70～80℃的条件下，用 10～30 MPa 的压力均质。

2) 豆芽豆浆。大豆在发芽阶段会使大豆的维生素成分起改良作用，同时还能使后来的除皮工序易于进行。发芽阶段能大量把大豆臭味去除，可改良口味。

生产工艺流程为：大豆→发芽→浸泡→洗涤→中和→研磨→蒸煮→提取→沉淀→除水→均质→灭菌→冷却包装→成品。

制作方法：大豆经发芽后送入氢氧化钠（NaOH）槽中浸泡约 4 h，然后送入过氧化氢洗涤槽中洗涤，然后再用清水洗涤，以除去残留的过氧化氢，接着再用盐酸或柠檬酸浸泡 2 h，以进一步中和残留的过氧化氢，再用清水洗涤直至 pH 值达到 7。用磨浆机将豆芽磨成糊状后加水稀释，再把稀释后的豆浆用压力锅蒸煮 5～7 min，压力锅中的温度大约为 121℃。用沉淀剂硫酸钙和氯化镁混合物将蛋白质沉淀除水，然后采用乳化机械或胶质研磨机将蛋白凝胶研磨成细小的微粒。然后加入配料进行灭菌、均质、包装。

3) 果汁豆浆。果汁豆浆饮料是在豆浆中添加果汁后调制成的。豆浆的主要成分为大豆蛋白，呈酸性时（pH 值 5 左右），便会产生沉淀，出现分层现象。因此，制造果汁豆浆饮料时必须添加稳定剂，以防止果汁豆浆分离和沉淀。稳定剂一般使用果胶、鹿角胶或汉生胶等。

①原料的配方

a. 豆浆：27%（大豆固形物 8%，蛋白质含量 3.8%）。

b. 砂糖：1%。

c. 果胶：0.3%。

d. 柠檬酸钠：0.2%。

e. 果汁：10%。

f. 柠檬酸：0.5%～0.8%。

g. 水：53%。

②制造工艺

a. 将果胶、砂糖、柠檬酸钠放入干燥的容器中混合。

b. 将混合物边倒入 60℃的热水中边搅拌，冷却到 5～10℃。

c. 将溶液添加到正在搅拌的豆浆（5～10℃）中，继续搅拌 5～7 min。

d. 在果汁中添加柠檬酸，调整酸度，然后加到正在搅拌的豆浆中。

e. 加热到70℃，进行均质（15～17 MPa）。

f. 杀菌、包装。

（2）盒装豆腐配方和工艺设计

生产工艺流程为：大豆→预清理→浸泡→磨浆→分离→煮浆→冷却→加凝固剂→灌装→加热成型→冷却→成品。

盒装豆腐主要研究的有凝固剂和加热成型工艺。凝固剂常用的是葡萄糖酸-δ-内酯，由于其高温下很快水解，所以，要先行冷却。日本采用较多的为乳化盐卤，该项技术目前国内还没有突破，可以作为新型研究项目。目前，也有在使用葡萄糖酸-δ-内酯的同时添加谷氨酰胺转氨酶的，这样可以提高豆腐的硬度和韧性，但由于工艺和成本的限制，还没有大面积推广。

1) 无渣豆腐。

①生产工艺流程为：大豆→筛选→清洗→浸泡→去皮冲洗→冷冻→磨浆→煮浆→点浆→凝固→破脑→压制→成型→装盒→成品。

②制作过程

a. 豆类预处理。先将大豆反复冲洗，除去坏豆杂物，然后用水浸泡，待大豆涨至2.2～2.5倍。浸泡后除去豆皮，将泡涨的豆类进行冻结。

b. 研磨成糊。将冻结的豆类用研磨机研磨成糊状物，使其含水量为大豆重的10～11倍。

c. 豆腐制作。将豆糊加热到100℃保持4～5 min后，加热停止，自然降温。当温度降至70～80℃时，立即加入大豆质量2%～5%的硫酸钙，使糊状物凝固，再轻轻搅拌凝固物，除去浮液，放入有孔的型箱中，上面盖布加压去水。

d. 用切块机，切块装盒。

2) 蔬菜豆腐。生产工艺流程为：大豆→筛选→清洗→浸泡→去皮冲洗→磨浆→滤浆→煮浆→豆浆（菜汁）→混合→点浆→倒入模盒→封口→加温成型→冷却→成品。

蔬菜豆腐可采用盒装豆腐设计原理，在凝固剂的选择上可以加入一种蔬菜汁，也可根据需要加入混合菜汁，并同时添加葡萄糖酸-δ-内酯和石膏。煮浆后要将蔬菜汁与豆浆充分混合搅拌，否则豆腐颜色不均匀，有粗糙感。如有条件，可以将菜汁灭菌后使用，有利于延长产品保质期。豆腐的颜色随添加的蔬菜种类不同而不同，如红、黄、绿等。以青菜为例，成品豆腐为绿色，每500 mL豆浆加入70～80 mL菜汁，制成的绿色豆腐色彩柔和，成品豆腐经过蒸煮1 h仍不褪色。

(3) 卤制豆腐干（片/丝）配方和工艺设计

卤制豆腐干（片/丝）的产品丰富多彩，包括很多地方的名产，如采石矶茶干、鸡汁豆腐干、孟字香干、苏州卤制豆腐干、蒲包豆腐干、四川南溪豆腐干、朱仙镇香豆腐干、高碑店豆腐丝（片）等。卤制豆腐干（片/丝）产品的加工工艺基本相似，主要的区别在坯子的含水量、厚薄以及配制卤汁的材料不同，下面介绍几种目前销量较大的产品配方。

生产工艺流程为：大豆→预清理→浸泡→磨浆→分离→煮浆→点浆→成型→压榨→切块豆腐干。

1）五香豆腐干。五香豆腐干又称香干，外观淡褐色，具有浓厚的五香味。

五香豆腐干的加工方法是白干入卤汤中煮制 15 min 左右即为成品。卤汤的配制方法是以 100 kg 白干计，酱油 5 kg、花椒 0.2 kg、八角 0.3 kg、桂皮 0.3 kg、食盐 2 kg、水 100 kg。

2）苏州干卤汁豆腐干。苏州干卤汁豆腐干是苏州的特色产品。色泽比香干深，质地比香干硬、薄。除了具有五香味外，还有甜、鲜味。制作方法是以 100 kg 白干计，酱油 15 kg、食盐 4 kg、糖 4 kg、八角 0.4 kg、桂皮 1 kg 和水 150 kg 煮沸后加入已经用清水煮过的白干 100 kg，煮 4 h，出锅晾干。

3）采石矶茶干。采石矶茶干是安徽的采石镇的名产，距今已 180 多年。有五香茶干、火腿茶干、虾米茶干、肉松茶干、蒲包茶干等 10 余种。

采石矶茶干一般规格为 6 cm×6 cm×0.5 cm，呈绛红色，质地柔韧，对折不断，嚼后口内余香持久。

生产工艺流程为：黄豆→浸泡→制浆→点浆→泼脑→包干→压制→卤制→摊晾→包装→灭菌→成品。

卤汤的原料有酱板、食盐、冰糖、茴香、丁香、甘草、桂皮、味精、鸡汁等 20 多种调味香料。

4）南溪豆腐干。南溪豆腐干的规模生产始于清末，具有色泽光亮、质地细腻、富有弹性、咸淡适中、耐细嚼、入口醇香、回味悠长等特点。

生产工艺流程为：黄豆→浸泡→制浆→点浆→压制→切坯→氽碱→卤制→烘烤→摊晾→拌料→包装→灭菌→成品。

南溪豆腐干的特点是在制作过程中加入氽碱、烘烤和拌料三道工序。氽碱主要是为了增加豆腐干组织的柔韧度，烘干工序主要是为了在拌料过程中使产品更入味，拌料是南溪豆腐干的重要特点，豆腐干经过卤制后，再拌上各种风味调料，使产品具有香、辣、鲜、甜的口感。

(4) 腐乳类的配方及工艺设计

腐乳根据接种的微生物不同、发酵的时间及其后期灌汤时所用的辅料及其产品的颜色不同，可以生产很多种类的产品，下面介绍几种我国的名特优腐乳产品。

1) 王致和腐乳。王致和腐乳距今已有 300 多年的历史，主要生产大块腐乳和臭腐乳（青腐乳）。

生产工艺流程为：原料大豆→浸泡→制浆→煮浆→点浆→泼脑压制→划块→豆腐坯块→降温→接种→入室发酵（长毛阶段）→搓毛→腌制→咸坯→装瓶→灌汤→封口→后期陈酿→清理→贴标→装箱→成品。

王致和腐乳采用纯菌种毛霉菌发酵，发酵温度为 28～30℃，时间为 36～48 h。

灌汤的配料有面黄、红曲和酒类，同时辅之香辛料。

后期发酵时间需要 1～2 个月，发酵温度为 25～38℃。

2) 上海鼎丰精制玫瑰腐乳。上海鼎丰精制玫瑰腐乳始创于清朝同治三年，距今已有 140 多年的历史。

生产工艺流程为：原料大豆→浸泡→制浆→煮浆→点浆→泼脑压制→划块→豆腐坯块→接种→入室发酵（长毛阶段）→晾花→搓毛→腌坯→装坛（瓶）→灌汤→封口→后期发酵→成品。

上海鼎丰精制玫瑰腐乳采用纯菌种毛霉菌发酵，发酵温度为 20～24℃，时间为 48～60 h。

配料、染色：采用黄酒和上海产特级红曲调配成染色液，将咸坯染成六面均匀的红色，灌汤的配料有黄酒和红米酱等。

后期发酵需在常温仓库中储存 6 个月方可成熟。

3) 桂林腐乳。桂林的"花桥牌"腐乳以其形、色、香、味，在 1983 年全国腐乳质量评比中获得银质奖。

生产工艺流程为：原料大豆→浸泡→制浆→煮浆→点浆→泼脑压制→划块→豆腐坯块→接种→前期发酵→装瓶（坛）→灌汤→封口→后期发酵→成品。

桂林腐乳采用毛霉菌发酵，发酵温度为 18～25℃，时间根据季节不同为 36～96 h，湿度 85% 以上。

灌汤的配料有三花酒、五香料、食盐、辣椒等辅料。

4) 克东腐乳。克东腐乳采用"微球菌"发酵工艺乃全国独一无二，工艺复杂，风味独特，在腐乳家族中一枝独秀。产品以色泽鲜艳、质地细腻、味道鲜美、后味绵长而著称。

生产工艺流程为：原料大豆→浸泡→制浆→煮浆→点浆→泼脑压制→划块→豆

腐坯块→汽蒸→冷却→腌制→倒坯→接种→入室发酵（长毛阶段）→晾花→搓毛→腌坯→装坛（瓶）→灌汤→封口→后期发酵→成品。

前期发酵腌坯需要 48 h，室内温度 36～38℃，发酵 7～8 天。

后期发酵温度保持在 25～30℃，50～60 天倒垛一次，30 天后销售。

灌汤的配料：面曲、红曲及中药粉用 16°Bé 的澄清液浸泡 48 h 后，用磨反复磨制两遍，再配入酒精含量为 60% 的白酒，搅匀。重要原料包括良姜、白芷、砂仁、白叩、公丁香、母丁香、贡桂、管木、三奈、紫叩、肉蔻、甘草、陈皮等。

5）江苏"新中"糟方腐乳。"新中"糟方腐乳具有工艺独特、香味浓郁、质地细腻、口感酥软、乳汁醇厚清亮的特点。

生产工艺流程为：大豆原料→浸泡→制浆→点浆→制坯→划块→接种→腌坯→装瓶（坛）→加入配料→配料灌汤→后期发酵→成品。

前期发酵采用毛霉接种，发酵温度 20～24℃，发酵时间 40 h 左右。

配料灌汤的主要辅料为：糟醅、麦糕、米酒、白酒等。辅料的灌装是分层加入麦糕、糟醅，最后加入米酒浸没坯块，用白酒封头。

后期发酵是在储存的过程中进行的，利用腐乳坯上生长的微生物和配料中的各种微生物所分泌的酶，在自然常温条件下所引起的微生物化学作用，促进腐乳在瓶中发酵成熟，形成特有的色、香、味。

6）咸亨腐乳。咸亨腐乳历史悠久，风味独特，早在明清两朝作为绍兴的八大贡品之一进京，1915 年获得巴拿马金奖。

生产工艺流程为：大豆原料→浸泡→制浆→点浆→制坯→冷却→接种→培养→转桩→培养→晾花→腌制→装瓶（坛）→加入配料→配料灌汤→后期发酵→成品。

前期发酵采用毛霉接种，发酵室温度 25℃ 左右，发酵时间 72 h 左右。

配料灌汤的主要辅料为：糟醅、麦糕、米酒、白酒等。辅料的灌装是分层加入麦糕、糟醅，最后加入米酒浸没坯块，用白酒封头。

后期发酵也是在储存的过程中进行的，利用腐乳坯和配料上生长的微生物所分泌的酶，在自然常温条件下经过 8 个月左右即形成特有的色、香、味。

7）太方腐乳。太方腐乳是腐乳中规格最大的一个品种，规格为 7.0 cm×7.0 cm×2.0 cm，水分 72%～75%。

太方腐乳由于规格较大，相对来说，其制作技艺较难，品质与营养成分也较一般的红方、糟方、醉方和青方腐乳高，它不仅含有较丰富的蛋白质和氨基酸，而且易消化吸收，它的特点是颜色鲜红、质地柔绵、口感鲜美微甜、香气浓郁。

生产工艺流程为：大豆原料→浸泡→制浆→点浆→制坯→冷却→接种→发酵→

腌坯→配料装瓶（坛）→封坛→后期发酵→成品。

太方腐乳的前期发酵采用毛霉接种，发酵室温度 25～30℃，发酵时间 68 h 左右。

太方腐乳的腌坯时间需要 18～20 天，用盐量每一万块在 275 kg 左右。

太方腐乳配料灌汤的主要辅料为红曲卤、红米、白糖、面糕、大曲白酒等。红曲卤配方为红曲 2 kg、面曲 0.6 kg、黄酒 3.5 kg。充分混匀后，需浸泡 3 天左右，磨细成浆后再加入黄酒 18 kg，充分搅拌均匀。

后期发酵也是在储存的过程中进行的，在自然常温条件下经过 6 个月以上才能成熟。

8）白菜腐乳。白菜腐乳兼有腐乳和咸菜的风味，白菜腐乳以腌制的白菜叶包裹腐乳坯，用辣豆瓣腌渍发酵而成。

生产工艺流程为：大豆原料→浸泡→制浆→点浆→制坯→接种→腌制→包坯→装瓶（坛）→加入配料→后期发酵→成品。

①前期发酵。采用毛霉接种，发酵室温度 25℃左右，发酵时间 36～48 h。

②腌坯。用盐量为坯子质量的 15%，采用放一层腐乳加一层盐，腌制 3 天。

③咸白菜的制作。将白菜洗净，晾干表面的水分，用刀切成两半后放入缸中加盐 10%，重压，等食盐溶化后将白菜压榨，去除多余的水分，取菜叶备用。

④包坯。先将干燥的红辣椒磨成粉末，然后把腌好的腐乳坯放在辣椒粉中滚动，使其均匀地蘸上一层辣椒粉，再用咸白菜叶将蘸好辣椒粉的腐乳坯包好。

⑤装坛配料。发酵好的蚕豆、植物油、酒、香料和食盐。

后期发酵在储存的过程中进行，常温下需要 6 个月成熟。

5. 新产品实验设备的选择

这里仅介绍实验室用设备。在实验室开发阶段由于量少，所以，使用的设备型号较小，设备也比较简单，各企业可根据自己的研发项目大小、资金情况酌情配备。

豆浆新产品开发设备主要有浸泡设备、磨浆分离设备、煮浆设备、乳化设备、均质设备、电子天平、折光仪等。

豆腐新产品开发设备主要有浸泡设备、磨浆分离设备、煮浆设备、恒温水浴锅、电子天平、折光仪等。

豆腐干新产品开发设备主要有浸泡设备、磨浆分离设备、煮浆设备、压机等。

二、新产品试验

新产品试验在新产品开发中占有十分重要的地位。在新产品开发的过程中，为了把技术原理变成具体的技术方案，把具体的技术方案转化为技术，需要进行反复的技术构思和试验，通过试验的尝试、探索，寻求技术实现的适宜条件和最佳途径。新产品试验一般要经过试验准备、试验操作、数据处理三个阶段。

1. 试验准备

为保证试验研究工作的顺利进行，必须做好试验的各种准备工作。首先要明确试验目标，在新产品试验工作中，通常一个新产品的开发要进行许多项试验，每项试验都有特定的具体目标。再经过实际调研和测试分析，技术调查确定试验大纲。试验大纲包括试验目标、试验内容、试验设计、试验方法、设备选配、数据处理、人员调配、成本估算等。

2. 试验操作

试验准备工作就绪后，就可以按照试验设计和试验大纲规定的程序和步骤进行试验操作。在试验操作过程中要认真观测和记录，如磨浆的加水量、豆浆浓度、均质压力、杀菌温度等。试验的结果往往是验证成功或验证失败，也可能是部分成功，对试验中出现的各种意外现象，试验人员必须控制个人情绪，细心观察，认真记录，这样不仅可以取得意料之中的结果，而且还可能有意外收获。一般的试验研究，并不能进行一次就得出正确的结论和满意的效果，特别是在出现意外情况的时候，更要在试验成功后重复试验，以提高试验的精确度，并提供测量精确度的资料。

3. 数据处理

通过试验，就会得到一系列试验数据，如何科学地把试验数据中所包含的有用信息提炼出来，最大限度地发挥它们的作用，是一个十分重要的问题。如果试验数据不能得到很好的利用，试验工作就会功亏一篑，造成人力和物力的浪费。通过试验数据的处理，可以找出影响试验指标的主要因素，排除各因素影响大小的主次顺序，找出达到影响试验指标的主要因素，为新产品的试制提供最佳条件，找出因素与指标之间的规律性联系，建立经验公式等。

4. 撰写报告

在新产品试验研究中，一些试验研究人员往往只重视实际研究，而不肯花足够的时间和精力去总结他们的工作，这是不可取的。撰写试验技术报告的工作，不仅可以促进学术交流、推广研究成果，而且有助于总结经验、发现新产品设计与制造中的缺陷，进而达到提高新产品质量的目的。

三、新产品鉴定

新产品的鉴定（即新产品商品化决策评价）是指企业对通过试验试制出来的产品进行商品化决策评价，判断这种新产品是否符合市场需求，是否有市场前途等。新产品的鉴定可采用加权评分法（见表3—1），这是一种常用方法。

表3—1　　　　　　　　　　加权评分法

主要因素	重要性系数/权重	子因素	子因素重要性系数/权重	摘要
市场	0.4	1. 必要性 2. 竞争性 3. 持续性 4. 成长性	3 3 2 2	1. 对顾客必要性的了解程度 2. 有无竞争企业 3. 商品生命期和需要量 4. 需要增长
技术	0.3	1. 难易程度 2. 所需期限 3. 研发经费 4. 负荷情况 5. 相关商品	3 2 2 2 1	1. 技术的难易程度 2. 直到完成的时间 3. 研究开发所需经费 4. 接受课题的情况 5. 与以往商品的关系
生产	0.1	1. 难易程度 2. 原材料费用比例 3. 负荷情况 4. 设备费用	4 3 2 1	1. 生产的难易程度 2. 原材料费用与销售价格的比例 3. 生产线中的引入情况 4. 所需的设备费用
销售	0.2	1. 难易程度 2. 销售途径 3. 负荷情况 4. 销售经费	2 5 2 1	1. 销售的难易程度 2. 必要的销售途径 3. 销售渠道中的接受情况 4. 销售所需经费

四、新产品的正式生产

企业通过对新产品进行商品化决策评价以后，如果判断这种新产品可行，有开发价值和市场前景，便可进行正规生产。

企业进行正规化生产时，一定要按照新产品设计的配方、工艺、质量指标及技术参数等因素和指标进行生产，严格生产管理，确保新产品的质量。

企业对新产品进行正规和大量生产的同时，就要着手新产品的市场开发，包括新产品的试销和促销。拟订严格的市场开发计划，采取富有成效的销售手段，将新产品打入市场，占领市场。

企业在进行新产品市场开发的同时，也要成立专门的机构对新产品的销售情况进行市场跟踪，及时处理市场反馈及销售信息。确保新产品的销售市场茁壮成长。

新产品开发过程中需要使用的开发任务书、产品开发计划、试产报告、产品品评记录见表3—2至表3—5。

表3—2　　　　　　　　　　　　开发任务书

编号：kf-01　　　　　　　　　　　　　　　　　　　　　　　　序号：

产品名称	内容	技术要求			执行标准	售价（成本）
		外观	专业指标	理化指标		
市场服务对象						
进度要求						
项目负责人			开发人员			
下达任务人	签名：			日期：		

表 3—3　　　　　　　　　　产品开发计划

编号：kf-02　　　　　　　　　　　　　　　　　序号：

产品名称		起止日期	
规格		预算费用	

依据的标准、法律法规的主要内容：

设计内容（包括产品主要功能、性质、技术指标等）：

生产工艺（可另加页叙述）：

备注：

批准：　　　　　　审核：　　　　　　编制：　　　　　　日期：

表 3—4　　　　　　　　　　试产报告

编号：kf-03　　　　　　　　　　　　　　　　　序号：

产品名称		试产数量	
规格		试产日期	

试产人员分工：

总负责人		生产设备负责人	
技术指导		工艺负责人	
材料供应负责人		质量控制负责人	

续表

生产工艺及可行性评审：

现有过程能力的评估及需增加或调配的资源：

结论：

| 评审人员 | 单位 | 职务或职称 | 评审人员 | 单位 | 职务或职称 |

表3—5　　　　　　　　　产品品评记录

编号：kf-04　　　　　　　　　　　　　　　　　　　　序号：

项目	标准	样品号			
		1	2	3	4
气味					
色泽					
外观形状					
内部性状					
滋味					
总评					

评分等级：优、良、中、差